普通高等教育"十一五"国家级规划教材

普通高等学校计算机教育"十二五"规划教材

C 及 C++
程序设计

（第 4 版）

C&C++ PROGRAMMING
(4th edition)

张富 王晓军 ◆ 编著

人民邮电出版社
北京

图书在版编目（ＣＩＰ）数据

C及C++程序设计 / 张富，王晓军编著. -- 4版. --
北京 ：人民邮电出版社，2013.7（2021.6重印）
普通高等学校计算机教育"十二五"规划教材
ISBN 978-7-115-32039-1

Ⅰ. ①C… Ⅱ. ①张… ②王… Ⅲ. ①
C语言－程序设计－高等学校－教材 Ⅳ. ①TP312

中国版本图书馆CIP数据核字(2013)第140533号

内 容 提 要

本书以 Turbo C++为依据，以C语言为起点，全面地介绍C++语言的程序设计基础和面向对象的
程序设计方法。全书分为两大部分，第一部分介绍C语言基础，第二部分介绍面向对象程序设计的概
念和方法。

本书可作为高等学校"程序设计语言"课程的教材或参考书，也可供初学者自学参考。

◆ 编　著　张　富　王晓军
　　责任编辑　滑　玉
　　责任印制　彭志环

◆ 人民邮电出版社出版发行　　北京市丰台区成寿寺路 11 号
　　邮编　100164　电子邮件　315@ptpress.com.cn
　　网址　http://www.ptpress.com.cn
　　固安县铭成印刷有限公司印刷

◆ 开本：787×1092　　1/16
　　印张：22.25　　　　　　　　　2013 年 7 月第 4 版
　　字数：580 千字　　　　　　　2021 年 6 月河北第 8 次印刷

定价：49.80 元

读者服务热线：(010)81055256 印装质量热线：(010)81055316
反盗版热线：(010)81055315
广告经营许可证：京东市监广登字 20170147 号

再版前言

本书自问世至今，经过多年的教学实践，表明其编写原则和对教材结构的设计，都取得了很好的效果。

本次修订仍是将重点放在了解决教学中的重点和难点问题上。为了有助于学习和理解，特别选择了一些典型的例题由浅入深、由简及繁，引导学习者一步一步地积累经验、启发兴趣，直到能够解决较难、较复杂的问题。这种方式在指针的概念和在数组中的使用、结构类型的应用、文件操作等重点、难点章节中都有体现。

在本次修订中，除增加、调整了一些例题外，还注意使用示意图、流程图，更清晰地描述相关概念和方法，使读者更容易理解和掌握相关内容。

作者利用这次重版的机会，对教材作了一次全面的修订，更正了一些文字、符号等的错误。

尽管做了一些工作，书中的缺点和错误仍然难以完全避免，希望读者和使用本教材的老师继续给予关注，提出意见和建议，以便不断改进和完善。

编　者

2013 年 6 月

目　录

第一篇　C语言基础

第二篇　C++ 面向对象程序设计

第一篇
C 语言基础

    C++是 C 语言的超集，或者说，C 语言是 C++的一个子集。作为 C++语言的基础，首先掌握好 C 语言，无疑会减少直接学习 C++程序设计中的许多困难。同时，C 语言还可以作为程序设计语言独立使用。因此，我们首先来学习 C 语言的程序设计。然后，在此基础上再学习 C++的面向对象的程序设计方法。

- 第 1 章　对 C 语言的初步认识
- 第 2 章　基本数据类型、操作符和表达式
- 第 3 章　顺序结构程序设计
- 第 4 章　选择结构程序设计
- 第 5 章　循环结构程序设计
- 第 6 章　位运算
- 第 7 章　数组与字符串
- 第 8 章　指针
- 第 9 章　函数
- 第 10 章　数据的存储类型
- 第 11 章　用户定义数据类型
- 第 12 章　C 语言的预处理器
- 第 13 章　磁盘文件操作（I/O 系统）

第1章
对 C 语言的初步认识

本章介绍程序设计及程序设计语言的有关概念，了解结构化程序设计的基本思想；介绍 C 语言的概况，C 语言程序的基本结构和 C 语言程序的开发过程以及在 Turbo C++的集成开发环境下编译、连接和运行 C 语言源程序的操作步骤。本章还将介绍 C 语言的基本词法。

通过本章的学习，读者可以建立起关于计算机程序、程序设计语言和程序设计等基本概念，并对 C 语言有一个初步了解，为进一步学习 C 和 C++语言程序设计打下基础。

1.1 程序与程序设计语言

1.1.1 程序、程序设计和程序设计语言

一般来说，程序是对解决或处理一个问题的方法步骤的描述。而计算机程序，则是用某种计算机能识别的语言工具描述的解决问题的方法步骤。例如，有两个数据 a 和 b，它们的值分别为 1 和 2，求这两个量的和 c。此问题程序（方法步骤）可描述为：

```
a=1;
b=2;
c=a+b;
```

可以看到，这里是通过 3 个步骤，也叫做 3 条语句来完成的。它们的意义是：

（1）将数值 1 赋给 a；

（2）将数值 2 赋给 b；

（3）计算 $a+b$ 的和并将结果赋给 c。

其中 a，b 和 c 在计算机的程序设计语言中，通常称做变量。

编制并记录解决问题的方法步骤的过程就是程序设计。在计算机技术中，将解决一个问题的方法和步骤叫做算法。进行程序设计时要使用计算机能识别的描述算法的工具，这个工具就是计算机程序设计语言。

人们最早使用的程序设计语言是二进制机器语言。二进制机器语言是由计算机硬件系统所决定的，每种计算机都有自己的一套用二进制数码表示的指令的集合，称为该计算机的指令系统，也称为计算机机器语言。显然，不同的计算机系统，其机器语言是不同的。

用机器语言设计程序是相当烦琐、费时和费力的工作。为了减轻程序设计人员的工作量和难度，提高程序设计的效率和质量，很快就出现了用简单的英文字母组合来代表烦琐的二进制指令

的语言——符号语言。用符号编写的程序，计算机的硬件不能直接识别，需要把它翻译成机器语言，用来翻译的软件叫做汇编程序或汇编器，因此，符号语言又称为汇编语言。用汇编语言编写的程序叫做汇编语言源程序，简称源程序。源程序经过汇编后产生计算机能直接执行（运行）的机器语言程序。汇编语言与机器语言一样，也是依赖于机器的语言，不同的计算机系统，其汇编语言是不同的。因此，我们说二进制机器语言和汇编语言都是面向机器的程序设计语言。

计算机程序设计语言的进一步发展，出现了与具体的计算机硬件系统无关的，着重于描述解决问题的算法过程的语言。这种语言接近人类自然语言和数学公式的表达方式，且与机器的具体型号无关，称其为高级程序设计语言，简称高级语言。高级语言属于面向问题的语言，如 ALGOL，FORTRAN，PASCAL 等。相对于高级语言，人们称二进制机器语言和汇编语言为低级计算机程序设计语言。

用高级语言编写的程序也叫做源程序。源程序需要有专门的翻译程序将其翻译成机器语言，计算机才能执行这个程序。高级语言的翻译过程有两种不同的方式：一种称为解释执行方式，其特点是翻译一句执行一句，完成这种翻译工作的程序叫做解释程序；另一种方式是将源程序全部翻译成机器语言程序后，才可以执行的编译方式。编译方式中的翻译软件叫做编译系统，或编译器。

1.1.2　结构化程序设计方法

计算机程序设计语言经历了由机器语言、汇编语言到高级语言的发展过程。在高级语言发展的初期，人们广泛使用的语言有 FORTRAN，ALGOL，BASIC 等，这些语言的特点是以简单的语句序列构成程序。以语句序列为基础组织起来的程序，虽然简单，但对于大型软件来说，不便于管理和维护。为了解决这个问题，在 20 世纪 60 年代末开始提出结构化程序设计的概念，也就是将程序由语句序列结构转变为模块集合。在 20 世纪 70 年代这种结构化的程序设计语言（如 PASCAL，C 等）得到了飞速地发展和广泛应用。

结构化程序设计方法的基本思想是，将任何复杂问题分解为若干较为简单的功能模块，每个模块中的任何逻辑问题再用少数几种基本结构（如顺序结构、选择结构、循环结构）加以描述。支持这种结构化程序设计方法的语言称为结构化的程序设计语言。结构化的程序设计方法，主要是实现两个方面的问题：程序的模块化设计和结构化编码。

模块化设计就是将一个复杂问题，自上往下逐步细化，形成多层次的多个相对比较简单的功能模块，这样就使问题的解决变得层次清晰简单容易了。所谓结构化编码就是对每个小模块中的每个逻辑功能用几种简单的基本结构进行描述。

结构化程序设计中采用的 3 种基本结构如图 1-1 所示，所有的程序代码都实现在这 3 种结构中。

图 1-1 中虚线框表示一种基本结构。矩形框表示一个简单操作或也可以是一个基本结构。菱形框表示对给定条件进行判断操作，它有两个可能的结果：条件成立（是）或条件不成立（否），根据判断的结果执行不同的操作。图中的带箭头的实线表示流程的走向。

用图 1-1 这种框图方式表示流程的方法，是描述算法的一个很重要和常用的工具，今后还会在描述解决具体问题的算法时使用。

结构化的程序具有层次分明，易编、易读和易修改，从而有利于提高编程的效率和质量。这种方法在软件开发中至今仍占有重要的地位。

进入 20 世纪 80 年代后，为了适应庞大而复杂程序的开发，出现了面向对象的程序设计方法和语言。然而它也吸收和继承了结构化程序设计的方法。

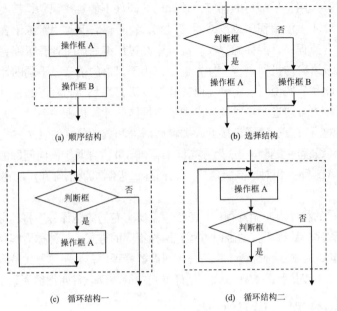

(a) 顺序结构　　　　　　　　(b) 选择结构

(c) 循环结构一　　　　　　　(d) 循环结构二

图 1-1　结构化程序设计的 3 种基本结构

1.2　C 语言及其源程序的基本结构

1.2.1　C 语言

C 语言是一种编译方式的结构化高级程序设计语言。1963 年剑桥大学在 ALGOL 语言基础上开发出具有处理硬件能力的语言 CPL（Combined Programming Language）。1967 年该语言经简化演变语言为 BCPL（Basic Combined Programming Language）。1970 年美国贝尔实验室对 BCPL 进一步简化并加强对硬件处理的能力，推出了 B 语言（取自 BCPL 中的字母 B）。1972 年贝尔实验室在 B 语言的基础上，进一步完善和扩充，开发出 C 语言（取自 BCPL 中的字母 C）。C 语言最初用于实现 UNIX 操作系统。1977 年 Brain Kernighan 和 Dennis Ritchie 编写了《The C Programming Language》一书，对 C 语言进行规范化，成为当时的标准。随着计算机的发展和普及，出现了一些不同的 C 语言版本。为统一标准，美国标准化协会（ANSI）制定了 C 语言标准，称为 ANSI C。现在 C 语言已经成为广受欢迎的一种结构化程序设计语言。

目前，在微型计算机上使用的 C 编译系统有多种版本。本书将以 "Turbo C++ 1.0" 的编译系统为基础介绍 C 语言的程序设计。

C 语言主要有下列一些特点：

（1）C 语言是一种结构化的程序设计语言，它具有完整的程序控制语句。

（2）C 语言是一种模块化程序设计语言，函数是组成程序的基本程序单位。

（3）C 语言有丰富的数据类型和运算操作，使程序设计更为简单和方便。

（4）C 语言提供了类似于汇编语言的低级语言功能，如直接访问内存的物理地址，对二进制数进行位操作等。这种语言具有某些低级语言的特性及优点，从而使这种语言更能接近硬件。

（5）语法结构简单，语句数目不多，但功能很强。所以，C 语言简单易学且应用广泛。

1.2.2　C 语言源程序的基本结构

C 语言源程序，简称 C 程序，是建立在模块的基础上的，而基本的模块就是函数。因此，一个 C 程序是由一个或多个函数组成的。每个函数是完成一定功能的一段 C 语言程序。编写一个程序，首先是建立一个或若干个函数，然后把它们组织在一起，构成一个完整的 C 语言程序。在这些函数中程序必须有且只能有一个函数，这就是 main() 函数，称为主函数。这就是说，一个 C 程序，至少要由一个函数组成，这个函数就是主函数 main()。一个程序无论包含多少个函数，程序的运行总是从主函数开始，在主函数结束。这是 C 语言程序运行的基本方式。

在 C 语言中，除了 main() 函数外，其他函数的函数名是由用户选定的，称为自定义函数。每个函数都是包含一个或若干个语句并完成一定任务的独立程序单元。每个函数有一个写在函数名后面圆括号内的参数。自定义函数不能像 main() 函数那样能独立运行，它们只能由主函数或其他函数激活（它也能激活其他函数）后开始运行。在计算机术语中，把这种激活叫做调用。所谓调用，简单地说，就是函数暂时中断本函数的执行，转去执行所调用的函数。前者称为主调用函数，后者称为被调用函数。被调用函数执行完自己的任务后，必须返回原来的主调用函数，并从中断了的地方继续执行。这里发生了两个过程：调用和返回。可见，函数之间是互相调用和返回的关系。自定义函数可以互相调用，但不能调用主函数。

在最简单的情况下，C 函数有如下的格式：

```
函数名()
{
    函数体
}
```

函数名是用户为函数起的名字；函数名后跟圆括号，其内可以含有参数，也可以没有参数；写在花括号内的是实现函数功能的程序语句，称为函数体。

【例 1-1】　一个最简单的 C 语言源程序。

程序由如下一个主函数组成：

```
main()
{
}
```

因为函数体不包含任何语句，所以该程序不执行任何功能，称它是空操作。

【例 1-2】　给例 1-1 的程序加入一个功能：在显示器上输出：hello!。

程序如下：

```
main()
{
    printf("hello!");
}
```

主函数的函数体由一个语句组成。C 语言规定每个语句必须以分号结束。即分号表示一个语句的结束。语句

```
printf("hello!");
```

是一个输出语句。在这里它的功能是在显示器的屏幕上显示（输出）如下的字符串：

```
hello!
```

【例 1-3】 由两个函数组成的 C 程序。其功能仍然是在显示器上输出：hello!。

程序由主函数 main()和函数 hello()组成。主函数的功能是调用函数 hello()，hello()函数的功能是在显示器的屏幕上输出字符串："hello!"。

下面是源程序清单：

```
main()
{
    hello();
}
hello()
{
    printf("hello!");
}
```

程序运行后，在显示器的屏幕上显示如下字符串：

```
hello!
```

主函数的函数体是 C 语言中的一个语句：

```
hello();
```

它的功能是调用函数 hello()。执行调用的结果，使程序从主函数转去执行 hello()函数。函数 hello()的函数体是由一个 C 语句组成：

```
printf("hello!");
```

我们已经知道这个语句的功能是在显示器的屏幕上显示 hello!。该语句执行完毕后，返回主函数。由于主函数的所有语句已经执行完毕，于是程序结束运行。程序的执行从主函数开始，在主函数结束。图 1-2 表示出程序的执行过程。

从以上的讨论，可以总结出下列几点。

（1）C 程序是由一个或多个函数组成的，其中必须有一个也只能有一个规定名为 main()的主函数。

（2）程序的执行总是从主函数开始，在主函数结束。其他函数是通过调用来执行的。

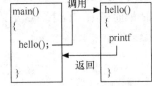

图 1-2　例 1-3 程序运行过程示意图

（3）主函数可以调用任何非主函数，非主函数之间可以互相调用，但不能调用主函数。

（4）函数体是完成函数功能的一组 C 语言的语句，每个语句完成一个小功能，并以分号作为一个语句的结束标志。

1.2.3　C 语言的基本语句

C 语言源程序是由函数组成的，其中包括主函数和自定义函数。函数的功能是由 C 语句组成的函数体来实现的。因此，语句是 C 语言中最基本的成分，没有语句也就没有了程序。在例 1-2 和例 1-3 的简单程序中，出现了两个语句：调用函数语句和输出语句。学习 C 语言实现各种功能的语句，是本课程的重要内容之一，是设计程序的基本工具和基础。

C 语言的基本语句主要有以下几种：

（1）数据定义语句；

（2）赋值语句；

（3）函数调用语句和返回语句；

（4）输入语句和输出语句；

（5）流程控制语句。

1.3 C 语言的基本词法

构成 C 语言的最小单位是字符，由字符构成词类，再由词构成各种语句。有关 C 语言的字符和词类的规定，就形成了 C 语言的词法。本节介绍词法方面的有关规定。

1.3.1 C 语言的字符集

在 C 语言程序中允许使用的所有基本字符的集合，称为 C 语言的字符集。C 语言的字符集采用的是 ASCII（American Standard Code for Information Interchange）字符集。其中包括：

（1）52 个大写和小写的英文字母；

（2）10 个数字；

（3）如表 1-1 所示的 33 个键盘符号；

表 1-1　　　　　　　　　　　　　　键盘符号

符　号	说　明	符　号	说　明	符　号	说　明
	空格符号	!	惊叹号	"	双引号
#	井号	$	美圆号	%	百分号
&	与符号	'	单引号	(	左圆括号
)	右圆括号	*	星号	+	加号
,	逗号	-	减号	.	小数点
/	正斜杠	:	冒号	;	分号
<	小于号	=	等号	>	大于号
?	问号	@	a 圈号	[	左方括号
\	反斜杠	]	右方括号	^	异或号
_	下划线号	`	重音号	{	左花括号
|	或符号	}	右花括号	~	波浪号

（4）如表 1-2 所示的转义字符集。转义字符总是由反斜杠开始，后跟一个或几个字符，用来表示控制代码或特殊符号。转义字符的具体应用，将在以后的章节中介绍。

附录 3 给出 ASCII 基本字符集的编码表。

表 1-2　　　　　　　　　　　　　　转义字符集

符　号	说　明	符　号	说　明	符　号	说　明
\n	回车换行符号	\r	回车符号	\'	单引号
\t	tab 符号	\f	换页符号	\\	反斜杠
\v	垂直制表符号	\a	响铃符号	\ddd	1～3 八位进制数 ddd 对应的符号
\b	左退一格符号	\"	双引号	\xhh	1～2 位十六进制数 hh 对应的符号

1.3.2　标识符

用 C 字符集中的字符组合，可以为程序中的各种对象起名字。这些名字统称为标识符。例如常量名、变量名、函数名等都是标识符。例 1-3 中为函数起的名字"hello"就是一个标识符。C 语言对如何构成标识符做了如下的规定。

（1）标识符是由字母和下划线开头的数字、字母、下划线组成的一串符号。例如：

```
abc2, a2bc, a_2, _xq
```

都是合法的标识符，而

```
2a, a.2
```

则是不合法的，因为标识符不能以数字开头，标识符中不能含有小数点。

（2）一个字母的大写和小写看作是不同的字符。例如：

```
abc, aBc
```

是两个不同的标识符。

（3）一个标识符可以由一个或多个字符组成，但 ANSI C 规定，标识符的长度不得超过 32 个字符。

1.3.3　保留字

保留字又称关键字，是 C 语言编译系统使用的、具有特定语法意义的一些标识符。这些标识符用户不能作为自己的标识符使用，所以把这些标识符称为保留字。C 语言中的保留字有：auto，break，case，char，continue，const，default，do，double，else，enum，extern，float，for，goto，int，if，long，register，return，short，signed，sizeof，static，struct，switch，typedef，union，unsigned，void，volatile 和 while 等。

1.3.4　C 语言的词类

C 语言的词类主要有以下几种。

（1）常量：在程序运行中值不发生改变的数据。

（2）变量：存放值可变化的数据。

（3）运算符：加工数据的运算符号。

（4）表达式：由常量、变量、函数及运算符组成的式子。

（5）保留字：编译系统使用的、具有特定语法意义的标识符。

上述词类的具体使用将在后续的章节详细讲述。

1.4　源程序的编译和 C 语言的集成开发环境

1.4.1　C 程序的开发过程

开发一个 C 语言程序，要经过以下 4 个阶段：

（1）编辑源程序文件；

（2）编译源程序；

（3）程序连接；

（4）运行程序。

1. 编辑 C 语言源程序

编写源程序就是程序设计人员用 C 程序设计语言描述解决某问题的过程和具体实现的方法。这样写出的程序叫做 C 语言源程序。源程序以文件（File）的形式存储在计算机的磁盘中，通常它是一种文本文件。所谓文本文件，就是以 ASCII 码存储的文件，它可以用任何文本编辑软件编写。

文件要有文件名，文件以其文件名在磁盘中实现存储并与其他文件相区别。文件名由两部分组成：（基本）文件名和扩展名。其书写格式为：

（基本）文件名.扩展名

按 C 语言编写的源程序，其文件扩展名通常为 c。例如，可以将例 1-1 中源程序以文件名 sample_1.c 存入计算机的磁盘。

2. 编译源程序

计算机系统只能认识和执行用机器语言编写的程序，不能理解用 C 语言或其他非机器语言编写的程序。所以，源程序必须翻译成机器语言程序。翻译是通过一个称为编译器（Compiler）或编译系统的软件实现的。编译系统编译源程序时，首先对源程序进行语法检查，如果发现错误，就会显示错误的位置和错误的性质并终止编译。这时，用户需要对源程序进行再编辑，修改源程序文件中的错误。然后，重新进行编译。这个过程反复进行，直到编译器认为没有语法错误为止。源程序通过编译后，产生一个目标文件。目标文件的文件名就是源程序文件的文件名，但扩展名为 obj。例如，源文件 sample_1.c 经编译后产生目标文件 sample_1.obj。目标文件由计算机的机器指令和其他一些二进制信息组成，它仍不能由计算机直接执行，还要经过一个所谓的连接过程。

3. 连接程序

由编译系统中称为连接程序（Linker）的软件，将目标文件和编译系统的系统函数库连接生成可执行的机器语言程序，这一过程称为连接。连接程序在连接过程中也要对程序进行语法检查，如果发现错误，则给出相应的错误信息并终止连接。这时，程序设计人员要再次对源程序文件作相应修改，重新进行编译，重新进行连接，这个过程要一直进行到连接成功为止。目标文件经成功连接后，最终产生一个计算机直接可执行的机器语言程序文件。可执行程序文件以源程序文件名存储，但扩展名为 exe。例如，目标文件 sample_1.obj 经连接后产生可执行文件 sample_1.exe.

4. 运行程序

运行程序，即执行程序。通过运行程序，实现程序的功能。如果程序运行不正常或不能得到预期的结果，还需要从检查源程序开始，重复上述过程，直到程序运行正确为止。

运行可执行文件，既可以在 DOS 状态（行命令）下进行，也可以在 C 语言系统提供的集成开发环境下进行。

图 1-3 说明了 C 程序的编译和连接两个过程。

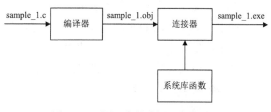

图 1-3　C 源程序的编译和连接过程

1.4.2　C 语言的集成开发环境

为完成上述的程序开发过程，C 语言系统提供两种独立的操作方式。一种是传统的命令行方式，就是在 DOS 状态下，用户直接通过键入命令进行工作；另一种是在集成开发环境（Integrated

Development Environment，IDE）方式下操作。本节简要介绍 IDE 的使用。

IDE 的优点，就在于它将源程序的编辑、编译、连接、调试和运行等多种操作集成在一个平台之上进行，从而为用户创造了一个非常方便的良好的工作环境。本节以 Turbo C++的 IDE 为例，简要介绍在 IDE 下开发 C 程序的方法。更详细的内容可参考相关的手册。

1. IDE 的启动

在启动之前，首先要安装 Turbo C++系统软件。关于安装方面的细节，这里就不介绍了。此 IDE 系统是在操作系统 DOS 环境下运行的。在 C++系统装入之后，为了进入 IDE，只需在 DOS 状态下键入如下的命令行：

TC <回车>

系统被启动后，屏幕显示如图 1-4 所示的集成开发环境。

由图 1-4 可以看到，集成开发环境最上面的一行是主菜单。所有的操作命令都可以从这个菜单中或它的子菜单中找到。所以，即使用户记不住许多操作命令的快捷键，也没有关系，只需用鼠标从菜单中选择所要执行的操作命令和输入必要的信息即可。

主菜单下面是程序的编辑区。用户在这里输入和编辑自己的 C 源程序。编辑区的顶部显示程序文件名，编辑区的底部显示当前编辑字符（光标处）所在的行号和列号。

编辑区的下方是信息区/输出区。在这里可以看到编译和连接过程中的信息，包括编译系统给出的错误信息。输出区则显示程序运行时输出的结果。

信息区的下面是一行提示信息，称为提示行。提示行给出一些快捷键及其含义。

2. 输入和编辑源程序

源程序的输入和编辑是在编辑区进行的。

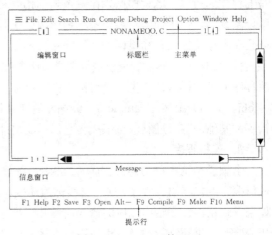

图 1-4　Turbo C++的 IDE

这里可能有两种情况：一是第一次输入程序，二是源程序文件已经在磁盘中。在第一种情况下，用户需要在编辑窗口直接用键盘逐个字符地输入源程序。如果想要编辑的源程序文件已在磁盘中，通过下面的操作，将文件读到编辑窗口：

选择主菜单中的 File；

选择 File 下拉菜单中的 Open；

选中或输入所需的文件名并单击 OK 按钮。

系统提供丰富的编辑命令，使用户能够轻松地编辑源程序。程序编辑完毕，一般要立即存盘，这个操作可以通过选择主菜单的 File 及其下面的 Save 或 Save as 来实现。

3. 编译源程序文件

编译源程序的步骤是：

（1）将待编译的源程序输入编辑区；

（2）选主菜单中的 Compile；

（3）选 Compile 下拉菜单中的 Compile to OBJ。

如果源程序文件中没有语法错误的话，编译的结果是在磁盘中产生一个扩展名为.obj 的中间代码文件（目标程序）。

4. 程序连接

产生了 OBJ 文件后，就可以进行程序的连接了。连接的操作方法是：使用主菜单 Compile 下面的 Make EXE File 命令。如果没有错误的话，将产生一个扩展名为.exe 的可执行文件。

5. 运行可执行文件

运行程序的命令是主菜单中 Run 下面的 Run 命令。程序运行中的输出，将显示在屏幕的输出区。如果程序运行的结果产生了不合逻辑的结果，这可能意味着程序有错误。应该检查程序，找出错误，再进行相应的编辑、编译、连接和运行。

在 C++的集成开发环境下，上述的编译、连接和运行 3 个过程，也可以通过一次操作完成。操作方法是：执行主菜单中 Run 下面的命令 Run。这时，3 个过程依次完成。当然，在 3 个过程中的任何阶段，只要系统发现了程序中的语法错误，都会立即在信息区给出错误信息，并停止进一步的操作。

小　　结

本章主要介绍了以下几个问题：

（1）程序与程序设计的基本概念，包括结构化程序设计的基本思想；

（2）C 语言源程序的基本结构；

（3）C 语言的基本词法；

（4）C 源程序的编译和集成开发环境及其使用。

通过本章的学习，应该了解什么是结构化的程序设计，C 语言程序的基本构成和编译连接的过程，能初步使用 C 语言系统的集成开发环境编辑源程序、编译和执行简单的 C 程序。

习　　题

1-1　什么是计算机低级语言，什么是计算机高级语言？

1-2　编译系统的作用是什么？说明由源程序到产生可执行文件的过程。

1-3　什么是结构化的程序设计？

1-4　结构化程序设计中，有哪几种基本程序结构？

1-5　说明 C 语言的特点。

1-6　说明 C 语言程序的基本构成。

1-7　什么是标识符？C 语言对标识符有哪些规定？

1-8　在 C 语言集成开发环境（IDE）中，运行例 1-1、例 1-2 和例 1-3 中的 3 个简单 C 程序。

第 2 章
基本数据类型、操作符和表达式

计算机处理的基本对象是数据。变量和常量则是程序最基本的数据形式，将它们用操作符（也称为运算符）连接起来，便构成了表达式。本章介绍 C 语言中关于变量、常量、操作符和表达式的语法规则。这些语法规则是 C 语言的基本要素。

2.1 数 据 类 型

C 语言有丰富的数据类型，数据类型是按数据的存储形式来分的。在 C 语言中，数据的类型分为基本数据类型、构造类型、指针类型和空值类型。对于每一种数据类型的数据，又可分成几种不同类型，如图 2-1 所示。

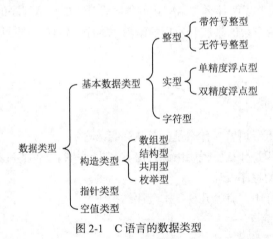

图 2-1　C 语言的数据类型

数据类型不仅决定了数据的存储形式，也确定了相应的取值范围和可进行的运算。通常将整型和实型统称为数值型。构造类型是由若干数据类型组合在一起构造成的复杂数据类型。指针类型可以表示数据的存储地址。空值类型表示没有数据值。

各种类型数据又可分为常量和变量。常量是程序运行中其值不能改变的数据。每个变量有自己的名字，叫变量名，变量用来存储在程序运行中其值可以发生变化的数据，一般用于存储原始数据、中间计算结果和最终计算结果等。

变量名应是合法的 C 标识符，用户在给变量起名字时要遵循标识符的规则。关于标识符的规则在第 1 章中已经介绍了。有一点要注意，用户定义变量名时，不要以下划线 "_" 开头，因为

C 语言系统本身使用的变量名多是用下划线开头的。

例如，下面是一些合法的变量名：

```
axb, a_by, as2
```

本章对各种基本数据类型的常量和变量进行介绍。其他数据类型将在后续章节中讨论。

2.2　整　型　数　据

2.2.1　整型常量

在 C 语言中使用以下 3 种不同进位制的整型常量。

（1）十进制数：例如，13，–15，0 等。

（2）八进制数：八进制数的书写方法是在数字前加一个数字 0，例如，015，–013，017，00 等。

（3）十六进制数：十六进制数的书写方法是在数字前加一个 0x，例如，0x0，–0x15，0xaf 等。

整型常量在计算机上一般占用两个字节（16 bit）的长度。所以，无论是十进制、八进制还是十六进制数，它们的数值的取值范围都是十进制的–32 768～+32 767（（-2^{15}）～（$2^{15}-1$））。

为了扩大整型数据的取值范围，C 语言还提供了一种长整型常量。长整型常量在计算机中占用 4 个字节（32 bit），相应的取值范围扩大到–2 147 483 648～+2 147 483 647。长整型常量的书写方法是在数字的末尾加上一个字母 L（或小写的 l）。例如，15L，012L，0x1fL 等都是长整型常量。

相对于长整型常量，占内存两个字节的整型常量叫做短整型常量，简称整型常量。

2.2.2　整型变量

整型变量在计算机内存中占两个字节（即 16bit），取值范围为–32 768～+32 767（-2^{15}～$2^{15}-1$）。用以说明整型变量的关键字（也称为数据类型符）为 int。

例如语句：

```
int a, b;
```

说明变量 a 和变量 b 是整型变量。在 C 语言中，这是一条定义变量数据类型的语句，并以分号结束。定义了变量 a，意味着在内存中为变量 a 分配了两个字节的空间，用来存储变量 a 的数据。定义变量数据类型语句的一般格式为：

```
数据类型符  变量名1，变量名2，…;
```

C 语言规定，每个变量在使用前，都必须先定义。

在关键字 int 前加上修饰符，可改变整型变量在内存的所占位数和取值范围。下列 4 种修饰符可以用来修饰整型变量：

（1）signed　　　　带符号的整型变量；

（2）unsigned　　　无符号的整型变量；

（3）long　　　　　长型整型变量；

（4）short　　　　　短型整型变量。

在表 2-1 中列出了用这些修饰符修饰整型变量后，整型变量在计算机内存中所占的位数和取值范围。

表 2-1

数据类型符	所占位数（bit）	取 值 范 围
int	16（2 字节）	−32 768～+32 767
signed int	16（2 字节）	−32 768～+32 767
unsigned int	16（2 字节）	0～65 535
short int	16（2 字节）	−32 768～+32 767
long int	32（4 字节）	−2 147 483 648～+2 147 483 647
unsigned long int	32（4 字节）	0～4 294 967 925

　　表 2-1 中含有修饰符的类型关键字中的 "int" 是可以省略的。类型符 int 在没有修饰符的情况下，就是带符号的。因此，signed int 中的修饰符也是可以省略的。另外，short int 和 int 是没有区别的。

　　signed int 和 unsigned int 的区别，就在于对数据的最高（二进制）位解释的不同。对于有符号的数据，其最高位是符号位，而对于无符号数据来说，最高位是可以存储数据的。因此，在存储位数不变的情况下，无符号数据的取值范围大了一倍。

　　C 语言的整数取值范围是很有限的，应用时要注意变量的取值不要超过允许的范围。数据超出允许的取值范围，叫做溢出。有符号的整型变量值超过其最大整数时，自动转到其负数的最大绝对值开始计数。如果是负数超过其最大绝对值，便从最大正数开始计数。无符号整型变量值超过其最大数时，从零开始计数。例如：定义了如下 3 个整型变量：

```
signed int    snum_1;
signed int    snum_2;
unsigned int  usnum_3;
```

3 个变量的值分别为（最大绝对值）：

```
snum_1=32767;
snum_2=-32768;
usnum=65535;
```

如果将上面的 3 个变量分别加 1、减 1 和加 1，便发生溢出，相应的结果分别为：

```
snum_1+1=-32768
snum_2-1=32767
usnum_3 +1=0
```

在程序设计中要避免发生数据的溢出，否则，将会得到错误的计算结果。

2.3 实 型 数 据

　　实型数据也称做浮点数，是一种带小数点的数。现分别对浮点型常量和浮点型变量介绍如下。

2.3.1 实型常量

　　实型常量就是带小数点的 10 进制常数。在 C 语言中实型数据有两种表达（书写）方式：一种是用数字和小数点表示的，如 123.456 等；另一种是用指数方式表示的，如 1.2e+2 或 1.2E+2（表示的是 1.2×10^2）。

实型常量在计算机内存中一般占用 4 个字节，其数值取值范围是 $10^{-38}\sim10^{38}$。有效数字是 7 位，如 1.23 456 789 中的最后两位是无效的。

当一个实型常量的数值超过了它能表达的精度时，C 语言可以自动将其精度扩大到 15～16 位（双精度）的有效数字。例如，实型常量 123.456 789e8，C 语言系统会自动把它看作为双精度的实型常量来处理。

2.3.2　实型变量

实型变量用来存储实型数据。实型变量分为如下两种。

（1）单精度实型变量或简称实型变量或浮点型变量，其类型标识符为 float。

（2）双精度实型变量或称双精度浮点型变量，其类型标识符为 double。

在表 2-2 中列出了以上两种实型变量在计算机内存中的所占位数和取值范围。

表 2-2

数据类型符	所占内存位数（bit）	取　值　范　围	有　效　数　字
float	32（4 字节）	3.4E−38～3.4E+38（$10^{-38}\sim10^{38}$）	6～7
double	64（6 字节）	1.7E−308～1.7E+308	15～16

下面是两个定义实型变量语句的例子：

```
float f1;
double f2;
```

f1 为单精度实型变量，f2 为双精度型实型变量。对于变量 f1 和 f2，通过赋值语句可以分别赋予它们这样的值：

```
f1=12.3456;
f2=123.456789e8;
```

如果用单精度变量存储数据 123.456 789e8，显然数据的精度得不到保证。

2.4　字符型数据与字符串

2.4.1　字符型常量

C 语言的字符型常量是用单引号括起来的单个字符，如 'a'，'B'，'*' 等都是字符型常量。字符型常量在计算机内存中是用相应字符的 ASCII 存储的，占用一个字节的空间。在 C 语言中字母是区分大小写的，所以 'a' 和 'A' 是不同的字符型常量。由 ASCII 代码表可以知道，字符型常量 'a' 存储的是十进制数 97，而字符型常量 'A' 存储的十进制数 65。因为在整型数与字符常量存在着这种对应关系，在 C 语言中字符型常量可以作为整型数来使用，整型数据（如果在 ASCII 范围内的话）也可以作为字符型数据来使用。例如，字符 "a" 可看作是数 95，数 95 也可以看作是字符 "a"。

在 C 语言中支持一类特殊字符，它们以反斜杠 "\" 开头，称为反斜杠字符常量，或称转义字符。转义字符是将斜杠后面字符的含义转变为另一种意义了。在表 1-2 中列出了这些转义字符，它们都可以作为字符常量。

例如，转义字符 '\n'，控制输出设备回车换行。

又如，转义字符 '\123'，它是八进制数 123 对应的字符，即字符 S。

2.4.2　字符型变量

字符型变量是 C 语言的一种数据类型，用关键字（类型符）char 说明，用于存储字符常量或数值。字符型变量可以用变量修饰符 signed 和 unsigned 来修饰。表 2-3 列出了字符型变量在计算机内存中所占的位数和取值范围。类型符 char 和 signed char 在意义上是没有区别的。

表 2-3

数据类型符	所占位数（bit）	取 值 范 围
Char	8（1 字节）	−128～+127
unsigned char	8（1 字节）	0～225
signed char	8（1 字节）	−128～+127

一个字符型变量只能存储 1 个字符，它是以该字符的 ASCII 值存储的，并占一个字节的宽度。例如，字母"a"的 ASCII 值是 97，在变量的内存中存储的就是 97。这与整型变量存储了一个整数 97 是一样的。正因为如此，字符型变量和整型数变量之间可以相互通用。

下面的例子是定义两个字符型变量 c1 和 c2 的语句：
```
char c1, c2;
```
该语句表明在内存中开辟了两个字节的空间，分别用来存储字符变量 a 和 b 的 ASCII 代码。如果令：
```
c1='A';
c2='a';
```
则在相应于变量 c1 和 c2 的内存单元分别存入 65 和 97。

2.4.3　字符串常量

字符串常量简称字符串。字符串不是一种数据类型，它是用双引号扩起来的一串字符。例如：
```
"abc123", "4", "AaBb", "a"
```
等都是字符串常量。字符串中的字母是区分大小写的。如，"B"和"b"是不同的字符串。组成字符串的字符个数，叫做字符串长度。

如果字符串中含有转义字符，则每个转义字符当作一个字符看待。例如，字符串
```
\\ab\\\'AB\'\141\142
```
其中，转义字符"\\"，代表字符"\"；转义字符"\'"，代表字符"'"；转义字符"\141"是字母 a 的八进制 ASCII 代码，转义字符"\142"，是字母 b 的八进制 ASCII 代码。所以，上面字符串表示的是下列字符：
```
\ a b \ ' A B ' a b
```
字符串长度为 10。

每个字符在内存占一个字节的空间。但每个字符串在内存中占用的实际字节数等于字符串的长度加 1。这是因为在每个字符串的最后都存放一个"空字符"，其 ASCII 值为 0，它的转义字符是"\0"。它起着字符串结束标记的作用。

字符串常量与字符常量在书写格式上的区别就在于，字符常量是用单引号括起来的，而字符串常量是用是双引号括起来的。例如：'a'是字符常量，"a"是字符串常量。字符常量 'a' 在内存中占 1 个字节的空间，而字符串"a"在内存中占两个字节的空间，如图 2-2 所示。

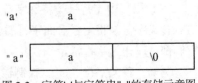

图 2-2　字符'a'与字符串"a"的存储示意图

2.5　变量说明与初始化

2.5.1　变量说明（定义）

在 C 语言中，变量是用变量名来表示的，变量名为一合法的 C 标识符。在 C 程序中，变量在引用前，必须先进行说明，说明变量的属性，包括变量的名字和数据类型。变量说明也称为变量定义。C 语言的编译系统将根据变量说明，给变量分配相应的存储空间。

变量说明语句的一般格式是：

数据类型　变量名列表；

其中，"数据类型"为前面介绍的 C 语言数据类型符（见表 2-1、表 2-2 和表 2-3），也可以是以后介绍的其他数据类型符。"变量名列表"是所要说明的一些同类型的变量名，变量名之间要用逗号分开。说明语句以分号结束。

例如，下面是一些变量说明（定义）语句：

```
int  m,  n,  k;
unsigned int  um;
double d1 ,d2;
char ch;
float f;
```

2.5.2　变量的初始化

在对变量进行定义的同时给变量赋值称为变量的初始化。变量初始化的一般格式如下：

变量类型　变量名 1=常量 1，变量名 2=常量 2，…；

下面是一些变量初始化的例子：

```
char ch1 = 'y', ch2='a';
float fnum = 12.12;
int a,b=5;
```

变量的初始化是在程序运行到该变量所在的函数时进行的。如果定义变量时没有初始化，可以在以后用赋值语句给变量赋值。例如：

```
float  fnum;
fnum=12.12;
```

其中，第二条语句称为赋值语句，它的功能是将等号右面的值赋给等号左面的变量。

一般情况下，如果变量在程序中没有初始化，则在赋值之前，它的值是不确定的。因此，程序中在引用某变量之前，该变量应该初始化或赋值。以后还会介绍在某些情况下，没有初始化的变量的初始值可以是确定的。

2.6　运算符和表达式

2.6.1　运算符

运算符也称操作符，是一种表示对数据进行何种运算处理的符号。编译器通过识别这些运算符，完成各种算术运算和逻辑运算。运算的对象（数据）称为操作数。每个运算符代表某种运算功能，每种运算功能有自己的运算规则，如运算的优先级、结合性、运算对象类型和个数，以及运算结果的数据类型都有明确的规定。

C 语言的基本运算符有以下几大类：

算术运算符；

逻辑运算符；

关系运算符；

位运算符；

赋值运算符；

条件运算符；

逗号运算符；

数据长度运算符。

除了上述基本运算符外，还有一些专门用途的运算符，如：

指针运算符；

改变优先级运算符；

成员运算符；

下标运算符；

其他。

2.6.2　表达式

用运算符把运算对象连接起来所组成的运算式，在 C 语言中叫做表达式。按照规定的运算规则，对表达式进行运算所得到的结果，称为表达式的值。

当表达式中含有一个以上运算符时，就会发生哪个先计算、哪个后计算的问题。这个计算顺序由运算符的优先级决定，优先级高的先进行运算。我们都很熟悉，在数学中括号能提高它所包含的运算的优先级的。在 C 语言中，就是用圆括号来提高运算顺序的。在 C 语言中，括号也看作是运算符（提高运算符运算优先级），而且它的优先级别最高。和在数学中一样，C 语言中的圆括号运算符也可以多层嵌套，并且内层圆括号的运算优先级高于外层的运算优先级。与数学运算不同的是，在 C 语言中，内层和外层的括号都只能使用圆括号。

对优先级相同的运算符，C 语言还规定了结合性。若是按自左向右的顺序进行运算，则结合性称为自左向右的；若是按自右向左的顺序进行运算，则结合性称为自右向左的。

表 2-4 列出了 C 语言的各种运算符、名称、优先级和结合性。表中优先级号小的运算符表示的优先级高。这些运算符的使用，将在以后各章逐步学习。

表 2-4

优　先　级	运　算　符	运算符名称	结　合　性
1	() [ ] -> .	圆括号 数组下标运算符 指向结构指针成员运算符 取结构成员	-> （自左向右）

优 先 级	运 算 符	运算符名称	结 合 性
2	! ~ ++ －－ － * & sizeof	逻辑非 反码（按位取反） 加一（自加） 减一（自减） 取负 取地址的内容（指针运算） 取地址 取字节数	<- （自右向左）
3	* / %	乘运算 除运算 模运算	->
4	+ －	加运算 减运算	->
5	<< >>	左移 右移	->
6	< <= > >=	小于 小于等于 大于 大于等于	->
7	== !=	等于 不等于	->
8	&	按位逻辑与	->
9	^	按位逻辑加（异或）	->
10	|	按位逻辑或	->
11	&&	逻辑与	->
12	||	逻辑或	->
13	?:	条件运算	<-
14	= += －= *= /= %= >>= <<= &= ^= |=	赋值运算 自反赋值（复合赋值）	<-
15	,	逗号运算（顺序求值）	->

　　表达式描述数据的加工过程。在书写表达式时，不仅要正确理解所使用的每个运算符的功能，还要正确掌握运算符的优先级和结合性。利用圆括号，可以像一般数学计算那样，任意地改变表达式的运算顺序。

　　表达式值的数据类型，因运算对象的不同而不同。归纳起来可分为整型、实型和逻辑型。逻辑型数据是只有两个可能值的数据，这两个值是：真和假。在 C 语言中，"真"用数字 1 表示，"假"用数字 0 表示。因此，逻辑值也可以按整型数看待。

　　从构成表达式的运算符来看，可以把表达式分成以下几种。

（1）算术表达式：由算术运算符连接数值型运算对象构成的表达式为算术表达式，计算的结果仍为数值型。例如有实型变量a、b和c，则下面的表达式为算术表达式：

```
a+2-b*c
```

（2）关系表达式：由关系运算符连接表达式构成的表达式为关系表达式，关系表达式的运算的结果为逻辑值。关系表达式的一般形式为：

表达式1 关系运算符 表达式2

例如，下面是关系表达式：

```
(a+b)>(c/d)
```

如果表达式（a+b）的值大于表达式（c/d）的值，则上面关系表达式的值为真，否则为假。

（3）逻辑表达式：由逻辑运算符连接表达式构成的表达式为逻辑表达式，逻辑表达式的运算结果为逻辑值。逻辑表达式的一般形式为：

表达式1 逻辑运算符 表达式2

逻辑运算符 表达式

例如有整型变量x、y和z，下面是逻辑运算符&&和!构成两个逻辑表达式：

```
x&&y      !z
```

（4）条件表达式：由条件运算符连接表达式构成的表达式，其一般形式为：

表达式1? 表达式2：表达式3

例如：

```
a>0?a:-a
```

（5）赋值表达式：由赋值运算符或自反赋值运算符号"="连接表达式构成的表达式称为赋值表达式。其一般形式为：

变量 赋值运算符 表达式

变量 自反赋值运算符 表达式

赋值表达式的运算功能是将赋值运算符右边表达式的值赋给赋值运算符左边的变量。例如：

```
y+=a+b      f=a+3
```

（6）逗号表达式：由逗号运算符连接表达式构成的表达式称为逗号表达式，其一般形式为：

表达式1，表达式2，表达式3，…

例如：

```
a+2,c+3
```

以上各种表达式的运算方法和规则，在以后各章还要详细介绍。

2.6.3　表达式中数据类型的转换

在一个表达式中，一些运算对象（操作数）可能是属于不同的数据类型。那么，不同数据类型怎么在一起运算呢，运算的结果又是什么数据类型呢？当表达式的值计算出来后，如果该值的数据类型与要赋值的变量的数据类型不同时，最终存入变量的数据是什么类型呢？这些就是本小节要讨论的内容。

C语言规定了如下的数据类型的转换原则。

（1）数据类型自动转换原则

表达式中参加运算的各个运算对象，先转换成其中数据长度最长的数据类型，然后再计算。计算结果的数据类型就是其中数据长度最长的那个数据的数据类型。例如有：

```
int a=2;
float b=4.0;
```

则表达式

　　b/a

的计算是：运算前，整型数据 a 自动转换为单精度实型的 2.0，然后计算。运算结果为单精度实型数据 2.0。

　　字符型数据参加运算时，要转换为整型（int）或长度更大的其他数据类型，这取决于与字符型数据一起参加的运算对象的数据类型。例如表达式：

　　'a'+2

的计算，首先将字符常量转换为整型数（取其 ASCII 值 97），然后再与整型常量 2 相加，结果 99 为整型数据。作为字符型数据看待时，就是字符 c。

　　图 2-3 所示的例子说明了上述的类型转换原则。其中有：

```
char ch;
int i;
float f;
double d;
```

（2）强制性数据类型转换

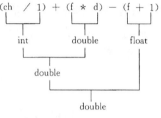

图 2-3　数据类型转换

　　在表达式中，可以根据需要，把其中任意一个数据的类型转换为另一个数据类型，称为数据类型的强制转换。强制数据类型转换的一般格式是：

　　(数据类型) 表达式

　　例如，将整型变量 i 做浮点使用时，可这样进行如下的强制类型转换：

```
int i;
(float)i
```

又如，两整型变量 a，b 相除转换成浮点运算时，可这样写：

```
int a, b;
(float)a/b
```

这时变量 a 的值强制性转换为单精度浮点型，根据转换原则（1），变量 b 的值也自动转换为单精度浮点型。设 a=2，b=4，则表达式的值为 0.5。

　　（3）运算结果存入变量时的数据类型自动转换

　　如果表达式的运算结果的数据类型与要存入的变量类型不一致，则将运算结果的数据自动转换成要赋予的变量的数据类型。

　　例如，运算结果为单精度浮点型，而要赋予的变量是整型，则先将计算结果转换成整型，在本例中就是丢掉小数部分，然后，再赋予整型变量。

　　关于数据类型转换有一点要注意，表达式计算过程中，数据类型的转换是暂时的，只是为了用于当前计算，原来类型的值并未改变或丢失。例如：

　　(float)a

如果变量 a 是整型的，它被变换成浮点型数据参加运算，但变量 a 的值仍然是整型的。

小　结

　　本章讨论了 C 语言的基本数据类型，常量、变量及变量初始化，操作符和表达式等基本语法问题。通过本章的学习，要掌握以下问题。

1. 基本数据类型

C 语言有 4 种基本数据类型，它们是：

整型　　　　　　integer;

字符型　　　　　char;

浮点型　　　　　float;

双精度型　　　　double;

对于这些基本数据类型，要掌握其数值范围和所占内存的长度，熟记它们的关键字（类型符）。

2. 常量

C 语言中的常量有数值型的（包括整数和实数）、字符型的和字符串常量。整数又有十进制、八进制和十六进制整数之分。常量也可以用标识符表示，称为符号常量。符号常量将在以后介绍。

3. 变量

涉及变量的内容很多，也很重要。首先要掌握好变量的定义和初始化的方法。因为这是最基本的。

4. C 语言的基本操作符

C 语言的操作符非常丰富，本章对 C 语言运算符的总体情况作了介绍。对于它们的进一步应用，将在以后各章详细讲述。

5. 表达式

表达式是 C 语言最基本的成分。可以说，对数据的处理都是通过表达式实现的。本章对 C 语言中的各种表达式作了系统的介绍。在今后的程序设计学习中，将进一步介绍各类表达式的应用。

6. 数据类型在表达式中的转换

在一个表达式中，含有不同数据类型之间的运算，是常有的事。为了获得预期的或正确的运算结果，还需掌握不同数据类型在表达式中的转换关系。

必要时，需要人为地强制作某些数据类型的转换，才能得到所想要的计算结果。为此，C 语言提供了数据类型的强制转换。

习　题

2-1　C 语言中，有哪些基本数据类型？它所定义的字宽（bit 数）各是多少？写出基本数据类型的关键字（类型符）。

2-2　指出下列变量名中哪些是非法的：

　　　Int　　char　　6_05　　x　　a15　　pdp_11　　_1312　　_abc　　Yy

2-3　什么是 C 语言表达式？有哪些种类的表达式？

2-4　什么是常量？什么是变量？

2-5　怎样定义变量的类型？

2-6　如何对变量初始化？

2-7　假设有整型变量 a=10，字符型变量 b='1'，说明下面的表达式如何进行计算，表达式的值是多少：

　　a+b

第3章
顺序结构程序设计

结构化程序有 3 种基本结构。本章我们学习 3 种基本结构中的顺序结构程序设计。在开始学习程序设计之前，还需要先学习一些关于运算符和表达式方面的知识，再学习一些常用的、最基本的语句。本章是后续各章的基础。

3.1 算术运算符和赋值运算符

3.1.1 算术运算符与算术表达式

表 3-1 列出了 C 语言中算术运算符及其运算功能和运算规则。

表 3-1

运 算 符	名 称	作 用	优 先 级	结 合 性
--	减 1	减一运算	2	<- （从右向左）
++	加 1	加一运算		
−	取负	取负值		
*	乘	乘法	3	-> （从左向右）
/	除	除法		
%	模	整除取余（模运算）		
+	加	加法	4	->
−	减	减法		

上述运算符中模运算的运算对象（操作数）和运算结果是整型，其他运算符的运算对象和运算结果都是整型或实型的。用算术运算符将操作数连接起来组成的式子就是算术表达式。

加减运算符号与数学上符号和作用是一样的，不需要多作说明。

乘法运算符在 C 语言中是星号"*"，这与数学中的乘号是不同的。

模运算符"%"是计算两个整数进行整除后的余数。运算结果的符号与被除数相同。模运算不能用于 float 和 double 数据类型。例如，表达式：

```
-15%2
```

是正确的，其值为-1。而表达式：

```
15.0 %2.0
```

则是错误的。

对于除法运算，需要强调的是，两个整型数相除时，结果为整数，小数部分丢失。例如 15/2=7，而 15.0/2 则等于 7.5。

对++和--两种运算要详细地作些说明。

加 1 运算和减 1 运算是对变量进行算术运算的。变量可以是整型、字符型、指针型和数组元素。运算结果仍为原数据类型，并存回原运算对象（变量）。在使用加 1 和减 1 运算符时，运算符可以放在运算对象的前面，称为前缀，也可以放在运算对象的后面，称为后缀。

例如：

```
x++;
++x;
```

其运算功能都是：

```
x=x+1;
```

即将变量 x 中的内容加 1 后再存入变量 x。如果变量中原有数据为 2，则加 1 运算后的 x 值为 3。在这种情况下，x++和++x 的运算结果没有什么区别。

当加 1 运算和减 1 运算出现在表达式中时，前缀和后缀的功能是不同的。

在前缀的情况下，其运算规则是：先对运算对象（变量）进行加 1 运算或减 1 运算；然后，使用加 1 或减 1 后的运算值参加表达式的运算。这个运算规则可简称为"先加 1（或减 1），后使用"。例如，设整型变量 a 的值为 2，则表达式为：

```
++a+2
```

运算后表达式的值为 5，变量 a 的值为 3。

在后缀的情况下，其运算规则是：先取运算对象（变量）的值参加表达式的运算，然后进行加 1 运算或减 1 运算并存入变量。这个运算规则可简称为"先使用，后加 1（或减 1）"。例如，设变量 a 的值为 2，则表达式为：

```
a+++2
```

运算后表达式的值为 4，变量 a 的值为 3。

同样，不难计算下列表达式（设变量 b 的值为 2）：

```
b--+1      （表达式的值为 3，  b 的值为 1）
--b+1      （表达式的值为 2，  b 的值为 1）
```

算术运算符的优先级和结合性如表 3-1 所示。例如，表达式

```
-a++
```

相当于-（a++），设变量 a 的值为 5，运算后表达式的值为-5，a 的值 6。又如，表达式

```
-++a
```

运算后表达式的值为-6，a 的值为 6。

3.1.2 赋值运算符与赋值表达式

C 语言中的赋值运算符分为两类：赋值运算符和自反赋值运算符（或称为复合赋值运算符）。详见第 2 章表 2-4。

赋值运算符为"="。但它的意义不是数学中相等的意思。赋值运算符号的作用是：将赋值运算符右边表达式的值赋予赋值运算符左边的变量。例如，将表达式：

```
a+2-b*c/6+c%3
```

的值赋给变量 b，则应该这样使用赋值运算符：

```
b=a+2-b*c/6+c%3
```

用赋值运算符组成的表达式叫做赋值表达式。

赋值表达式的一般形式为：

```
变量=表达式
```

赋值运算符的左边一定是变量，右边是表达式、变量或常量。

如果要把常量 5 赋给变量 c，则相应的赋值表达式为：

```
c=5
```

提醒初学者注意，下面的表达式是错误的赋值表达式：

```
(a+b)=x+5
5=x+y
```

因为赋值运算符的左边不是变量。

任何表达式都是有值的，赋值表达式也不例外。赋值表达式的值等于赋值运算符左边变量的值，也就是右边表达式的值。

执行赋值运算时，如果运算符 "=" 右边表达式值的数据类型与 "=" 左边的变量的数据类型不同，则系统会自动将其转换为左边变量的数据类型。例如，有整型变量 i，则表达式

```
i=1.6
```

的值，也就是变量 i 的值为 1。

赋值运算符的结合性是自右向左的。例如，表达式：

```
a=b=c=4
```

是自右向左逐步执行，先执行 "c=4"，再将该表达式的值 4 赋给变量 b，最后，给变量 a 赋值。

赋值运算符的优先级低于算术运算。

3.1.3　自反赋值运算符

自反赋值运算符也称为复合赋值运算符，它是在赋值运算符前加上某个其他运算符构成的运算符。自反赋值运算赋共有 10 个：与算术运算符有关的有 5 个，与位运算符有关的有 5 个。与位运算符有关的自反赋值运算符在第 6 章介绍，本章只介绍算术自反赋值运算符，它们是：

```
+=    -=    *=    /=    %=
```

上述运算符的运算可写成如下的一般形式：

变量 OP=表达式

并称为自反赋值表达式，其中 OP 代表某个自反运算符。例如，可能是+，-，*，/，%等。自反赋值运算符的运算规则是：先计算 "=" 右边的表达式的值，然后，将这个表达式的值与 "=" 左边的变量进行 OP 规定的运算，最后将运算结果赋给 "=" 左边的变量。例如：

```
a+=8    等效于运算    a=a+(8)
b-=s+k    等效于运算    b=b-(s+k)
c*=a+b    等效于运算    c=c*(a+b)
```

所有自反赋值运算符的运算优先级是一样的，与它们具体做何种运算没有关系。例如，"+=" 和 "*=" 的运算优先级是一样的，并且结合性都是自右向左。

自反赋值运算符的优先级与赋值运算符相同。

3.2　赋值语句和注释语句

3.2.1　赋值语句

计算机程序实质上是由语句的序列构成的，赋值语句是程序中使用频率最高的语句之一，所以，要从学习赋值语句开始。赋值语句主要用来完成数据的加工处理任务。赋值语句有如下两种格式：

> 变量=表达式；
>
> 变量 OP=表达式；

上面的两个格式很像赋值表达式，但它们不是赋值表达式，而是语句。C 语言规定，所有 C 语句都是以分号结束的。因此，在赋值表达式后加上分号，即构成赋值语句。

对于第一种格式的赋值语句，其功能是：计算表达式的值，然后赋予变量。

对于第二种格式的赋值语句，其功能是：将变量和表达式进行指定的运算后，将获得的值赋予变量。

下面是几个赋值语句的例子（设 b=1，c=2，d=3）：

```
a=b+3*c;
d++;
c*=b+c;
```

上面第 1 个赋值语句执行的结果是：a 的值为 7，其他变量值不变。

第 2 个赋值语句的功能相当于语句

```
d=d+1;
```

的运算。语句执行后，变量 d 的值为 4。

第 3 个赋值语句的功能相当于语句

```
c=c*(b+c);
```

的运算。语句执行后，变量 c 的值为 6。

3.2.2　注释语句

为了方便对源程序的阅读和理解，C 语言提供了一种注释语句，专门用来对程序或某些语句做些文字说明。注释语句只是为程序加的注解或说明文字，对程序的编译和执行不产生任何影响。

注释语句的格式是：

```
/*     注释字符集合           */
```

或

```
/*        注释字符集合
        注释字符集合          */
```

注释语句可以写成一行，也可以写成多行。但一定是以字符"/*"开始，以字符"*/"结束，没有分号。注释语句可以写在程序的任何位置，程序的开头或程序中间任何需要加注解的语句前后。

例如：下面是一个注释语句：

```
/*   Sample program No.1    */
/*   This is a string
            " HELLO"       */
```

3.3　输入输出语句

　　数据的输入和输出是计算机程序中最常用的操作，原始数据需要输入给程序，程序的运行结果需要输出给用户。因此，输入输出操作几乎是每个程序都需要的。输入和输出是相对于计算机而言的，输入是指将数据从计算机的外部设备送入计算机内存；输出是指将数据从计算机内存送到外部设备。

　　C 语言没有提供专门的输入输出语句，输入输出操作是由系统函数实现的。系统函数是系统事先编好的函数，用户在程序中只要调用相应的函数就可以完成数据的输入和输出。

　　系统函数很多，也称为系统库函数。这些库函数分别定义在扩展名为"h"的各个系统文件中，这些文件称为头文件。要在程序中使用某个系统函数，用户必须在程序的开头写出如下的包含命令：

```
#include "头文件名.h"
```

或

```
#include "<头文件名.h>"
```

两种不同形式的包含命令的区别将在以后介绍。

　　程序的开头有了如上的包含命令后，用户就可以通过函数调用语句来实现系统函数的功能。调用函数的表达式的一般格式为：

```
函数()
```

　　本节介绍 4 个用于输入和输出的系统库函数，它们是：putchar()，getchar()，printf()和 scanf()。这些函数的定义包含在头文件"stdio.h"中。如果编程时要使用上述的输入输出函数，应先将该头文件，用包含命令写在程序的开头：

```
#include "stdio.h"
```

注意，包含命令后面没有分号。

3.3.1　字符输出函数 putchar()

　　字符输出函数的调用格式为：

```
putchar(ch);
```

其中的 ch 是一个整型或字符型函数参数，它可以是变量，也可以是常量。函数的功能为将参数 ch 的值，按 ASCII 所对应的字符输出到标准输出设备（显示器）当前光标位置。

　　函数的返回值是对应 ch 的字符。

　　函数 putchar()应用举例。

　　设有如下定义的变量：

```
int a=65;
char b='B';
```

则输出语句：

```
putchar(a);        输出整型变量 a 对应 ASCII 码的字符 A
putchar(b);        输出字符型变量 b 的值，即字符 B
putchar('a');      输出字符常量 a
putchar(65);       输出 ASCII 码 65 对应的字符 A
```

3.3.2　字符输入函数 getchar()

字符输入函数的调用格式为：

```
getchar();
```

它的功能是从标准输入设备（键盘）上接收一个字符。此函数没有参数，它的返回值就是读取的字符。因此，可以用一个整型或字符型变量来接收函数的返回值。例如，有字符型变量 ch，则语句：

```
ch=getchar();
```

接收输入的字符并存储到变量 ch 中。

用户从键盘输入数据时，数据被送入内存中专门开辟的缓冲区。当程序执行上面的输入语句时，输入函数从缓冲区读取数据。当缓冲区空时，等待用户输入。用户输入数据并按"回车"键后，数据被送入缓冲区。

【例 3-1】　putchar()函数和 getchar()函数的简单应用程序。

程序的功能是：从键盘输入一个整型数和一个字符并分别存入整型变量 a 和字符型变量 b。然后程序输出变量 a 和 b。同时再从键盘输入一个数据并立即输出。

程序如下：

```
#include<stdio.h>              /* 包含命令 */
main()                        /* 主函数 */
{
    int a;                    /* 定义整型变量 a */
    char b;                   /* 定义字符型变量 b */

    a=getchar();              /* 键盘输入字符并存入变量 a */
    b=getchar();              /* 键盘输入字符并存入变量 b */

    putchar(a);               /* 输出变量 a */
    putchar('\n');            /* 输出变量回车换行 */
    putchar(b);               /* 输出变量 b */
    putchar(getchar());       /* 输出从键盘输入的字符 */
}
```

程序的第一行是包含命令，它包含了为使用输入输出函数所需要的头文件。程序只由一个函数组成，这个函数就是 main()函数。函数体由若干语句组成。第一部分是两个变量定义语句，接下来是两个输入语句，接收键盘的输入。最后是 4 个输出语句。

语句"putchar('\n');"是输出一个回车换行，这里使用了转义字符'\n'。使后面的输出从下一行开始。语句

```
putchar(getchar());
```

中字符输出函数的参数是字符输入函数，也就是以从键盘接收的字符作为字符输出函数的参数。因此，此语句的作用是输出接收到的字符。

如果运行程序时，从键盘输入 3 个字符"ABC"，则程序的输出为：

```
A
BC
```

3.3.3　格式输出函数 printf()

格式输出函数 printf()的调用格式为：

```
printf(输出格式字符串,输出表达式列表);
```

其中,输出格式字符串是由函数定义的格式字符和非格式字符组成。格式字符指明数据输出的格式;非格式字符是用户给定的,用于执行输出函数时,原样输出非格式字符。输出表达式列表是函数输出的数据,是用逗号分开的若干表达式。

格式输出函数 printf()的功能是,以自右向左的顺序,依次计算输出列表中各表达式的值,并按格式字符规定的输出格式,将数据按输出表达式列表自左到右的顺序,输出到标准设备(显示器)上。输出格式字符串中的非格式字符,则按它在输出格式字符串中的位置与数据一起顺序输出。

例如,下面的输出语句:

```
int a=15,b=20;
printf("a=%d, b=%d\n",a,b);
```

输出格式字符串"a=%d, b=%d\n"中的两个%d 和\n 为格式字符。第 1 个%d 对应第 1 个输出的数据 a,第 2 个%d 对应第 2 个输出的数据 b,\n 控制输出回车换行。非格式字符为 a=、b=和逗号及一个空格。执行这个输出语句时,根据输出格式字符串的内容,应有如下的输出:

```
a=15, b=20
```

函数的返回值是输出数据的个数。

格式字符如表 3-2 所示。所有的格式字符都是以字符"%"开始,其中字符 d, o, x, u, f, e, g, c, s 是基本格式控制字符。其余格式字符是选用的。

表 3-2

格 式 字 符	数 据 类 型	输 出 形 式	格 式 字 符	数 据 类 型	输 出 形 式
%-md	char int unsigned	十进制整数	%-mlu	long unsigned long	长无符号十进制整数
%-mo		八进制整数	%-m.nf	float double	小数形式
%-mx		十六进制整数	%-m.ne		指数形式
%-mu		无符号十进制整数	%g		自动选取
%-mld	long unsigned long	长十进制整数	%-mc	char int	字符
%-mlo		长八进制整数	%-m.ns	字符串	字符串
%-mlx		长十六进制整数			

在可选用的格式字符中:

-表示数据输出时是左对齐,省略时,为右对齐;

m,n 是正整数,m 表示数据输出的宽度,n 表示小数点的位数。m 和 n 省略时,数据按实际宽度输出。对于字符串数据,n 用来控制实际输出字符数。

如果指定的宽度大于数据所需的最小宽度,则用空格来填充。如果给定的宽度小于数据的长度,则数据全部输出。

如果在数 m 前加一个数字 0,则在数据的左边空位上补 0。

还要强调一点:输出格式字符串所说明的数据个数、数据类型和顺序,必须与输出表达式列表中数据的个数、类型和顺序相一致。

【例 3-2】 分析下面程序的输出。

```
#include<stdio.h>
main()
```

```
{
    int a;
    float b;
    double d=12687.3251956;
    a=1234;
    b=12687.3251956;
    printf("1:  %d\n",a);
    printf("2:  %10d\n",a);
    printf("3:  %f\n",b);
    printf("4:  %015.4f\n",b);
    printf("5:  %e\n",b);
    printf("6:  %f\n",d);
    printf("7:  %13.11e\n",d);
}
```

这个程序的输出如下：

```
1:  1234
2:        1234
3:  12687.325195
4:  0000012687.3252
5:  1.268733e+04
6:  12687.325196
7:  1.26873251956e+04
```

请读者根据程序的输出格式仔细分析上面的输出清单，掌握输出格式的应用。

【例 3-3】 分析下面程序的输出，了解非格式字符的使用。

```
#include<stdio.h>
main()
{
    int a=1,b=2;
    printf("a=%d,b=%d,a+b=%d\n",a,b,a+b);
}
```

我们来分析程序中输出语句的格式字符串，其中包含了 3 个输出格式字符"%d"，表示输出 3 个十进制整型数据。3 个输出格式字符依次分别与输出表达式表中的 a,b,a+b 3 个表达式相对应。在输出格式字符串中还包含有非格式字符：在第一个格式符之前的 a=；在第二个格式符之前的 b=；在第三个格式符之前的 a+b=。这些非格式符是按原样顺序输出的。

根据以上分析可知，这个程序的输出，即输出语句的执行结果应该是：

```
a=1,b=2,a+b=3
```

3.3.4 格式输入函数 scanf()

格式输入函数 scanf()的一般格式为：

scanf(输入格式字符串，输入变量地址表)；

其中"输入格式字符串"是由控制输入格式的字符和非格式字符组成的字符串。输入变量地址表是用逗号分开的一些接收输入数据的变量地址。

函数的功能是接收从键盘按输入格式字符串规定的格式输入的若干数据，并按输入变量地址表中变量地址的顺序，依次存入对应的变量。

实际的输入输出过程都是通过内存的一个专门缓冲区实现的。以输入来说，当从键盘输入数据时，数据先进入缓冲区。读取数据时，是按照输入格式字符的规定从缓冲区读取数据。

函数返回的是读取数据的个数。

　　输入数据时，必须按照格式字符规定的格式输入数据。非格式字符则要按原样输入，主要是作为输入数据之间的间隔。变量的（存储）地址，在 C 语言中是用变量名前加一符号"&"来表示的。

　　输入格式字符，与 printf() 函数类似，也是以"%"开头，后跟一个字符组成，其间也可以插入一些附加字符。scanf() 函数格式字符和附加字符如表 3-3 所示。

表 3-3

格 式 字 符	数 据 类 型	输 出 形 式	格 式 字 符	数 据 类 型	输 出 形 式
%md		十进制整数	%mf	float	十进制小数
%mo	int　unsigned	八进制整数	%me		十进制小数
%mx		十六进制整数	%mlf	double	双精度十进制小数
%mld		长十进制整数	%mle		双精度十进制小数
%mlo	long　unsigned long	长八进制整数	%mc	char	单个字符
%mlx		长十六进制整数	%ms	字符串	字符串

对表 3-3 作如下说明。

　　格式字符中的 m 是一个正整数，用来说明输入数据的宽度。对于数值型数据的输入，如果输入不足 m 位，则后跟"回车"键。对于字符型数据，输入 m 位，但仅取第一个字符。对于字符串型数据，仅取 m 个字符。省略 m 时，可用空格、Tab、"回车"作为两个输入数据的间隔，也可以用非格式字符作为输入数据的间隔。

　　当一条输入语句中全部数据输入完毕后，可用"回车"键作为输入的结束。

　　用格式字符 %mc 读取字符型数据时，输入单个字符后应跟一回车，作为输入数据的结束。要注意的是，这个回车符也存入缓冲区。缓冲区内的"回车"符可能被下一个输入字符语句读取，这是应该注意的。

　　【例 3-4】　格式输入输出函数使用举例。

　　下面的程序要求用户输入以下一些不同类型的数据。设要求输入的数据是：

　　字符 a，整型数 123，整型数 456，实型数 1.25，长整型数 999，双精度数 1.234，然后输出。

　　本例题的问题是如何根据数据类型写出输入语句和输出语句。程序如下：

```c
#include "stdio.h"
main()
{
    char c1;
    int i1,i2;
    float f1;
    long lx;
    double dx;

    scanf("%c%d",&c1,&i1);
    scanf("%d,%f",&i2,&f1);
    scanf("%8ld%5lf",&lx,&dx);

    printf("%c %d\n",c1,i1);
    printf("%d %f\n",i2,f1);
    printf("%ld %f\n",lx,dx);
}
```

对于输入语句 "scanf("%c%d",&c1,&i1);"，为使变量 c1 的值为'a'，变量 i1 的值为 123，可以输入 "a123 回车"，或者输入 "a 空格 123 回车"，或者输入 "a 回车 123 回车"。

对于输入语句 "scanf("%d,%f",&i2,&f1);"，为使变量 i2 的值为 456 和变量 f1 的值为 1.25，必须输入 456,1.25，后跟 "回车"。根据格式以逗号作为 2 个数据之间的间隔。

对于输入语句 "scanf("%8ld%5lf",&lx,&dx);"，为使变量 lx 的值为 999，变量 dx 的值为 1.234，可以这样输入数据：999 空格 1.234。使用空格作为 2 个数据的间隔，是因为变量 lx 的格式规定的宽度大于实际宽度，所以用了空格结束 lx 数据的输入。

对程序中 3 条输出语句，请读者自己来分析。

最后，上面程序的输出为：

```
a 123
456 1.250000
999 1.234000
```

【例 3-5】 应用数据宽度格式字符的例子。设有语句：

```
scanf("%3d%4d",&a,&b);
```

如果输入 1234567 给变量 a 和变量 b，它们的值分别是什么呢？

格式输入函数会自动根据格式"%3d%4d"，为变量 a 截取 3 位数据，即 123；为变量 b 截取 4 位数据，即 4567。所以，这个语句执行后有：

```
a=123
b=4567
```

【例 3-6】 设有字符型变量 ch1, ch2 和 ch3，写出从键盘输入输出 3 个字符的程序。

根据输入方法的不同，可以写出不同的输入语句。例如输入语句为：

```
scanf("%c%c%c",&ch1,&ch2,&ch3);
```

输入时，要连续输入 3 个字符，中间不能有 "空格" 或 "回车" 等，以 "回车" 结束输入。因为 "空格" 和 "回车" 都会作为字符输入并赋给相应的变量。如果输入语句写为如下的形式：

```
scanf("%c,%c,%c",&ch1,&ch2,&ch3);
```

则在输入的两个字符之间必须键入逗号，以 "回车" 结束输入。依此类推，如果输入语句有如下的形式：

```
scanf("%c %c %c",&ch1,&ch2,&ch3);
```

则在输入的字符之间必须键入空格，以 "回车" 结束输入。

下面的程序要求 3 个字符连续输入：

```
main()
{
    char ch1,ch2,ch3;
    scanf("%c%c%c",&ch1,&ch2,&ch3);
    printf("ch1=%c  ch2=%c ch3=%c\n",ch1,ch2,ch3);
}
```

3.4　顺序结构程序设计

顺序结构是结构化程序的 3 种结构之一，是 3 种结构中最简单的一种程序结构。顺序结构的特点是顺序地、依次地执行程序中语句序列。在程序的运行过程中，每条语句都必定执行一次，并且只能是执行一次。顺序结构的流程图如第 1 章图 1-1（a）所示。

这一节将分析几个顺序结构的程序例题，从中学习简单顺序结构程序的设计方法。

【例 3-7】 设计计算方程：

$$ax^2+bx+c=0$$

的实根的程序。已知该方程式满足条件：$b^2-4ac>0$。

一般程序设计的步骤不外乎输入原始数据，对问题求解和输出结果这样一个过程。数据的输入和输出，可以很容易地通过相应的函数来完成。剩下的核心问题是求解题目的方法。有了方法，编程就比较容易了。也就是要有一个算法来解决编程的问题。对于本例题，解该方程的算法就是公式：

$$x1,x2=\frac{-b\pm\sqrt{b^2-4ac}}{2a}$$

在上面的公式中有一个开平方的运算。在 C 语言的运算符中是没有开方运算的，这可以使用系统提供的开平方函数 sqrt()。这个函数的参数是双精度型的被开平方的数据（变量或常量），函数返回的是参数的平方根。Sqrt()函数定义在头文件 math.h，所以在程序中应该有相应的包含命令。

描述算法的一个很好的工具就是流程图。根据流程图写程序，则要容易得多。对于非常简单的程序，一般不需要流程图，作为练习，图 3-1 给出本例题的流程图。

根据流程图写出程序如下：

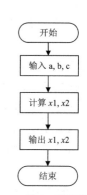

图 3-1 例 3-7 程序流程图

```c
#include "stdio.h"
#include "math.h"

main()
{
    float a,b,c,x1,x2,d;

    printf("Enter a,b,c:\n");
    scanf("%f,%f,%f",&a,&b,&c);

    d=sqrt(b*b-4*a*c);
    x1=(-b+d)/(2*a);
    x2=(-b-d)/(2*a);

    printf("x1=%f,x2=%f\n",x1,x2);
}
```

如果输入 a=1.0，b=3.0，c=2.0，则程序的输出为：

```
x1= -1.000000, x2= -2.000000
```

【例 3-8】 设计一个使两个变量的值进行相互交换的程序。

设有两个变量 a 和 b，我们的问题是，将变量 a 的值赋给变量 b，变量 b 的值赋给变量 a。程序的过程还是不外乎：输入 a 和 b 原始数据，数据处理（交换 a，b 的值），输出结果（交换后 a，b 的值）。输入和输出大家都很熟悉。问题是怎样实现两个数据的交换。一个可能的方法是这样。定义一个类型与变量 a 和 b 相同的变量 temp，通过变量 temp 进行数据交换，其步骤如下：

（1）变量 a 的数据送入变量 temp；

（2）变量 b 的数据赋予变量 a；

（3）变量 temp 的数据送入变量 b。

图 3-2 所示为上述数据交换过程。

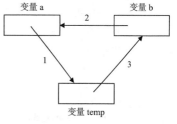

图 3-2 变换 a 和 b 的值

程序如下：

```
#include"stdio.h"

main()
{
    int a=10;
    int b=20;
    int temp;

    printf("a=%d  b=%d\n",a,b);

    temp=a;
    a=b;
    b=temp;

    printf("a=%d  b=%d\n",a,b);
}
```

如果输入 a=10，b=20，则程序的输出为：

```
a=20   b=10
```

【例 3-9】 设计一个求 4 位正整数中各位数字之和的程序。

问题的关键是如何将一整数 x 的个位、十位、百位、千位的数字分离出来，这是本问题算法的核心。下面介绍一种简单算法。

x%10 的模运算的结果就是所求的个位数，然后，用 x/10 的整除运算，使十位数出现在个位上，再通过模运算得到十位数。如此计算下去，求得百位和千位数。具体计算步骤如下：

（1）x%10 得到 x 的个位数，存入变量 x1；

（2）x=x/10，x%10 得到 x 的十位数，存入变量 x2；

（3）x=x/10，x%10 得到 x 的百位数，存入变量 x3；

（4）x=x/10，x%10 得到 x 的千位数，存入变量 x4；

（5）各位数字的和：x1+x2+x3+x4。

有了上述算法，再在此算法前加上输入数据 x 的操作，算法后加上输出计算结果的操作，就是解决本例题的完整算法了。

根据上述算法的描述，可写出下面的程序：

```
#include "stdio.h"
main()
{
    int x, sum;                  /* 定义变量：分别存储原始数据和各位数的和 */
    int x1, x2, x3, x4;          /* 定义变量：分别存储整数 x 的个、十、百、千、位数 */
    scanf ("%d", &x);            /* 输入原始数据 x */

    x1=x%10;                     /* 得个位数 x1 */
    x=x/10; x2=x%10;             /* 得十位数 x2 */
    x=x/10; x3=x%10;             /* 得百位数 x3 */
    x=x/10; x4=x%10;             /* 得千位数 x4 */
    sum=x1+x2+x3+x4;             /* 计算各位数的和 */

    printf("sum=%d\n",sum);      /* 输出计算结果 */
}
```

小　结

本章主要讲述了算术运算符和赋值运算符，算术表达式和赋值表达式，注释语句和赋值语句，4 个输入输出函数构成的 4 个输入输出语句。在此基础上我们学习了顺序结构的程序设计。

（1）对于运算符，要求记住和正确运用这些运算符。对于算术表达式，要求能将一般数学算式正确地表达为 C 语言的算术表达式。赋值表达式在程序中使用非常普遍，它的格式为：

变量 = 表达式

（2）注释语句是给程序加的说明文字，用于方便程序的阅读，对程序本身的编译和运行没有任何影响。注释语句的格式是：

/*　　注释字符串

　　　注释字符串　　　　　　*/

（3）赋值语句的作用是对表达式进行计算并将计算结果赋给变量。其格式是：

变量 = 表达式；

要注意的是，符号"="在 C 语言中是赋值运算符，它表达的是赋值作用，不是数学意义上的等号。

（4）C 语言没有专门设置输入输出语句，输入和输出是由系统的标准库函数实现的。本章介绍了 4 个输入输出函数和相应的 4 个输入输出语句。它们是：

```
printf(格式字符串, 输出表达式列表);
scanf(格式字符串, 输入变量地址列表);
putchar(ch);
getchar();
```

对于以上 4 个函数，要掌握好它们的书写格式，特别是还应该熟悉格式字符串。

（5）顺序结构是结构化程序中最简单的一种结构，也是其他程序结构的基础。在本章通过例题学习了顺序结构程序设计的基本方法，综合运用所学过的知识，编写了一些简单程序。

习　题

3-1　已知 a=1，指出下列各表达式的值和变量 a 的值：

```
++a+1;
--a+1;
a+++1;
a--+1;
```

3-2　写出下列数学式的 C 语言算术表达式：

$$ax^2 + bx + c \qquad \frac{a+b}{a-b} \qquad a + b \times \sqrt{c}$$

3-3　设 a=1，x=2.5，求下面表达式的值：

```
x+a%3*(int)(x+a)%2/4
```

3-4　设有变量定义

```
int a=10, b=20;
```

计算下列表达式的值和变量的值：

```
a+=b      a-=b      a*=b      a/=b
```

3-5 编写一程序，计算下面的多项式的值（x 的值从键盘输入）：

$3x^3-5x^2+6$

3-6 编写一个程序，已知整型变量 x=50，y=20，试对 x 和 y 进行加法、减法、乘法、除法和模运算，并输出计算的结果。

3-7 输入华氏温度值 F，要求用下面的公式计算摄氏温度 c，试编写程序。

$$c = \frac{5}{9}(F-32)$$

3-8 指出下面 C 语言程序中的错误。

```
include "stdio.h"
{
main()
  int a, b, c, sum;
  a = 1; b = 2;
  scanf("%d", &c);
  snm=a+b+c
  printf("sum=", sum)
}
```

3-9 写出下面程序的执行结果：

```
#include <stdio.h>
main()
{
  int answer,result;
  answer=100;
  result=answer-10;
  printf("The result is %d", result+5);
}
```

3-10 分析并写出下面程序的输入输出形式。

```
#include "stdio.h"
main()
{
    float a,b,c,r;
    scanf{"%f,%f,%f",&,a,&b,&c};
    r=1.2*(a+b-c);
    printf("a=%7.3f,b=%7.3f,c=%7.3f\n",a,b,c);
    printf("1.2*(a+b-c)=%7.3f\n",r);
}
```

3-11 用函数 getchar()和 putchar()编写一程序，令其功能是：当用户输入字母 A 时，程序输出字母 B。

3-12 写出下面程序的输出。

```
#include<stdio.h>
main()
{
    int a,b;

    a=5;
    b=-a++;
    printf("b=-a++=%d,a=%d\n",b,a);

    a=5;
```

```
    b=-(a++);
    printf("b=-(a++)=%d,a=%d\n",b,a);

    a=5;
    b=-++a;
    printf("b=-++a=%d,a=%d\n",b,a);
}
```

3-13　输入三角形的 3 个边长 a，b 和 c，应用下面的海伦公式计算三角形的面积 $area$：

$$area = \sqrt{s(s-a)(s-b)(s-c)}$$

其中，$s=(a+b+c)/2$。

试写出完成此计算的程序。

第4章
选择结构程序设计

本章学习结构化程序中的第 2 种结构——选择结构程序设计方法。这是一种使程序具有判断能力的、比顺序结构复杂的一种程序结构。这种结构的特点是，根据某种条件程序有选择地执行程序中的某一部分语句，不执行某另一部分语句。在这种选择结构下，程序中形成了若干个分支。因此，选择结构也称为分支结构。构成选择结构中的条件，在 C 语言中主要是用关系运算表达式或逻辑运算表达式实现，而选择程序结构是用分支语句实现的。为此，本章首先介绍关系运算符及其关系表达式，逻辑运算符及其逻辑表达式。然后，介绍实现选择结构的分支语句及选择结构程序的设计。

本章的目的是，学习选择结构程序的设计方法。

4.1　关系运算符及关系运算表达式

关系运算符是用来确定一个量与另一个量之间的关系，主要是比较两个量的大小，所以关系运算符也叫做比较运算符。C 语言提供 6 种关系运算符，如表 4-1 所示。

表 4-1

关系运算符	作用（名称）	优　先　级	结　合　性
>	大于	6 （低于算术运算）	-> （自左向右）
>=	大于等于		
<	小于		
<=	小于等于		
==	等于	7	
!=	不等于		

关系运算的结果是一个逻辑值。逻辑值是一种只有两个值的量：真和假。关系运算的结果成立，或者说为真（true），则运算结果为 1，也就是用 1 表示真。比较的结果不成立，或者说为假（false），则运算结果为 0，也就是用 0 表示假。例如，关系运算表达式：

10 > 100

显然是不成立的，表达式的值为假，实际存储的数字为 0。

在表 4-1 所示的 6 种关系运算符中，前 4 种（>，<，>=，<=）的优先级是相同的，后两种（==，!=）的优先级相同。前 4 种的优先级高于后两种。关系运算符的结合性为自左向右。关系运算符的优先级高于赋值运算符，低于算术运算符。

关系运算可以用于任何基本数据类型的变量或常量。由关系运算符连接表达式构成的表达式，称为关系表达式。其一般形式为：

```
表达式 关系运算符 表达式
```

例如，有：

```
int num1, num2;
```

则关系表达式

```
num1==num2
```

是比较两个整型变量 num1 和 num2 是否相等。如果相等，则运算结果表达式的值为真，其值为 1；如果不相等，则表达式的值为假，其值为 0。

要比较两个字符型变量 ch1 和 ch2 的大小，可以写：ch1<ch2，ch1>ch2，ch1= =ch2，ch1<=ch2，ch1>=ch2，ch1!=ch2 等。字符的大小是根据它们的 ASCII 码值的大小决定的。

关系运算和数学中的比较运算有所不同。例如，在数学中，表达式

```
a<b<c
```

的含义是：b 大于 a 并且（同时）小于 c。而在 C 语言中，该表达式表示的是如下运算过程（设 a=0，b=1，c=1）：

第 1 步　运算 a<b，表达式成立，结果为真，值为 1；

第 2 步　运算 b<c，表达式不成立，结果为假，值为 0；

于是表达式 "a<b<c" 的值为 0。

【例 4-1】　设有变量定义：

```
int a=90, b=80;
```

计算下面关系运算表达式的值：

```
a>b>=1<=0= =1!=0
```

按照关系运算符的优先级和结合性，上面表达式的运算顺序相当于

```
((((a>b)>=1)<=0)= =1)!=0
```

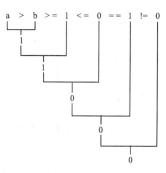

图 4-1　例 4-1 图解

表达式的值为 0。上式的运算过程可以用图 4-1 来说明。

【例 4-2】　下面的程序应用关系运算符判断用户输入的两个整型变量数是否相等，并将比较的结果输出。

程序如下：

```
/* This program illustrates the relational operators. */
#include "stdio.h"
main()
{
    int num1,num2;                              /* 定义变量 */
    printf("Enter two numbers: ");              /* 提示用户输入数据 */
    scanf("%d%d", &num1,&num2);                 /* 用户输入数据 */
    printf("num1=%d    num2=%d\n",num1,num2);   /* 输出用户数据 */
    printf("result=%d\n", num1==num2);          /* 输出比较结果 */
}
```

程序输出举例：

```
Enter two numbers: 2 2    （用户从键盘输入 2 2）
num1=2    num2=2
result=1
```

4.2 逻辑运算符及逻辑表达式

逻辑运算符用于支持基本逻辑运算。C 语言提供 3 种基本逻辑运算：逻辑与（AND）、逻辑或（OR）和逻辑非（NOT）。它们的运算符分别为&&，||，!。前两种逻辑操作要求有两个操作数（双目运算），逻辑非是单操作数的运算（单目运算）。3 种逻辑运算符、意义和运算规则如表 4-2 所示。

表 4-2

逻辑运算符	名　　称	优　先　级	结　合　性
!	逻辑非	2	<-（自右向左）
&&	逻辑与	11	->
||	逻辑或	12	（自左向右）

逻辑运算是对逻辑量或表达式进行运算的。逻辑运算的对象可以是数值型的、字符型的，也可以是逻辑量。C 语言规定，逻辑运算的运算对象为 0 时，代表逻辑量假；运算对象为非 0 时，代表逻辑量真。逻辑运算的结果仍是逻辑量：真或假。因为逻辑量的值为 1 或 0，所以，在运算中，逻辑值也可以看作整型数。

表 4-3 所示为 3 种逻辑操作的真值表。

表 4-3

x	y	x && y	x || y	!x
0	0	0	0	1
0	1	0	1	1
1	0	0	1	0
1	1	1	1	0

逻辑操作符和关系操作符的优先级由高到低，如图 4-2 所示。

逻辑运算符中的逻辑与、逻辑或和关系运算符的运算优先级都低于算术运算符。

由逻辑运算符连接表达式构成的表达式，称为逻辑表达式。逻辑表达式和关系表达式常用于选择结构和循环结构程序中。

【例 4-3】 分析下面表达式的值是什么？

```
25>5 && !(8>7) || 2<=10
```

根据上述的关系运算和逻辑运算的意义以及运算符的优先级，不难知道该表达式的值为真。这可以从图 4-3 清楚地看出。

图 4-2 逻辑运算与关系运算的优先级

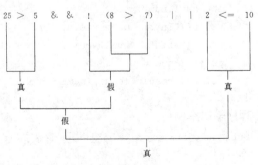

图 4-3 逻辑操作举例

【例 4-4】　设有如下的变量定义语句：

```
char ch='A';                  /* ch 的值是 65 */
int  k1=65,k2=97;
```

计算下面表达式的值：

```
k1+32==k1&&k2==ch
```

上式的计算过程相当于：

```
((k1+32)==k2)&&(k1==ch)
```

第 1 步运算　k1+32=97；

第 2 步运算　97==k2　结果为真；

第 3 步运算　k1==ch　结果为真；

第 4 步运算　1&&1　结果为真；

所以，整个表达式的值为 1（真）。

【例 4-5】　编写程序，求 25&&10，25||10 的逻辑值。

程序如下：

```
#include<stdio.h>
main()
{
   int x=25,y=10;
   printf("x=%d  y=%d  x&&y=%d\n",x,y,x&&y);
   printf("25||10=%d\n", 25||10);
}
```

程序的输出有如下的形式：

```
x=25  y=10  x&&y=1
25||10=1
```

关于逻辑运算，有一点要特别注意：当对两个表达式进行逻辑与运算时，若前一个表达式的值为假，则不再进行后一个表达式的计算，整个表达式的值肯定为假。同样，当对两个表达式进行逻辑或运算时，若前一个表达式的值为真，整个表达式的值肯定为真，也不再进行后一个表达式的计算。

例如，表达式

```
10>12&&(a=a+1)
```

中前一个表达式的值为 0（假），整个表达式的值为 0，不进行后面表达式"a=a+1"的计算，a 的值保持不变。

又如，表达式

```
10<121||(a=a+1)
```

中前一个表达式的值为 1（真），整个表达式的值为 1，不进行后面表达式"a=a+1"的计算，a 的值保持不变。

4.3　选　择　语　句

选择语句是用于构造选择程序结构的语句。C 语言提供两种类型的选择语句：if 语句和 switch 语句。

4.3.1　单分支 if 选择语句

if 选择语句也称为条件转移语句。它有两种形式：单分支形式和双分支形式。单分支 if 选择语句是形式最简单的 if 条件转移语句，它的格式如下：

```
if(表达式) 语句;
```

其中 if 是分支语句的关键字，其中"语句"可以是任何语句。

if 选择语句的功能是：首先计算"表达式"的值，如果表达式的值为真，则执行"语句"，否则不执行，而是转去执行本语句后面的语句。单分支 if 语句的流程图如图 4-4 所示。

要强调说明的是，if 语句中表达式可以是任何类型的 C 表达式。例如，可以是算术表达式，赋值表达式。但最常用的是关系表达式和逻辑表达式。其中语句也可以是任何语句，包括另一个 if 语句（称嵌套 if 语句）；也可以是由若干语句组成的一个语句组。在这种情况下，这组语句需要用花括号"{ }"括起来。

用花括号括起来的一组语句，在语法上当作一个语句看待。这样的语句在 C 语言中叫做语句块，或复合语句。实际上语句块是比函数更小的程序单元（模块）。

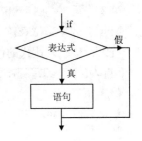

图 4-4　单分支 if 语句的流程

例如下面的 if 语句：

```
if(a<b) printf("a is less than b");
…;
```

语句中的表达式是"a<b"。如果表达式 a<b 的值为真（true），则执行 printf()；否则，跳过 printf()，转去执行它后面的语句。

又如：

```
if(a<b)  { printf("a is less than b");
            c=b-a;
         }
```

在这个 if 语句中，如果表达式 a<b 为真，则执行语句块，否则执行语句块后面的语句。

【例 4-6】　编写程序，求输入的整数的绝对值并将其输出。

整个程序的思路可归结为以下 3 步：

（1）输入整数 a；

（2）求 a 的绝对值并存入 a；

（3）输出 a。

求 a 的绝对值的简单方法就是：如果 a 是负数，再对它取一次负就变为正数了。按照这个思路，不难写出如下的程序：

```
#include "stdio.h"
main()
{
    int a,a1;
    scanf("%d", &a);
    a1=a;

    if(a<0) a=-a;                    /* 单分支的 if 选择语句 */
        printf("|%d|=%d\n",a1, a);
}
```

如果输入整数–5，则程序输出|–5|=5。

4.3.2　双分支 if_else 选择语句

if_else 语句的格式为：

if(表达式) 语句块 1；

else　语句块 2；

语句的功能是，首先计算表达式的值，如果为真，则执行语句（块）1，否则执行 else 后面的语句（块）2。上述功能如图 4-5 所示。

【例 4-7】　比较用户输入的两个整数的大小。若输入的第 1 个数大于第 2 个数，则显示：

```
first>second
```

否则，显示：

```
first<= second
```

最后，显示：

```
All done!
```

显然，这是一个有两个分支的程序。用图 4-6 所示的流程图说明编程的思想。

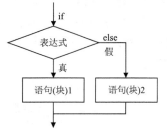

图 4-5　双分支 if_else 选择语句流程

根据流程图可写出程序如下：

```c
#include <stdio.h>
main()
{
  int first, second;

  printf("Enter two numbers: ");
  scanf("%d%d", &first, &second);

  if(first>second)
        printf("first>second");
  else
        printf("first<= second");

  printf("All done!");
}
```

【例 4-8】　用双分支 if 语句重新编写例 4-6 的程序。

可以利用一个分支处理变量 a 为正数的情况，如令 x=a。用另一个分支初处理变量 a 为负数的情况，如令 x=–a。最后输出结果。下面给出程序：

```c
#include "stdio.h"
main()
{
    int a,x;
    scanf("%d",&a);
    if(a>0)  x=a;
    else    x=-a;
    printf("|%d|=%d\n",a,x);
}
```

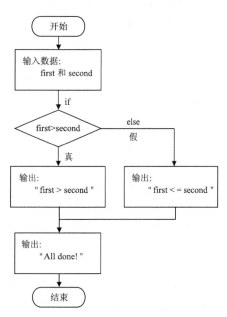

图 4-6　例 4-7 程序的流程图

4.3.3　多分支结构

如果在 if 选择语句的一个或两个分支语句中，还包含有 if 语句，则称这种结构为"if 语句的嵌套"。利用 if 语句的嵌套，可以构成两个以上分支的多个分支选择结构程序。

其中常用的一种结构是，在 else 后面的语句中包含有另一个 if 语句，这种多分支选择结构如图 4-7 所示。图中用 3 个 if_else_if 语句组成了 4 个分支。我们也把这种语句组合称为 if_else_if 选择结构。

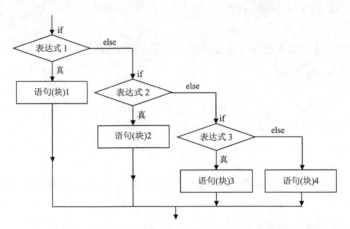

图 4-7　if_else_if 选择语句流程

【例 4-9】　编写一程序，进行十进制数、八进制数和十六进制数之间的转换。

程序首先给出一个菜单，供用户选择所要求的数制转换。

菜单的形式如下。

Convert:

1:　decimal to hexadecimal（十进制数转换为十六进制数）

2:　hexadecimal to decimal（十六进制数转换为十进制数）

3:　decimal to octal（十进制数转换为八进制数）

4:　octal to decimal（八进制数转换为十进制数）

5:　octal to hexadecimal（八进制数转换为十六进制数）

6:　hexadecimal to octal（十六进制数转换为八进制数）

并提示用户输入数制转换类型：

```
Enter your choice:
```

用户通过输入数字（1～6）选定所要转换类型，然后程序提示用户输入待转换的数，例如：

```
Enter a decimal value:
```

输入数据后，程序输出换算的结果。

根据题意可知，本程序应该有六个分支语句块分别处理六种不同情况数制的转换。在每个分支中数制之间的转换，可通过函数 printf()的格式控制字符实现。十进制数用格式字符"%d"输出。八进制数用格式字符"%o"输出，十六进制数用格式字符"%x"输出。

下面给出程序清单：

```
#include <stdio.h>
main()
```

```
{
    int value,choice;

    printf("Convert : \n");                          /* 输出菜单 */
    printf("    1:    decimal to hexadecimal\n");
    printf("    2:    hexadecimal to decimal\n");
    printf("    3:    decimal to octal\n");
    printf("    4:    octal to decimal\n");
    printf("    5:    octal to hexadecimal\n");
    printf("    6:    hexadecimal to octal\n");

    printf("Enter your choice:  ");                  /* 输入菜单选择 */
    scanf("%d", &choice);

    if(choice==1)
    {
        printf("Enter a decimal value:  ");
        scanf("%d", &value);
        printf("%d in hexadecimal is %x\n", value,value);
    }
    else if(choice==2)
    {
        printf("Enter a hexadecimal value:  ");
        scanf("%x", &value);
        printf("%x in decimal is %d\n", value,value);
    }
    else if(choice==3)
    {
        printf("Enter a decimal value:  ");
        scanf("%d", &value);
        printf("%d in octal is %o\n", value,value);
    }
    else if(choice==4)
    {
        printf("Enter a octal value:  ");
        scanf("%o", &value);
        printf("%o in decimal is %d\n", value,value);
    }
    else if(choice==5)
    {
        printf("Enter a octal value:  ");
        scanf("%o", &value);
        printf("%o in hexadecimal is %x\n", value,value);
    }
    else if(choice==6)
    {
        printf("Enter a hexadecimal value:  ");
        scanf("%x", &value);
        printf("%x in octal is %o\n", value,value);
    }
    else  printf("Invalid selection.\n");
}
```

　　我们看到，本程序通过 6 个 if_else_if 结构的语句，构成了 7 个分支的多分支程序。根据 if 语句的执行流程，当第 1 个 if 语句的条件（choice==1）为真时，执行它后面的语句块：进行十进制→十六进制的转换，输出结果后，程序运行结束。否则，表达式为假时，通过 else 分支进入第 2 个 if 语句。若表达式（choice==2）为真，执行它后面的语句块：进行十六进制→十进制的转换，输出结果后，程序运行结束。否则，表达式为假时，跳过它后面的语句块，执行下一个 if 语句，等等。依此类推，一直执行到第 6 个 if 语句。如果用户输入的数字不是在 1～6 中，则执行程序最后一行的 else 语句。

下面是程序的一次运行输出实例（十进制数转换为十六进制数）。程序开始运行后显示采单：

```
Convert :
    1:   decimal to  hexadecimal;
    2:   hexadecimal to decimal;
    3:   decimal to octal;
    4:   octal to decimal;
    5:   octal to hexadecimal;
    6:   hexadecimal to octal;
Enter your choice: 1            （输入 1）
Enter a decimal value: 255    （输入 255）
```

输出如下的计算结果：

```
255 in hexadecimal is ff
```

一般情况下，只要在一个 if 语句中包含有另一个 if 语句就是 if 语句的嵌套，组成的就是多分支的选择结构程序。

例如，下面也是一种多分支的选择结构：

```
if(表达式 1)
    if(表达式 2)  { 语句 1 }
    else { 语句 2 }
else
    if(表达式 3)  { 语句 3 }
    else { 语句 4 }
```

图 4-8 所示为这种分支结构的流程图。

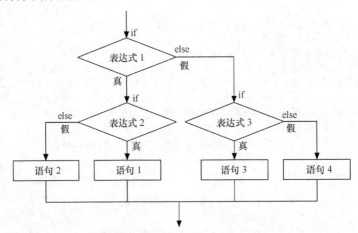

图 4-8　多分支 if 语句结构流程图

C 语言对语句在程序中书写形式没有严格的要求。一行可以写多个语句，也可以把一个语句写在两行里。一个语句可以从一行的头开始写，也可以从一行的某个位置开始写。为了使嵌套结构清楚、醒目并避免产生错误的理解，建议各层嵌套的语句采用不同的缩进书写形式，如上面所写的那样。必要时，使用花括号也会使程序的嵌套结构显示得更清晰。

【例 4-10】　分析下面的多分支语句：

```
if(a>b) if(b>5) c=0; else c=1;
```

在这个语句中含有两个 if 和一个 else。从语句的书写形式上，分支结构不是很清楚。可能产生两种不同的理解。

第 1 种理解是：如果(a>b)并(b>5)，则执行 c=0；否则，(a>b)不成立，则执行 c=1。这种理解是把 else 与第 1 个 if 配为一对。用缩进格式表达上述理解时，可把语句写成如下的形式：

```
if(a>b)
    if(b>5)  c=0;
else  c=1;
```

第 2 种理解是：如果（a>b）并（b>5），则执行 c=0；否则，（a>b）成立，（b>5）不成立，则执行 c=1。这种理解是把 else 与第 2 个 if 配对。用缩进格式表达上述理解时，可把语句写成如下的形式：

```
if(a>b)
    if(b>5)  c=0;
    else  c=1;
```

第 1 种理解是把 else 与第 1 个 if 配对；第 2 种理解是把 else 与第 2 个 if 配对。哪种理解是正确的呢？

C 语言规定：在 if 嵌套语句中，一般从最内层开始，else 与它前面最近的 if 配成一对。根据"else 与它前面最近的 if 配对"的原则，这里的 else 应该是与第 2 个 if 配对，就是第 2 种理解是合乎 C 语法规则的。语句的功能应该这样理解：如果 a>b 成立，并且 b>5，则把 0 赋给变量 c；如果 a>b 成立，但 b>5 不成立，则把 1 赋给变量 c。

如果这不是我们所要表达的意思。我们要表达的是：如果 a>b 成立，并且 b>5，则把 0 赋给变量 c；如果 a>b 不成立，则把 1 赋给变量 c。这时，else 要与第 1 个 if 配对。我们应该这样写：

```
if(a>b)
    {
        if(b>5)  c=0;
    }
else c=1;
```

这里，花括号是必须的。

4.3.4　多分支开关语句 switch

if 语句是靠嵌套来实现多分支结构的。多分支开关语句 switch 则可以直接构成多个分支。在许多情况下，switch 语句非常适合构造多分支选择结构程序。

switch 语句的一般格式为：

```
switch(表达式)
{
    case 常量表达式1：  语句(块)1
                       break;
    case 常量表达式2：  语句(块)2
                       break;
    ...
    case 常量表达式n：  语句(块)n
                       break;
    default：          语句(块)n+1
}
```

语句中的 switch，case 和 default 是语句组成中的关键字。switch 后面的"（表达式）"可以是任何类型，通常是字符型或整型表达式。"常量表达式 1"～"常量表达式 *n*"是整型或字符型的。所有常量表达式的值必须是互不相同的。break 语句和 default（特殊的 case）是任选的，switch 语句中可不包含它们。Break 语句的作用是结束 switcn 语句的执行。Default 的作用是，如果所有常量表达式的值都与表达式的值不同，则执行语句（块）*n*+1。语句（块）1～语句（块）*n*+1 中的语句可以是任何语句。也可是另一个 switch 语句，这种情况称为嵌套的 swtch 语句。

switch 语句的执行过程如下：

首先，计算 switch 后圆括号内的表达式的值，然后，用这个值逐个与各 case 的常量表达式 i 的值进行比较。当找到与其相等（匹配）的 case 时，就执行该 case 中的语句（块）i，如果在语句（块）i 中有 break 语句，便退出该 switch 语句。如果没有 break 语句，则在执行完某个语句（块）i 后，连续执行其后的语句（块），直到遇上另一个 break 语句，结束 switch 的执行，或者一直执行到最后的语句（块），然后，结束 switch 语句的执行。

switch 语句的上述功能如图 4-9 所示。

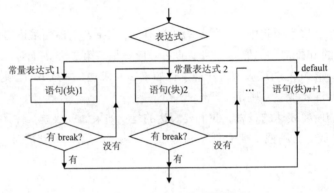

图 4-9　switch 语句的流程

default 在语句中出现的次序，对程序的执行结果是没有影响的。把 default 放在语句的最后是一个好的习惯。

执行完一个 case 的语句后，只要没有 break 语句，switch 语句就会自动执行下一个 case。因此，case 中的 break 语句是根据程序的需要选用的。

【例 4-11】　分析下面应用 switch 语句程序的输出。

```c
#include "stdio.h"
main()
{
    int c;
    scanf("%d",&c);
    switch(c)
    {
        case 1: printf("case1\n");
                break;
        case 2: printf("case2\n");
                break;
        case 3: printf("case3\n");
        case 4: printf("case4\n");
                break;
```

```
        default: printf("default\n");
    }
}
```

输入 1，则程序输出：case1（执行 break 语句，退出 switch，程序结束）

输入 2，则程序输出：case2（执行 break 语句，退出 switch，程序结束）

输入 3，则程序输出：case3（没有 break 语句，连续执行下后边的 case）

case4（执行 break 语句，退出 switch，程序结束）

输入 4，则程序输出：case4（执行 break 语句，退出 switch，程序结束）

输入 1～4 以外的数，如 6，则程序输出：default（退出 switch，程序结束）。

4.4　选择结构程序设计

本节将通过一些例题，进一步练习选择结构程序的编程技术。

【例 4-12】　用户从键盘输入 3 个整数，找出并输出其中数值最大的那一个。如果其中有一个以上的最大数（两数相等的情况），也要表示出来。

因为程序要多次进行两个数的大小比较才能找出其中的最大值，所以这是一个多分支的选择结构的程序。我们要特别注意各语句中 if 和 else 的配对关系和相应的缩进书写形式。

程序如下：

```
#include <stdio.h>
main()
{
    int a,b,c;
    printf("Enter 3 numbers: ");
    scanf("%d%d%d", &a,&b,&c);
    if(a>b)
    {
       if(a>c)  printf("max. a=%d\n", a);
       else if(a==c) printf("max. a=c=%d\n", c);
            else printf("max. c=%d\n", c);
    }
    else if(a= =b)
       {
            if(a>c)  printf("max. a=b=%d\n", a);
            else if(a= =c) printf("a=b=c=%d\n", c);
                 else printf("max. c=%d\n", c);
       }
    else if(b>c)  printf("max. b=%d\n", b);
       else if(b==c)   printf("max. b=c=%d\n", b);
            else   printf("max. c=%d\n", c);
}
```

程序的输出有如下的形式：

```
Enter 3 numbers:1 3 2    （1 3 2 是用户的输入）
max. b=3                 （程序的输出）
```

需要强调指出的是，任何合法的 C 表达式都可以作为 if 语句的条件表达式。表达式中，关系操作符和逻辑操作符并不是绝对必要的。只要表达式的值是 0，就认为条件为假，非 0 就认为是真。请看下面的例子。

【例 4-13】 用户从键盘输入两个整数，进行除法运算。其中变量 dividend 是被除数，divider 是除数，result 是商。要求当除数（divider）为 0 时，输出信息 "Can't divided by zero."，不进行计算。如果除数不为 0，则进行除法运算并输出计算结果。

程序中用

```
if(divider)
```

判断除数是否是 0。这里表达式 divider 不是什么关系表达式，也不是逻辑表达式，甚至也不是算术表达式。就是由一个变量组成的表达式。利用 "0 代表假，非 0 代表真" 这一规则，可以用作 if 语句的判断条件。

程序如下：

```
#include <stdio.h>
{
main()

    float dividend,divider,result;

    printf("Enter two float numbers: ");
    scanf("%f%f", &dividend, &divider);

    if(divider)
    {
        result=dividend/divider;
        printf("result=%f",result);
    }
    else printf("Can't divided by zero.");
}
```

当然，也可以把上面程序中的 if（divider）写成下面的关系表达式的形式：

```
if(divider!=0)
```

但这种形式不如前一种形式更为简单。

在 if 语句的条件表达式中也可以出现赋值表达式，如 if（x=y）。但不要与相等的比较运算（x==y）相混淆。前者是赋值表达式，后者是关系表达式。请看下面的例子。

【例 4-14】 判断两整型数的和是否小于 0 的程序。

程序中使用了如下的 if 语句：

```
if((z=x+y)<0)
```

其中的 z=x+y 是赋值表达式。它与 z==x+y 的意义是不同的。程序如下：

```
#include <stdio.h>
main()
{
    int x,y,z;

    printf("Enter two numbers: ");
    scanf("%d%d", &x, &y);

    if((z=x+y)< 0)
        printf("The sum is negative.\n");
    else
        printf("The sum is positive.\n");
}
```

default 是 switch 语句中的一个任选的分支，在语句中是可用可不用部分。但是，使用它可能产生很好的效果。在实践中，它一般用在处理不能与所有的 case 相匹配的情况。例如，键盘输入错误的数字，则在找不到匹配 case 后，便执行 default 情况下的语句，使其输出必要的信息，如"Input error."等。

在 switch 语句中，并不要求每个 case 后面都要有相应的语句。如果 case 后面没有语句，则称它为空 case。当与这种 case 匹配并进入该 case 后，什么也不做，接着进入下一个 case。下面是一个这类应用的例子。

【例 4-15】　程序要求用户输入任意一大于 0 并小于等于 6 的整数。如果用户输入的数是在 1～6 范围内的整数，程序输出：

```
your number is OK. number=(用户输入的数)
```

如果输入是 1～6 范围以外的整数，程序则输出：

```
Iput error!
```

程序如下：

```
#include <stdio.h>
main()
{
    int c;

    printf("Enter a number: ");
    scanf("%d", &c);

    switch(c)  {
        case 1:
        case 2:
        case 3:
        case 4:
        case 5:
        case 6:
            printf("your number is OK. number =%d",c);
            break;
        default;
          printf("Iput error!  c=%d",c);
    }
}
```

这个程序的执行过程是，如果用户输入一个数字 1～6 的数，程序找到并执行匹配的 case。程序中的 case 1～case 5，都是空的。最后一定进入 case 6 并输出相应信息。例如，用户输入 2，则在屏幕上得到如下的结果：

```
your number is in 1～6. number =2
```

如果用户输入大于 6 的数（例如 8），则执行 default 分支，输出：

```
Iput error! c=8
```

【例 4-16】　输入学生的百分制成绩，然后，换算成为 A，B，C，D 四级输出。换算规则是：

90～100 分　　A 级
70～89 分　　B 级
60～69 分　　C 级
0～59 分　　D 级

用 switch 语句编写程序。

我们定义一个整型变量 score 用于存储 100 分制分数，定义一个字符变量 level 记录四级分的符号。解决本问题的算法的核心是：

scroe/10=9 或 10   对应于 A

scroe/10=7 或 8   对应于 B

scroe/10=6   对应于 C

scroe/10=其他   对应于 D

于是应用 switch 语句可以写出如下的程序：

```
#include"stdio.h"
main()
{
    int score;
    char level;

    scanf("%d",&score);

    switch(score/10)
    {
        case 10:
        case 9:     level='A';
                    break;
        case 8:
        case 7:     level='B';
                    break;
        case 6:     level='C';
                    break;
        default:    level='D';
    }

    printf("level=%c\n",level);
}
```

在这个程序中，使用了空 case 语句。请读者分析其中的道理并写出程序的输出。

【例 4-17】   编写计算下式的程序：

$$y = \begin{cases} x^2 + y^2 & (x=1, y=1) \\ x^2 - y^2 & (x=1, y=2) \\ x^2 \times y^2 & (x=2, y=1) \\ x^2 / y^2 & (x=2, y=2) \end{cases}$$

程序的流程如图 4-10 所示。由图可以看出，按照 x 的值可以分出两个 case，每个 x 的 case 嵌套一个 y 的 switch。而每个 y 的 switch 又有两个 case 与相应的 y 值相对应。这样，一共相成 4 个分支。

程序如下：

```
#include <stdio.h>
main()
{
    int x, y;

    printf("Enter two number(1 or 2):");
```

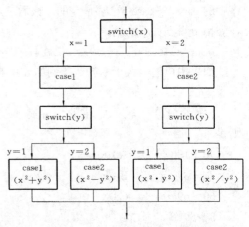

图 4-10   switch 嵌套结构的例子

```
scanf("%d%d", &x, &y);

switch(x)
{
    case 1:
        switch(y)
        {
            case 1:
                printf("xx+yy= %d", x*x+y*y);
                break;
            case 2:
                printf("xx-yy=%d", x*x-y*y);
                break;
        }
        break;
    case 2:
        switch(y)
        {
            case 1:
                printf(" xx*yy= %d", (x*x)*(y*y));
                break;
            case 2:
                printf("xx/yy=%d", (x*x)/(y*y));
                break;
        }
        break;
}
```

　　一个问题往往有多个解法。因此，在学习例题时，还应该想一想是否有其他方法解决。就拿上面这个例题来说，可以用 if 语句来解决，也可以同时用 if 语句和 switch 来解决。

4.5　条件运算符

　　条件运算符由 3 个运算对象及两个符号 "？" 和 "："组成。它的格式为：

EXP1 ? EXP2: EXP3

　　这里 EXP1，EXP2，EXP3 是 3 个表达式。第 1 个表达式 EXP1 可以是任何类型的表达式，其作用通常是被看作逻辑表达式，即它的值理解为真（非 0）或假（0 值）。EXP2 和 EXP3 是两个类型相同的表达式。

　　由条件运算符组成的表达式叫做条件运算表达式。

　　条件运算的功能是：如果表达式 EXP1 的值为真，则取表达式 EXP2 的值为条件运算表达式的值；如果表达式 EXP1 的值为假，则取表达式 EXP3 的值作为条件运算表达式的值。条件运算的流程如图 4-11 所示。

　　从上述的功能看，条件运算符的作用，很像如下的 if 语句块：

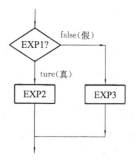

```
if(EXP1)
    EXP2;
else
    EXP3;
```

图 4-11　条件运算符 "？" 操作的流程

所以，利用条件运算符可以实现一些简单的分支。因此，条件运算表达式也称为分支表达式。

但必须注意到，在条件运算格式中，EXP1，EXP2 和 EXP3 必须是表达式，不能是语句。

条件运算符的优先级高于赋值运算，低于算术运算符、关系运算符和逻辑运算符。结合性是自右向左的。

例如，设有整型变量 w=1，x=2，y=3，z=4，

则表达式　　　w==x?(y+z):(z-y)

首先判断表达式 w==x 的值是真还是假。在本例中为假，所以整个条件表达式取 z-y 的值，即 1。

条件运算表达式的值赋给一个变量，便组成赋值表达式：

a=w= =x?(y+z):(z-y)

【例 4-18】　条件运算用于赋值语句的程序。

下面的程序中应用了的条件运算表达式：

(a1<12) ? a2 : a3

给变量 c 赋值：

c=(a1<12) ? a2 : a3;

这个语句的功能是：判断表达式（a1<12)是否为真。如果是真，c 取值 a2，否则取值 a1。

程序如下：

```c
#include<stdio.h>
main()
{
    int a1 = 5, a2=10, a3=20;
    int c;

    c = (a1<12) ? a2 : a3;

    printf("c=%d\n",c);
}
```

程序执行的结果是：c=10。

上面的程序也可以用 if 语句实现：

```c
#include<stdio.h>
main()
{
    int a1 = 5, a2=10, a3=20;
    int c;

    if (a1<12)
            c=a2;
    else    c=a3;

    printf("c=%d\n",c);
}
```

条件运算也可以是嵌套的。下面是嵌套的条件运算例子。

【例 4-19】　设有整型变量 a=1，b=2 和 x，计算下面的条件运算表达式的值。

a<b?(x=5):a>b?(x=6):(x=7)

根据结合性，应首先计算：a>b?(x=6):(x=7)，

因表达式 "a > b" 为假，所以表达式 "a > b?(x=6):(x=7)" 的值为 7（x=7）。于是上式化简为：

a<b?(x=5):7

表达式 "a>b" 为真，所以，最后得表达式的值为 5，x 的最终值为 5。

由条件运算符构成分支表达式，可以方便地实现一些简单的分支问题。对于稍微复杂的分支

结构问题，还是要用功能比较强的 if 或 switch 语句来解决。

小 结

本章主要讲了以下几个问题：

（1）关系运算符和关系运算表达式；

（2）逻辑运算符和逻辑运算表达式；

（3）条件运算符和条件运算表达式；

（4）构成选择结构语句和选择结构程序的设计。

对于逻辑运算和关系运算，要掌握各运算符的写法，运算规则，优先级及结合性等。对于 if 语句 switch 语句，除了牢记它们的书写格式和功能外，要通过例题学习、做习题和上机操作，掌握解题（编程）的思路，能举一反三。不要死记硬背。

在程序设计的学习中，从一开始就养成一个良好编程习惯，是很重要的。首先是严谨，每个语句都有严格、明确的语法格式，语句中不允许有一点不符合语法的地方。其次，书写程序要结构清晰，要养成使用缩进格式和正确使用花括号的习惯。这不仅使程序思想条理清楚，也能避免程序中的许多容易发生的错误。

习 题

4-1 设 a，b，c，d，e，f 的值均为 0，求表达式：

（a=b==c）||（d=e==f）

的值，及表达式执行后各变量的值。

4-2 设 a=1，b=2，c=4，计算表达式：

(c=a!=b)&&(a==b)&&(c=b)

执行后 a，b，c 的值和表达式的值。

4-3 写出 if 语句和 switch 语句的格式和功能。

4-4 if 语句和 switch 语句在构成分支程序上各有什么特点？

4-5 编写一程序，输入两个整数和一个字符，如果该字符为 y，则进行两个数的交换（swap）并输出交换后的结果；否则，输出字符串 "No swap"。

4-6 有一如下的函数：

$$y = \begin{cases} -x & (x < 0) \\ 0 & (x = 0) \\ x & (x > 0) \end{cases}$$

试编写一程序，由键盘输入 x 值后，程序输出相应的 y 值。

4-7 试画出例 4-12 程序的流程图。

4-8 编写程序，求方程式：

$ax^2 + bx + c = 0$

的根。要求程序考虑到 3 种根的情况（相等实根，不同实根和复数根）。

4-9　由键盘输入 3 个数，编写一程序将这 3 个数按由小到大的顺序输出。

4-10　用 switch 语句编写例 4-9 的程序。

4-11　设整型变量 a，b，c 的值均为 2，下面表达式执行后，输出变量 a，b，c 的值和表达式的值：

a+1==3?(b=a+2):(c=a+2)

4-12　写出下面程序的运行结果：

```c
#include "stdio.h"
main()
{
    int a=5,b=10,c=150;

    if(a>b) a=b;
    if(a<c) a=c;
    printf("%d,%d,%d\n",a,b,c);
}
```

4-13　用 if 语句编写例 4-17 的程序。

4-14　同时应用 if 语句和 switch 语句实现例 4-17 的程序。

4-15　编写程序，计算例 4-19 中表达式的值和变量 x 的值。

第5章
循环结构程序设计

循环结构是结构化程序设计中的第 3 种基本结构。循环结构是在一定条件下重复地执行一组语句的一种程序结构。这种结构在程序设计中，应用非常广泛。实现循环结构程序的手段是循环语句。C 语言有 3 种循环语句：

for 语句；

while 语句；

do_while 语句。

在 C 语言中还提供一个 goto 语句，叫做无条件转移语句。在 if 语句的配合下，它可以用于构造循环程序。在结构化的程序设计中，建议不使用或尽量不用 goto 语句。本章对它在构造循环结构中的应用，只作非常简单的介绍。

在开始学习循环语句之前，先学习 C 语言中的逗号运算符，它在循环结构程序得到应用。

本章重点是学习上述 3 种循环语句和它们在循环结构设计中的应用。

5.1　逗号运算符和逗号表达式

逗号运算符 "," 是对若干个表达式进行运算，其格式为：

表达式 1，表达式 2，表达式 3，…

其运算规则是，依次计算逗号分开的表达式，运算的结果即整个表达式的值为最右边表达式的值。

逗号运算的结合性是自左向右。

逗号运算符的优先级，在所有运算中，是最低的。

逗号表达式常用在循环语句中。

例如，设有 a=5，b=4，c=3，逗号表达式

3*a, a=c+b, ++a

的运算过程是：从左开始向右，第一个表达式 "3*a" 的值为 15，第二个表达式 "a=c+b" 的值 7（a=7），第三个表达式 "++a" 的值为 8。整个逗号表达式的值，取最后表达式的计算结果，即 8，a 等于 8。

又如，

a = (b++, c=b+5, b*c);

如果整型变量 b=2，a=5 和 c=3，则上面逗号表达式的结果等于 24。经过赋值，有 a=24。变量 b

的值为 3，变量 c 的值为 8。

5.2 goto 语句

无条件转移语句 goto 能够实现函数范围内的任意跳转，即从函数的任何一位置跳转到另一任意位置继续执行。

goto 语句的这种无条件的转移，破坏了程序的结构化，会使得程序的结构混乱不清。不仅给阅读程序带来困难，也使程序的维护变得不容易。C 语言虽然保留了 goto 语句，但不建议使用。C 语言提供有专门用于构造循环结构程序的语句。本节对 goto 语句只作简单介绍。

goto 语句的一般形式为：

goto 语句标号;

   …

   C 语句;

   …

   语句标号: 语句;

其中语句标号，是任何合法的 C 语言标识符。goto 语句的功能是，中断执行本语句之后的语句，使程序的执行转移至语句标号指定的语句行，从这里继续执行程序。

利用 goto 语句的跳转功能，与 if 语句的配合，可以构成具有循环结构的程序。利用 goto 语句可以跳出循环体，跳出 if 语句。但后果必定破坏程序的结构化，一般不用这种办法。

【例 5-1】 应用 goto 语句和 if 语句设计一循环程序。程序中有两个计数器（变量）counter_1 和 counter_2。这两个计数器的初始值都设置为 0。计数器每次运行增加 1。计数器 counter_2 的值为 0～2，计数器 counter_1 的值为 0～3。计数器 counter_1 每增加到 3 时，计数器 counter_2 的值加 1。counter_2 的值增加到 2 时，counter_1 最后增加到 3 时，程序结束。每次计数器的值发生变化，都要输出其当前的数值。

程序如下：

```
#include <stdio.h>
main()
{
    int counter_1;
    int counter_2=0;

loop_2:                        /* 语句标号 loop_2 */
    counter_1=0;
    if(counter_2<=2)
    {
        printf("counter_2=%d\n\n", counter_2);
        counter_2++;           /* counter_2 循环计数 */
loop_1:                        /* 语句标号 loop_1 */
        if(counter_1<=3)
        {
         printf("    counter_1=%d\n",counter_1);
          counter_1++;                /* counter_1 循环计数 */
```

```
      goto  loop_1;                        /* 转移到 loop1 形成循环 */
    }
     printf("\n");
    goto loop_2;                           /* 转移到 loop2 形成循环 */
  }
   printf("The end of program.\n");
}
```

此程序中通过 if 和 goto 构成的两个循环过程：一个是 loop_1 的循环，实现计数器 counter_1 的计数，另一个是 loop_2 的循环，实现计数器 counter_2 的计数。loop_1 的循环是被包在 loop_2 的循环之中的。这叫做循环的嵌套。

下面的程序输出，清楚地显示出程序中各循环的执行过程：

```
counter_2=0

    counter_1=0
    counter_1=1
    counter_1=2
    counter_1=3

counter_2=1

    counter_1=0
    counter_1=1
    counter_1=2
    counter_1=3

counter_2=2

    counter_1=0
    counter_1=1
    counter_1=2
    counter_1=3

The end of program.
```

作为练习，请读者画出这个程序的流程图。

5.3　循　环　语　句

本节介绍 C 语言的 3 种循环语句。

5.3.1　for 循环语句

for 循环语句是计数型循环语句，它的一般格式是：

for(表达式 1；表达式 2；表达式 3) 语句或语句块；

其中表达式 1 可以是任何类型的，它的作用主要是设置循环控制变量的初始值；

表达式 2 可以是任何类型的，它描述控制循环的条件，用于决定循环是否继续执行；

表达式 3 可以是任何类型的，每次循环后，由它控制循环控制变量的增值，增值既可以是正数，也可以是负数。

for()后面的语句或语句块称为循环体，是需要循环执行的一组语句。

语句的功能和执行过程：首先，按表达式 1 设置循环控制变量的初始值。然后，测试循环条件（表达式 2）是否成立。表达式 2 的值为真，就执行循环体一次。接着按表达式 3 修改控制变量的值（增加一个量或减少一个量）。然后，再次测试循环条件（计算表达式 2），如此循环下去。一旦表达式 2 的值为假，循环终止，退出 for 语句，转去执行 for 后面的语句。

上述 for 语句的工作流程如图 5-1 所示。

例如，下面语句：

```
for(x=0, a=1;a<5;a++) x=x+a;
```

其中，

表达式 1：x=0，a=1，这是一个逗号表达式。初始化变量 x 和设置循环控制变量 a 的初始值为 1。

表达式 2：a<5，循环的条件。

表达式 3：a++，循环控制变量 a 的增值，每循环一次，执行一次运算 a++，使变量 a 的值加 1。

循环体：由一个语句"x=x+a;"构成。

不难看出，此循环语句将循环执行 4 次语句"x=x+a"。

由于从 for 语句的 3 个表达式常可以直接判断循环的次数。如果循环次数一定，很容易用 for 语句的 3 个表达式描述出来。因此，for 循环也称为计数型循环。

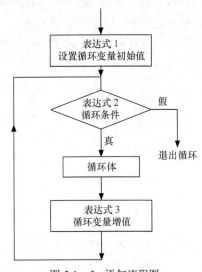

图 5-1　for 语句流程图

【例 5-2】　用 for 循环语句显示 1～100 的整数。要求每行显示 10 个数。

一个可行的程序方案如下：

```
#include <stdio.h>
main()
{
    int i;
    for(i=1; i<=100; i++)
    {
        printf("%d",i);
        if (!(i%10)) printf("\n");
    }
}
```

在这个程序的 for 语句中，表达式 1 就是"i=1"（变量 i 的初始值为 1），变量 i 为循环控制变量。表达式 2 在这里是"i<=100"（设置循环条件为变量 i 的值不大于 100），只要这个表达式的值为真，循环将进行。表达式 3 是"i++"（每完成一次循环后，循环控制变量 i 的值加 1）。

由这 3 个表达式可以看出，for 语句的循环次数是 100，满足题目的要求输出 1～100 的整数。

循环体由下面的两个语句组成：

```
printf("%d",i);
if (!(i%10)) printf("\n");
```

其中第一个语句的作用是输出当前变量 i 的值，也就是题目要求输出的数据。第二个语句用于实现每行输出 10 个数据的输出形式。在第二个语句中，用表达式：

```
!(i%10)
```

判断刚刚输出的数值是否是 10 的倍数。如果是 10 的倍数，表达式为真。于是进行换行，以便从下一个数开始在新的一行输出。

用 for 语句控制循环 100 次，可以有多种描述方法。例如，下面的 for 语句：

```
for(i=100; i>0; i--) {    }
```

是倒计数的方法，显然满足 100 次的循环。类似地，还可以写出一些，如：

```
for(i=0; i<100; i++) {    }
for(i=99; i>=0; i--) {    }
```

语句格式中的表达式 3 的值，可以是正的，也可以是负的。每次循环的增值也不一定是 ±1，也可以是 ±2 等。虽然多数情况下是整数，但也可以是实数。

以上讨论了 for 语句的一般格式和用法。其实 for 语句的 3 个表达式的使用是非常灵活的。这些灵活性给程序设计带来很大方便。下面介绍几种常见的情况。

（1）在一个 for 语句中使用一个以上的循环控制变量

在大多数的应用中，for 语句只使用一个循环控制变量，就像前面所看到的例子那样。下面我们将看到，使用两个或更多的循环控制变量，联合控制程序的循环次数的情况。

【例 5-3】　输出 1～100 中偶数的程序。输出形式是，每一行输出 10 个数据。

程序中使用了两个循环控制变量，a 和 b。循环语句 for 采用如下的形式：

```
for(a=1,b=1; a+b<=100; a++, b++)
```

变量 a 和 b 的初始值均设置为 1，每循环一次，a 和 b 同步地增加 1，循环次数由表达式 a+b<=100 来控制。所以，a+b 的和总是偶数。因此，可以方便地输出偶数 a+b。这里控制 for 语句进行循环的表达式 1 和表达式 3 是两个逗号表达式：

```
a=1,b=1
a++, b++
```

程序如下：

```
#include <stdio.h>
main()
{
    int a,b;

    for(a=1,b=1; a+b<=100; a++, b++)
    {
        printf("%d ", a+b);
        if(!(a+b)%20)) printf("\n");
    }
}
```

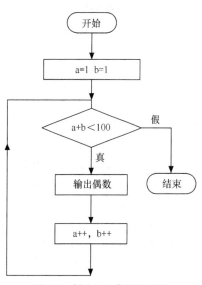

图 5-2 例 5-3 程序的流程图

图 5-2 是例 5-3 程序的流程图。

下面介绍另一种输出偶数的算法。

偶数是能被 2 整除的数。利用偶数的这个性质，可写出下面输出偶数的语句：

```
if(!(i%2)) printf("%d ",i);
```

即当表达式(!(i%2))为真时，变量 i 的值为偶数。此时应输出变量 i 的值。

按这种方法修改后的程序如下：

```
#include <stdio.h>
main()
```

```
    {
        int i;

        for(i=1; i<=100; i++)
        {
            if(!(i%2)) printf("%d ",i);
            if(!(i%20)) printf("\n");
        }
    }
```

（2）for 语句中的表达式 2 可以不含循环控制变量

一般情况下，循环次数的控制，是通过表达式 2 对循环控制变量的测试来实现的。这样的例子我们已经看到了一些。然而，对于 for 语句来说，这不是绝对必要的。表达式 2 不一定要测试循环控制变量，实际上，表达式 2 可以是任何合法的 C 表达式，例如下面的例子。

【例 5-4】 用户输入一批数目不定的整型数据，程序输出这些数据的平均值。用户输入 0 时，表示输入数据结束。编写实现上述功能的程序。

程序如下：

```
#include"stdio.h"
main()
{
    int i,x,sum;
    scanf("%d",&x);
    for(i=0,sum=0;x!=0;i++)
    {
        if(x)
        {
            sum+=x;
            scanf("%d",&x);
        }
    }
    printf("avr.=%f\n",(float)sum/i);
}
```

这个程序中的 for 语句为：

```
for(sum=0,i=0;x!=0;i++)
```

这里变量 i 起的是计数作用，而不是控制循环。循环条件表达式中用的是变量 x。

一般地说，for 语句中的 3 个表达式可以是任何合法的 C 表达式。

（3）for 后面的圆括号内可以不含表达式 1，表达式 2 和表达式 3

这时，for 语句有如下的形式：

```
for(;;)
```

这样的 for 语句也是合法的。由于 for 没有表达式 2 对循环的控制，需要在循环体中有相应的语句控制循环的结束。否则，程序将无休止地进行循环。无休止的循环在软件技术中称为死循环。死循环的程序是没有实用价值的。

【例 5-5】 下面的程序循环进行 x+1 的运算，并输出每次加 1 运算的结果。当 x 达到预定值 100 时，用 break 语句终止 for 循环。

```
#include <stdio.h>
main()
{
    int x=0;
    for(;;)
```

```
        {
            printf("%d   ",++x);
            if(!(x%10))
                printf("\n");
            if(x==100)  break;
        }
    }
```

在这个程序中，为了中断循环，使用了 break 语句。这种语句在上一章中使用过。现在可以看到，break 语句也可以用于 for 语句中，用来终止循环。

请读者写出本程序的输出。

（4）没有循环体的 for 语句

在语法上 for 循环语句没有循环体也是合法的。它有如下的语句形式：

for（表达式 1；表达式 2；表达式 3）；

这个语句将会完全根据 3 个表达式的内容进行循环，直至循环条件不成立，停止循环。

例如，下面语句：

for(i=0;i<10000;i++);

这个语句可用于产生时间延迟。

5.3.2　while 循环语句

while 循环也叫做当型循环。while 语句的一般格式为：

while (循环条件表达式)　循环体；

其中循环体是需要循环执行的语句。它可以是一个语句或语句块或者是空语句。括号中的执行循环的条件，可以是任何合法的表达式。当循环条件表达式为真时，执行循环体的语句；为假时，退出循环，程序应执行转到循环语句之后的语句。while 语句的流程如图 5-3 所示。

【例 5-6】　用 while 循环语句实现下面的计算：

s=1+2+3+...+100

程序如下：

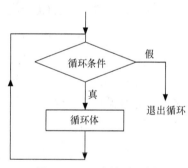

图 5-3　while 语句流程图

```
#include"stdio.h"
main()
{
    int sum=0,i=1;                  /* 变量初始化 */
    while(i<=100)                   /* 循环条件表达式 i<=100 */
    {                               /* 循环体开始 */
        sum+=i;                     /* 自然数累加 */
        i++;                        /* 形成下一个加数 */
    }                               /* 循环体结束 */
    printf("1+2+3+...+100=%d\n",sum); /* 输出结果 */
}
```

在这个程序中，首先要注意 while 的格式和它的缩进书写形式。第二要注意的是变量的设置和它们的初始化。累加和是存放在变量 sum 的，它的初始值应该为 0。如不进行初始化，sum 的初始值是不确定的，因此，累加和可能是错误的。变量 i 的作用是准备好需要累加的下一个数。它的初始值应该是 1。程序的输出有如下的形式：

s=1+2+3+...+100=5050

图 5-4 是例 5-6 程序的流程图。

【例 5-7】 用 while 语句实现例 5-4 的程序。

程序如下：

```
#include"stdio.h"
main()
{
    int i=0,x,sum=0;
    scanf("%d",&x);
    while(x!=0)
    {
      if(x)
      {
          sum+=x;
          i++;
          scanf("%d",&x);
      }
    }
    printf("avr.=%f\n",(float)sum/i);
}
```

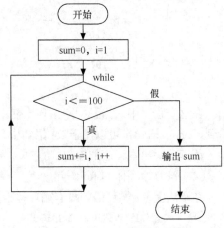

图 5-4 例 5-6 程序的流程图

5.3.3 do_while 循环语句

for 循环语句和 while 循环语句，在控制流程上有一个共同之处，就是它们都是在循环的开始之前先测试是否满足循环条件。满足循环条件，则执行循环体；否则，不进行循环。与它们不同，do_while 循环语句是先执行循环体，每执行完一次循环体后检查一次循环条件是否满足。这意味着，用这种循环语句构成的循环的结构，不管循环条件是否满足，其循环体至少要被执行一遍。do_while 循环也叫"直到型"循环。

do_while 循环语句的一般格式为：

```
do {
        循环体
    }while(循环条件);
```

控制循环的条件可以是任何类型的表达式。当循环条件表达式为真时，继续执行循环体的语句，直到循环条件表达式的值为假时，退出循环，转去执行循环语句后面的语句。

do_while 语句的执行过程如图 5-5 所示。

【例 5-8】 用 do_while 语句实现例 5-6 的程序。

```
#include "stdio.h"
main()
{
    int sum=0,i=1;
    do {
        sum=sum+i;
        i=i+1;
    }while(i<=100);
    printf("sum=%d\n",sum);
}
```

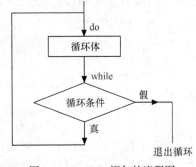

图 5-5 do while 语句的流程图

为了很好地掌握流程图的画法和应用，图 5-6 给出例 5-8 程序的流程图。

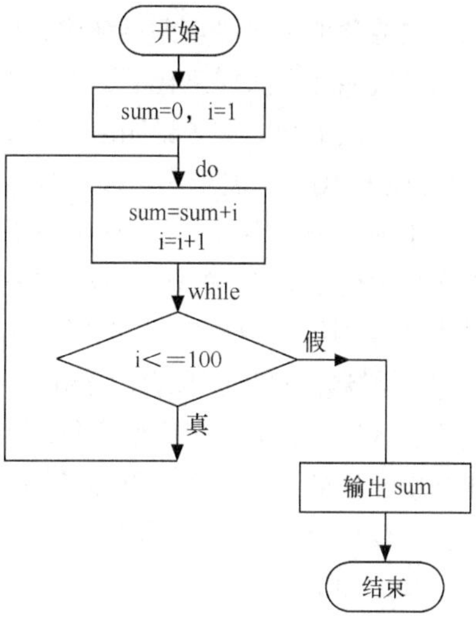

【例 5-9】　在第 4 章曾经作过的数制转换程序（例 4-9）。那个程序要求用户通过输入 1～6 的数，以选择所要进行的转换类别。如果输入错误，进入 switch 的 default 来处理。现在用 do_while 语句处理这个问题，使之当用户输入的数（选择），不在要求的范围内时，能立即提示用户重新输入数据，这样会产生更好的效果。

用如下的 do_while 语句的形式：

```
do {
        显示菜单
        用户输入数据
    }while(choice<1 || choice>6);
```

如果用户输入的数据使表达式 "choice<1 || choice>6" 成立，说明用户输入数据错误（不在 1～6 范围），则执行循环：显示菜单，提示用户重新输入。

修改后的这部分程序如下：

```c
#include <stdio.h>
  main()
  {
      int choice,value;

      do
      {
          printf("Convert : \n");
      printf("    1:    decimal to hexadecimal\n");
      printf("    2:    hexadecimal to decimal\n");
      printf("    3:    decimal to octal\n");
      printf("    4:    octal to decimal\n");
      printf("    5:    octal to hexadecimal\n");
      printf("    6:    hexadecimal to octal\n");

      printf("Enter your choice:  ");
      scanf("%d", &choice);
    }while(choice<1 || choice>6);
    ...
    ...

  }
```

图 5-6　例 5-8 程序的流程图

5.4　多重循环——循环的嵌套

一个循环包含在另一个循环之中，形成循环套循环的程序结构，称为多重循环结构。多重循环中的各循环必须保持嵌套的结构。嵌套的概念在分支结构一章中介绍过。循环结构嵌套的概念与分支结构的嵌套的概念是一致的。图 5-7 所示为以 for 循环语句为例，表示出多重循环结构的嵌套关系。对于 while 和 do_while 循环语句也是一样。

对于多重循环的嵌套结构，要注意的是：第一，各循环之间在结构上不能有"交叉"，只能是"包含"或"嵌套"。如果在书写程序时，能够用缩进的格式，清楚地划分出各个循环的嵌套关系，多重循环结构程序是不会发生"交叉"性质的错误的。第二，要清楚地了解多重循环结构程序的执行过程。即，要明白各层循环是怎样工作的，它们之间是怎样的关系。

我们用下面的例子说明多重嵌套的执行过程。

【例 5-10】 展示多重循环程序工作过程的例子。

下面的程序中有三个 for 循环嵌套在一起：最外层的循环是由变量 i 控制的循环，称它为 loop1，中间层的循环是由变量 j 控制的循环，称它为 loop2，最内层的循环是由变量 k 控制的循环，称它为 loop3。为了说明循环的工作过程，程序运行时，进入每个循环后，其相应的循环体输出当前自己的循环状态（例如控制变量 i，j 或 k 的值）。这样，就可以观察到三层嵌套的循环执行过程。

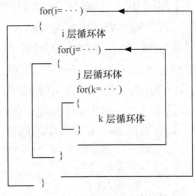

图 5-7 多重循环的嵌套结构

程序如下：

```
#include <stdio.h>
main()
{
    int i, j, k;

    loop1:
    for(i=0; i<2; i++)                          /* 外循环开始 */
    {
        printf("loop1 i=%d\n",i);               /* 输出 i */
        loop2:
        for(j=0; j<3; j++)                      /* 中循环开始 */
        {
            printf("   loop2 j=%d\n",j);         /* 输出 j */
            loop3:
            for(k=0; k<2; k++)                   /* 内循环开始 */
            {
                printf("      loop3 k=%d\n",k);  /* 输出 k */
            }                                    /* 内循环结束 */
        }                                        /* 中循环结束 */
    }                                            /* 外循环结束 */
}
```

程序输出如下：

```
loop1 i=0
    loop2 j=0
            loop3 k=0
            loop3 k=1
    loop2 j=1
            loop3 k=0
            loop3 k=1
    loop2 j=2
            loop3 k=0
            loop3 k=1
loop1 i=1
    loop2 j=0
            loop3 k=0
```

```
        loop3 k=1
loop2 j=1
        loop3 k=0
        loop3 k=1
loop2 j=2
        loop3 k=0
        loop3 k=1
```

观察程序的输出，便可看出它的工作过程是：程序开始运行，首先进入最外层的循环（loop1），进行该层的第一次循环，输出 i=0。接着进入中层循环（loop2），执行本层的第一次循环，输出 j=0。然后，进入最内层循环（loop3），执行这一层的循环，输出 k=0，k=1。内层循环 2 次结束后，退出内层循环，回到中层循环。中层循环执行其第二次循环并输出 j=1，退出中层循环，又进入内层循环。内层循环执行 2 次循环，输出 k=0，k=1。退出内层循环，又进入中层循环。依此类推，中层循环结束后，回到外层循环。这时执行外层的第二次循环，输出 i=1。以后的过程就完全重复前面的所说的过程了。

由此可知，在这个程序中，最外层循环两次。外层每循环一次中层循环 3 次。中层每循环一次，内层循环两次。这样，外层循环（loop1）循环了两次。中层循环（loop2）总共循环了 2×3=6 次。内层循环（loop3）总共循环了 2×3×2=12 次。

为了更清楚地展示嵌套循环的过程，图 5-8 所示给出了例 5-10 的程序流程图。

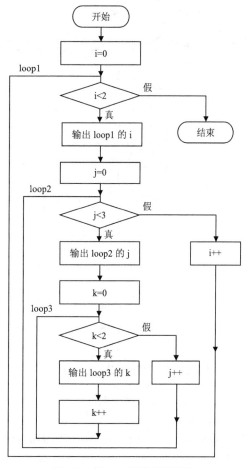

图 5-8　例 5-10 程序的流程图

5.5　break 语句和 continue 语句

5.5.1　break 语句

在上一章的 switch 语句中用到过 break 语句，现在要讨论它在循环语句中的应用。
break 语句的格式是：
break;
它在循环语句中的作用是，强制中断当前循环体的执行，退出该循环，继续执行循环语句后面的语句。

break 语句在循环语句中，通常是与 if 语句配合使用。例如，在例 5-5 中，曾经应用 break 语句强制退出循环：

```
for(;;)
{
  printf("%d  ",++x);
```

```
    if(!(x%10))
      printf("\n");
    if(x=100)  break;
  }
```

这样，break 语句实际上为循环语句构成了第二个出口，如图 5-9（a）所示。

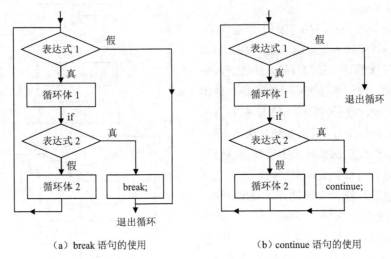

（a）break 语句的使用　　　　　　　　　　（b）continue 语句的使用

图 5-9　break 语句和 continue 语句在循环语句中的应用

5.5.2　continue 语句

continue 是专门用于循环体中的一个语句，它的格式为：

```
continue;
```

其功能是，不继续执行循环体中本语句后面部分的循环体语句，而是从循环体头开始执行新的一次循环（如果循环条件满足的话）。与 break 语句一样，continue 语句也是要与 if 选择语句配合使用才有实际意义，否则，continue 语句后面那部分循环体永远不会有机会执行。图 5-9（b）给出 continue 语句在循环语句中的作用。

读者要特别注意 break 语句和 continue 语句的区别。前者是退出循环，后者是继续循环，但本次循环不执行 continue 语句后面的循环体语句。从图 5-9 不难看出这两个语句在应用中功能是不同的。

【例 5-11】　应用 continue 语句编写程序，要求在屏幕上显示 100 以内的偶数，每行输出 5 个数据。

程序如下：

```
#include <stdio.h>
main()
{
    int x, i=5;

    for(x=0; x<100; x++)
    {
        if(x%2) continue;       /* x 为奇数不执行后面的循环体部分，开始下一循环 */
        printf("%5d", x);       /* x 为偶数执行这部分循环体 */
        i++;
        if(!(i%5)) printf("\n");
```

```
    }
}
```

这个程序是用模运算 "x%2" 判断其值是否为为 0 来决定 x 的奇或偶。如果是偶数则输出，如果是奇数，则用 "continue;" 语句终止本次循环，转去执行下一次循环。这就是程序中的语句

```
if(x%2) continue;
```

的作用。程序的输出形式是，每行显示 5 个数据。这是用下面的语句实现的：

```
if(!(i%5)) printf("\n");
```

5.6　循环程序设计

【例 5-12】　用 for 循环语句编写计算 $n!$ 的程序。

计算公式：

$$n! = 1 \cdot 2 \cdot 3 \cdot 4 \cdots (n-1) \cdot n$$

由上式可见，计算 $n!$ 时，实际上就是 $1 \sim n$ 的连乘。对程序而言，就是循环乘：

$$a = a \times i \quad (i = 1, 2, 3, \cdots, n)$$

在上式的连乘过程中，依次改变 i 的值。根据这个原理，可以设计出下面计算 $n!$ 的循环程序：

```
#include<stdio.h>
main()
{
    int i,n;
    long a;

    printf("Enter a integer number:");
    scanf("%d",&n);

    for(a=1,i=1;i<=n;i++)
        a=a*i;                      /* 计算 n! */

    printf("n!=%ld\n",a);

}
```

关于这个程序，第一，要注意搞清楚是怎样用一个 for 语句的循环实现 $n!$ 的计算的。第二，想一想将变量 a 初始化为 1 的必要性。

对于循环程序，我们也要强调程序的书写风格问题。很好地使用缩进，花括号以及空行，可以使程序的结构清晰，从而容易阅读和维护。

【例 5-13】　用 while 语句和 do_while 语句编写计算 $n!$ 的程序。

对例 5-12 的程序稍加修改，就可的得到用 while 语句编写的计算 $n!$ 的程序。

下面是用 while 编写的程序：

```
#include<stdio.h>
main()
{
    int i=1,n;
    long a=1;

    printf("Enter a integer number:");
    scanf("%d",&n);
```

```
    while(i<=n)                      /* 计算 n! */
    {
       a=a*i;
       i++;
     }
    printf("n!=%ld\n",a);
}
```

在这个程序中，我们把原 for 语句的功能用 while 语句代替了。其中的循环控制变量的初始值设置改为：

```
    int i=1;
```

循环次数控制条件“i<=n”改写到 while 后的圆括号内：

```
    while(i<=n)
```

循环变量的增量“i++”作为一条语句写到循环体内：

```
    i++;
```

下面是用 do_while 语句编写程序：

```
#include<stdio.h>
main()
{
    int i=1,n;
    long a=1;

    printf("Enter a integer number:");
    scanf("%d",&n);

    do
    {
       a=a*i;                        /* 计算 n! */
       i++;
    } while(i<=n);
  printf("n!=%ld\n",a);
}
```

【例 5-14】　编写计算数 x 的开方的程序。

应用牛顿迭代法。牛顿迭代法的开方公式为：

$$G_{n+1} = \frac{G_n + x/G_n}{2} \qquad n=1,2,3,\cdots$$

$$G_0 = x/2$$

计算过程是：依次计算 G_0，G_1，G_2，$\cdots$，G_n，G_{n+1}，$\cdots$，当 n 足够大时，有：

$$\sqrt{x} \approx G_{n+1}$$

这里 n 就是未知的循环次数。可以给定一个计算精度，如：

$$\left| \frac{G_{n+1} - G_n}{G_{n+1}} \right| \leq \varepsilon$$

只要给定一个认为是足够小的 ε，当满足上面的不等式，就结束计算。按以上算法，可以写出如下的程序。

```
#include<stdio.h>
```

```
#include<math.h>
main()
{
    int x;
    float g0,gn,old_g0,e;

    printf("Enter a number x:");
    scanf("%d",&x);

    g0=x/2.0;

  do
  {
    gn=(g0+x/g0)/2;
    old_g0=g0;
    g0=gn;
    e=fabs((old_g0-gn)/gn);
  }while(e>10e-8);

    printf("SQR(%d)=%f\n",x,gn);
}
```

在这个程序中使用了求实数绝对值的系统库函数 fabs()。它在头文件 math.h 中被说明，因此，在程序的头部加了一条相应的包含命令#include<math.h>。

程序中的精度 e，设置为 10e-08。这个值也可以由用户来输入。

程序的运行结果举例：

```
Enter a number x: 2（用户输入数 2）
SQR(2)=1.414214
```

【例 5-15】　求两个数的最大公约数（G.C.D.）。

本程序采用的算法叫做欧几里德辗转相除法。算法的具体步骤如下。

设有 a 和 b 两个数。当 b 为 0 时，a 就是最大公约数 G.C.D，否则进行辗转相除：

（1）b 整除 a 取余数（模运算），并赋给变量 t；

（2）把 b 赋给 a；

（3）把 t 赋给 b。

上述步骤循环进行，直到 b 为 0 为止。此时 a 即是所求。

例如求 a=6 与 b=10 的最大公约数。根据上述算法，计算过程是：

第一次循环：　　　　t=6%10=6

　　　　　　　　　　a=10; b=6　　　　（b 不等于 0，继续循环）

第二次循环：　　　　t=10/6=4

　　　　　　　　　　a=6; b=4　　　　（b 不等于 0，继续循环）

第三次循环：　　　　t=6/4=2

　　　　　　　　　　a=4; b=2　　　　（b 不等于 0，继续循环）

第四次循环：　　　　t=4/2=0

　　　　　　　　　　a=2; b=0　　　　（b 等于 0，循环结束）

至此，b=0，循环结束，G.C.D.=a=2。共进行四次循环获得结果。

根据上述算法，用 while 循环语句写出如下的程序：

```
#include <stdio.h>
```

```
main()
{
    int a, b, t;

    printf("Enter two numbers: ");
    scanf("%d%d", &a, &b);

    printf("G.C.D(%d,%d)=",a, b);

    while(b!=0)
    {
        t = a%b;
        a = b;
        b = t;
    }

    printf("%d",a);
}
```

下面是程序的一次运行的结果：

```
Enter two numbers: 6 10
G.C.D(6,10)=2
```

【例 5-16】 用下面的公式计算 π 的值：

$$\frac{\pi}{4} = 1 - \frac{1}{3} + \frac{1}{5} - \frac{1}{7} + \cdots \pm \frac{1}{n}$$

这是一个循环进行分数累加的计算。令变量 pi 存放累加和，被加数用变量 t 存放。由于每次的被加项的符号是交替变化的，用变量 s 记录数的正负变化。于是，可以写出如下的循环累加计算式：

t=s/n;　　　当前的被加项（s 的初始值为+1）

pi+=t;　　　将当前项累加到 pi 中

s*=-1.0;　　改变当前项的符号 s（为下一个被加项做准备）

n+=2;　　　改变当前项的分母（为下一个被加项做准备）

反复进行以上 4 个运算，随着 n 的增加，pi(π)值的精度越高。当精度满足一个足够小的数 ε

$$\left|\frac{1}{n}\right| < \varepsilon$$

时，结束运算，并输出计算结果：4*pi。

根据以上的算法不难写出如下的程序：

```
#include<stdio.h>
#include<math.h>
main()
{
    float n=1,t=0,pi=0.0,s=1.0,i,epselon;
    do {
        t=s/n;
        pi+=t;
        s*=-1.0;
        n+=2;
        epselon=fabs(t);
    }while(epselon>=1e-6);
    printf("pi=%f\n",4*pi);
}
```

在这个程序中使用了求浮点数绝对值的系统库函数 fabs()，它定义在头文件 "math.h" 中，所以程序的开头有相应的包含命令。

【例 5-17】　编写程序，输出如下所示的 1～9 的 2，3 和 4 的倍数表格。

x	2*x	3*x	4*x
1	2	3	4
2	4	6	8
3	6	9	12
4	8	12	16
5	10	15	20
6	12	18	24
7	14	21	28
8	16	24	32
9	18	27	36

为了输出这样的表格，需要两重的循环结构嵌套。外层循环控制表格行的输出，因此，需要循环 9 次。内层循环控制输出行内 4 个数据，因此需要循环 4 次。总共 36 次的循环。

为使各行数据对齐成表格，输出数据时，对数据的宽度需要进行控制，如语句：

```
printf("%9d", x);
```

它表示输出的每个数据占 9 个字符的宽度。

表的第一行为表头，可以按照设计的数据宽度，用一个如下的格式输出语句实现：

```
printf("        x       2*x      3*x      4*x\n");
```

程序如下：

```
#include <stdio.h>
main()
{
    int n, m, x;
    printf("        x       2*x      3*x      4*x\n");

    for(n=1; n<10; n++)
    {
        for(m=1; m<5; m++)
        {
            x=n*m;
            printf("%9d", x);
        }
        printf("\n");
    }
}
```

【例 5-18】　编写程序，其功能是找出并输出数 2～n 中的所有素数。n 的值由用户从键盘输入。

本题的核心是判断任意整数 k 是否为素数的算法。最简单和最直观的方法就是，用 3～（k-1）中的每个自然数去除 k，只要有一次能被整除，就证明 k 不是素数；反之，没有一次能被整除，则说明 k 是素数。

在本程序中，对变量 k 进行 k-1 次整除过程中，程序需要记住是否曾经被整除过。为此，设置一个标量 flag。令起初始值为 1，表示当前要测试的 k 是素数。在循环测试过程中，如果发现不是素数，则令 flag 为 0。

按照这个算法，可以写出如下的程序：

```
#include"stdio.h"
main()
{
        int j,k,n,flag;
        scanf("%d",&n);
        for(k=2;k<=n;k++)
        {
          flag=1;
          for(j=2;j<k;j++)
              if(!(k%j)) flag=0;
          if(flag) printf("%d ",k);
        }
}
```

小　结

本章首先介绍了逗号运算符及其逗号表达式，然后，重点讲述了构造循环程序结构的语句和循环程序的设计。介绍了 break 语句和 continue 语句在循环体中的应用。

C 语言用于构造循环程序结构的循环语句有三个：

for 循环语句；

while 循环语句；

do_while 循环语句。

这三个循环语句各有特点，适用于不同的情况。但有许多问题，用其中任何一种语句都能得到很好的解决。

for 循环语句主要用于循环次数为已知的情况。while 语句和 do_while 语句，则更适合用于循环次数为未知的情况。从语句的执行流程上看，for 语句和 while 语句执行循环的过程类似，都是先测试循环条件。循环条件成立时，开始执行循环。而 do_while 语句则是先进入循环并执行一次循环体，然后，测试循环条件，再决定是否继续执行循环。

在循环结构的实际应用中，很多情况要用到多层嵌套结构。因此，多层循环在循环程序中占有重要的地位。本章着重讲述了多重循环结构的构成原则和应用。

在应用循环语句的同时，配合使用 break 语句和 continue 语句，可使循环语句的功能得到加强，使程序的设计手段更加丰富和灵活。

习　题

5-1　写出下面程序的输出：

```
main()
{
    int a=0;
    while(a++<3)
        printf("%d\t", a);
```

```
   printf("\n%d", a);
}
```

5-2　写出下面程序的输出：

```
#include "stdio.h"
main()
{
    int  s, n;
    for(s=0,n=1; s<=100; n++,s+=n)
        printf("\n%d,%d", n,s);
}
```

5-3　用三种循环语句分别编写三个程序，计算并输出 1～100 的整数和。

5-4　按下列公式编写计算 e 的程序（自己设计计算精度）：

$$e = 1 + \frac{1}{1!} + \frac{1}{2!} + \frac{1}{3!} + \cdots + \frac{1}{n!}$$

5-5　编写程序，输出斐波那契数列的前 20 项。

斐波那契数列是这样的数列，它的第 1 个数和第 2 个数都是 1，从第 3 个数开始每个数都是前两个数的和。如果用 F_n 代表斐波那契数列中的第 n 个数，则有：

$$F_1 = F_2 = 1$$
$$F_n = F_{n-1} + F_{n-2} \qquad n \geqslant 3$$

5-6　输入 10 个整数，统计并输出其中正数、负数和 0 的数目。试编写此程序。

5-7　编写程序，计算 1～100 的偶数和。

5-8　编制一程序，输出一"九九"乘法口诀表。要求按如下的格式输出：

```
*  1  2  3  4  5  6  7  8  9
2  2  4
3  3  6  9
4  4  8  12 16
5  5  10 15 20 25
6  6  12 16 24 30 36
7  7  14 21 28 35 42 49
8  8  16 24 32 40 48 56 64
9  9  18 27 36 45 54 63 72 81
```

5-9　写出下面程序的运行结果：

```
#include<stdio.h>
main()
{
    int a=12;
    for(;a>0;a--)
        if(a%3==0)
          {
              printf("%d \n",--a);
              continue;
          }
}
```

第6章
位运算

C 语言所具有的低级语言特性之一，表现在它的位处理能力。我们前面学习的各种运算的对象，都是以字节为单位的。而位运算能够很好地处理二进制数据的按位运算。位操作可以在很大程度上代替汇编语言的程序设计，因此，这是一类很重要的操作。在程序设计中应用很广，如设备驱动程序、调制解调程序、打印程序和磁盘文件程序等都常用到。

这一章要学习 C 语言中的位运算及位运算的应用。

6.1 位运算符及位运算表达式

位运算是对二进制数据以位（bit）为单位进行的运算。C 语言提供了 6 种位运算符。参加运算的操作数可以是 char 类型、int 类型和 long 类型的变量或常量。实型是不能进行位运算的。表 6-1 列出了所有位操作的运算符。

表 6-1

位 运 算 符	名　　称	优 先 级	结 合 性
～	位非（位反）	2	<-
>>	位右移	5	
<<	位左移		
&	位与	8	->
^	位异或（位加）	9	
|	位或	10	

在 6 种位运算符中，位非、位与、位加和位或称为位逻辑运算符。另两个是位移位运算符。按位运算中也有位自反赋值运算符五种。

位逻辑运算是把运算对象的每个二进制位上的"0"或"1"看作逻辑值。逐位进行逻辑运算。位逻辑运算符的运算规则，如表 6-2 所示。

需要特别注意是，位运算中的"与"、"或"和"非"是与第 4 章介绍的逻辑运算中的"与"、"或"和"非"不同的。这里强调的是按（二进制）位的运算。按位运算符把操作对象看作是二进制数，并以位为单位对它们进行运算，运算的结果为整型数，可用十进制数、八进制数或十六进制数表示。第 4 章介绍的逻辑运算是两种逻辑值（真和假）之间的运算，运算的结果，也只有真和假两种可能的结果。

移位运算的优先级排在算术运算之后，关系运算之前。

由位运算符连接的表达式称为位运算表达式。例如：设有整型变量 a，b，c 和 d，则下面的表达式为位运算表达式：

```
(a+b)&(c*d)
```

下面分别介绍位逻辑运算符、位移位运算符和位自反运算符及其应用。

6.2　位逻辑运算

表 6-2 给出四种按位逻辑运算符的运算规则。表中 a 和 b 是位运算对象的二进制位值。

表 6-2

对象 a	对象 b	位非 ~a	位与 a&b	位或 a|b	按位加 a^b
0	0	1	0	0	0
0	1	1	0	1	1
1	0	0	0	1	1
1	1	0	1	1	0

【例 6-1】　设有无符号整型变量 x 和 y，它们的值用八进制和二进制表示如下：

```
x=0112(0000000001001010)
y=0123(0000000001010011)
```

计算表达式~x，x&y，x|y 和 x^y 的值。

根据表 6-2 所示相应位逻辑运算符的定义，上列表达式计算如下：

```
x    0 000 000 001 001 010        x    0 000 000 001 001 010
~    1 111 111 110 110 101        y    0 000 000 001 010 011
                                  x&y  0 000 000 001 000 010


x    0 000 000 001 001 010        x    0 000 000 001 001 010
y    0 000 000 001 010 011        y    0 000 000 001 010 011
x|y  0 000 000 001 011 011        x^y  0 000 000 000 011 001
```

表达式~x 的八进制值和二进制值分别为：177665　（1111111110110101）

表达式 x&y 的八进制值和二进制值分别为：为 0102（0000000001000010）

表达式 x|y 的八进制值和二进制值分别为：0133　（0000000001011011）

表达式 x^y 的八进制值和二进制值分别为：031　（0000000000011001）

【例 6-2】　对两个整型数 a 和 b 进行"位非"、"位与"、"位或"和"位异或"运算并输出运算结果。操作数和运算结果都用八进制数表示。

程序如下：

```
#include<stdio.h>
main()
{
    int a=0112,b=0123;
    printf("~%o=%o\n",a,~a);
    printf("%o&%o=%o\n",a,b,a&b);
    printf("%o|%o=%o\n",a,b,a|b);
```

```
        printf("%o^%o=%o\n",a,b,a^b);
}
```

程序的输出为：

```
~112=177665
112&123=102
112|123=133
112^123=31
```

位逻辑运算的重要应用之一，是对数据的某一位或若干位（二进制）进行处理。如判断某一位是否为 0 或为 1；将某一位或若干位反转，将某位或若干位置 0 或置 1 等。一般的处理原则可以简单归纳如下：

一个二进制位与 1 进行"位或"运算，能使该位的值为 1，与 0 进行"位或"运算，能使该位的值保持不变。

一个二进制位与 1 进行"位与"运算，如果结果为 0，则可判定该位原来值为 0，反之，可判断该位原来值为 1；与 0 进行"位与"运算，则可置该位为 0。

一个二进制位与 1 进行"位异或"运算，可使该为取反。

【例 6-3】　编写程序，用户输入一个字符，程序输出该字符 ASCII 的二进制值。

字符在内存中占一个字节。判断数据的某一位是 0 还是 1，可利用上述的"按位与"运算实现。如果要想知道字符的最高位的值，可以用第 8 位为 1 其余位为 0 的数（十进制数的 128）与该字符的值进行"按位与"运算。其结果就是该字符第 8 位的值。用同样方法可以求出其他各位的值。

例如，字符 A 的 ASCII 值为：0100 0001，如要判断第 8（最高）位是 1 还是 0，可用数 128（1000 0000）与之进行"位与"运算：

```
01000001 & 10000000=0000 0000
```

结果为 0，由此可知，字符 A 的 ASCII 的第 8 位为 0。为判断第 7 位，则需要用数 128/2，即 64，来与 ASCII 码进行"位与"运算，依此类推，可以求出所有各位二进制码。根据这个原理，编写程序如下：

```
#include <stdio.h>
main()
{
    char ch;
    int i;
    printf("enter a char:");
    scanf("%c", &ch);

    for(i=128; i>0; i=i/2)
    {
        if(i&ch) printf("1");
        else printf("0");
    }
    printf("\n");
}
```

运行程序后，要求用户输入一个字符。例如，键入字母 a，程序输出：01100001。

6.3　移　位　运　算

移位运算符是把数据看作二进制数，对其进行向左或向右移动一位或若干位的运算。移位运算表达式的一般格式如下。

　　右移运算：**变量>>移位的位数**

　　左移运算：**变量<<移位的位数**

　　移位的规则如图 6-1 所示。

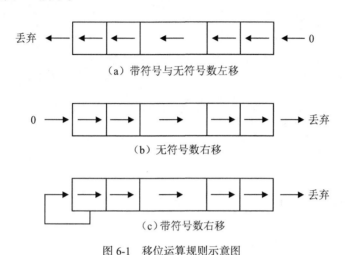

　　（a）带符号与无符号数左移

　　（b）无符号数右移

　　（c）带符号数右移

图 6-1　移位运算规则示意图

　　左位移位时，无论是带符号数还是无符号数，左边被移出的位丢弃，右边的空位补入 0。右移位时，要区分数是否带有符号。对于无符号数，右移时，右边被移出的位丢弃，左边的空位补入 0。对于带符号数，右移时，右边被移出的位丢弃，左边的空位补入原符号位的值。

　　【例 6-4】　设有整型变量 a=7(0 000 000 000 000 111)，计算表达式 a>>2 和 a<<2 的值。

　　a>>2 表达式的值为 01(0 000 000 000 000 001)。

　　a<<2 表达式的值为 034(0 000 000 000 011 100)。

注意，移位后，变量 a 的值并没有发生变化。如果执行语句：

　　a=a>>2;

　　则 a 的值由 7 变为 1。

　　【例 6-5】　设 a=-4，求 a<<2 和 a>>1。

　　由于负数在内存中是用补码形式表示的，所以要先写出-4 的补码，然后再移位：

-4 的补码：	1 111 111 111 111 100
a<<2：	1 111 111 111 110 000　　结果为-16（十进制数）
a>>1：	1 111 111 111 111 110　　结果为-2（十进制数）

　　【例 6-6】　对整数 i=7 进行左移操作。每次移 1 位后，显示移位后的结果（显示 8 位）。共要求左移位 8 次。编写程序。

　　程序采用的算法是：首先用 128（即第 8 位为 1 的数）与变量 i 进行"位与"运算。结果得到变量 i 的第 8 位的值。用 64（即第 7 位为 1 的数）与变量 i 进行"位与"运算，结果得到变量 i 的第 7 位的值。用 32（即第 6 位为 1 的数）与变量 i 进行"位与"运算，结果得到变量 i 的第 6 位的值。这样继续下去，直到求得变量 i 最末位的值。上述运算中所需要的 128，64，32，16 等数据，可通过如下的移位运算得到：

　　k=128; k=k>>1;

或

　　k=k/2;

程序如下：
```c
#include <stdio.h>
main()
{
    int i=7, j,k;

    for(j=0; j<8; j++)
    {
        i=i<<1;                          /* 左移操作 */
        for(k=128; k>0; k=k>>1)          /* 显示位移为操作的结果 */
        {
            if(i&k)  printf("1");
            else printf("0");
        }
        printf("\n");
    }
}
```
程序给出下面的运行结果：
```
00001110
00011100
00111000
01110000
11100000
11000000
10000000
00000000
```
在本程序中的外层循环的 for 语句：
```c
for(j=0; j<8; j++)
```
是控制对变量 i 的 8 次移位，输出每次移位后的结果。移位是用语句
```c
i=i<<1;
```
实现的。内层循环的作用是输出变量 i 当前的二进制码。这个循环的 for 语句是：
```c
for(k=128; k>0; k=k>>1)
```
它和在例 6-3 中的：
```c
for(i=128; i>0; i=i/2)
```
效果是一样的。判断变量 i 当前位的值是下面两个语句：
```c
if(i&k)  printf("1");
else printf("0");
```

【例 6-7】 编写计算 2 的正整数（1～5）幂次的程序。

2 的幂是通过将整数 1 左移的方法得到的。每左移一次，就将数增加一个幂次。程序如下：
```c
#include <stdio.h>
main()
{
 int i,k=1;

    for(i=1; i<=5; i++)
    {
       k = k<<1;

       printf("2(%d)=%d\n", i, k);
```

```
    }
    printf("\n");
}
```
程序的输出为：
```
2(1)=2
2(2)=4
2(3)=8
2(4)=16
2(5)=32
```

6.4　位自反赋值运算

位自反赋值运算和算术自反赋值运算一样，它的格式是：

变量 OP=表达式

位自反赋值运算符共有五个，其运算符如下：

&=	位与赋值
|=	位或赋值
^=	位按位加赋值
<<=	位左移赋值
>>=	位右移赋值

位自反赋值运算符与赋值运算符和算术自反运算符是同级的，只高于逗号运算符，低于所有其他运算符。其结合性是自右向左。

位自反赋值运算符的运算规则如下：

y&=(x)	相当于	y=y&(x)
y|=(x)	相当于	y=y|(x)
y^=(x)	相当于	y=y^(x)
y>>=(x)	相当于	y=y>>(x)
y<<=(x)	相当于	y=y<<(x)

式中（x）是表达式。先算出表达式的值，然后再与 y 进行位运算。

【例 6-8】　设有无符号整型变量 a=2，b=3，计算下列表达式的值：
```
b&=a+2
b<<=a+2
```
表达式"b&=a+2"相当于"b=b&(a+2)"，即"b=3&4"。表达式的值为 0，b 的值为 0，a 的值不变。

表达式"b<<=a+2"相当于"b=b<<(a+2)"，即"b=3<<4"。表达式的值为 48，b 的值为 48，a 的值不变。

小　结

本章介绍了 C 语言中具有特色的操作：位运算操作及其应用。位运算很大程度上可以代替汇编程序所能解决的问题。

习　　题

6-1　写出下列表达式的值：

3&5

3|5

3^5

6-2　当 x=1，y=2 时，下列各表达式的值和变量 x 和 y 的值是什么?

x<<2

y>>1

x<<=2

y>>=1

6-3　编写程序，将无符号整数 x 的高 8 位均置为 1，低 8 位保持不变。

6-4　编写程序，将一整数的低 4 为置为 1010。

第7章
数组与字符串

到目前为止，我们学过的各种数据类型都属于基本数据类型。当我们需要处理相关联的一批数据时，基本类型数据就不能进行有效的表示、存储和处理。为了解决这个问题，需要引入构造数据类型。数组是构造数据类型中的一种。相对于这种较为复杂的数据类型，我们称基本数据类型的变量为简单变量，简称为变量。

数组是由一些相同类型的数据按一定的规则构成的数据类型。它的每名成员称为数组元素，每个数组元素都可作为简单变量来使用。数组是程序设计语言中的一种非常重要的数据类型，数组程序设计的重要问题是数据的组织、数据关系的建立及使用。我们将看到，数组技术的使用，增强了程序处理大量相关联数据的能力，简化了程序设计，在程序设计中广为应用。

字符串，是字符的序列。它不是 C 语言的数据类型，但与数组密切相关。因此，字符串也是本章的一个重要内容。

数组运算中，离不开循环结构技术的配合，两种技术总是密切地联系在一起的。

本章介绍 C 语言中数组和字符串及其在程序设计中的应用。

7.1 一 维 数 组

数组是一些同类型数据的有序集合，它们存储在内存的一个连续的存储区内。数组中的每个元素用下标加以区别。所以，数组元素又称为下标变量。

数组下标的个数，称为数组的维数。有一维数组，也有多维数组。软件设计中，应用最多的是一维数组和二维数组。三维及三维以上的数组，很少使用。

一维数组有一个下标。数组的下标写在数组名后面的方括号内，例如，a[3]，bs[20]等。一维数组可看作一个线性表。

7.1.1 一维数组的定义

和其他变量一样，数组也要遵循"先定义后引用"的原则。程序中使用数组时，必须先用数组定义语句对其进行说明。通过定义说明数组的名字、数据类型、维数和容量。

一维数组定义语句的一般格式为：

数据类型　数组名[常量表达式]；

其中，数组名可以是任何 C 语言的合法标识符。

常量表达式表示的是数组容量，也叫做数组的长度。它说明数组元素的个数。要注意的是，数组长度一定是常量表达式，通常是整型常量。不可以是变量或含变量的表达式。数组长度所用的括号为方括号。

定义中的数据类型指的是数组元素的数据类型，它可以是任何基本数据类型，也可以是以后将要学习到的其他数据类型。

当定义了一个数组后，系统就在内存的数据区为它开辟一个连续空间，用来存储各数组元素的数据。

例如，下面的数组定义语句说明了一个名为 abc 的一维数组，它含有 20 个整型元素：

```
int abc[20];
```

数组 abc 的 20 个元素（下标变量），表示为：abc[0], abc[1], abc[2], … , abc[19]。下标值是从 0 开始的。作为变量的数组元素，它的下标既可以是常量表达式，也可以是含变量的表达式，例如，abc[i]，abs[i+j]等。

在一条数组定义语句中，可以定义多个同数据类型的数组和变量。例如：

```
int a,b[10];
float f[5],f1;
```

图 7-1 是数组 abc 在内存中存储的示意图，它在内存占一个连续的空间。我们可以把它理解为一个一维的表格或线性表。

一个一维数组所占用的内存空间（字节数），可用下式计算：

总字节数=数组元素个数×数据类型字长

对于上面定义的数组 abc[20]来说，它所占内存空间为 20×2=40 字节。

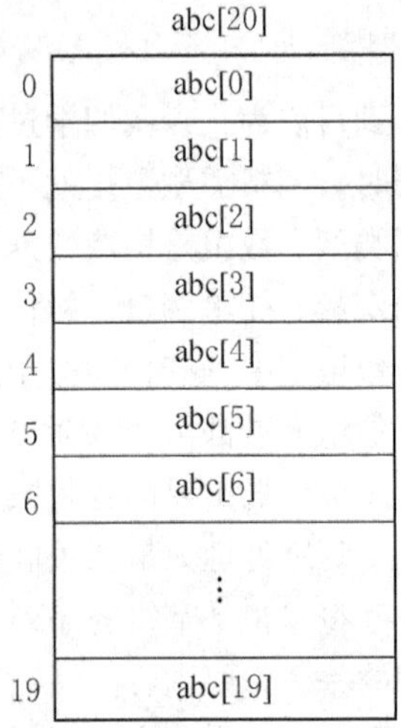

	abc[20]
0	abc[0]
1	abc[1]
2	abc[2]
3	abc[3]
4	abc[4]
5	abc[5]
6	abc[6]
⋮	⋮
19	abc[19]

图 7-1　数组在内存中存储的示意图

7.1.2　数组元素的引用

数组元素的引用是通过数组下标变量实现的。下标变量的形式为：

数组名[下标]

下标可以是常量或表达式。下标变量虽然有下标，但它的使用和简单变量是一样的。例如，对下标变量可以进行与简单变量一样的运算和输入输出：

```
abc[0]=abc[x]+abc[y]/2;
printf("%f", abc[0]);
```

式中 x 和 y 为两个有确定值的整型变量。

【例 7-1】　设有整型数组 a，其长度为 5。编写程序，令 5 个数组元素的值依次为 10、20、30、40 和 50 并输出数组各元素的值。

这个问题可以用循环结构技术完成。程序如下：

```
#include "stdio.h"
main()
{
    int i,a[5];
    for(i=1;i<=5;i++)
        a[i-1]=i*10;                    /* 为数组元素赋值 */
    for(i=0;i<=4;i++)
        printf("a[%d]=%d\n",i,a[i]);    /* 输出数组各元素的值 */
}
```

程序给出下面的输出结果:

```
a[0]=10
a[1]=20
a[2]=30
a[3]=40
a[4]=50
```

可以看到,数组元素是通过数组名和相应的下标进行引用的。这种引用方法叫做"下标法"。

在程序中引用数组元素时,其下标不能超过该数组定义的长度。C 语言系统不进行数组是否超出定义边界的检查,这个任务由用户自己解决。这就要求程序设计人员必须给数组以足够的容量,当然,还要注意程序的正确性。数组容量不够或程序的错误,都有可能导致数组的运算超出数组的边界。运算超出数组边界是有一定危险的,编程时要特别注意。

7.1.3　一维数组的初始化

在说明数组的同时对数组的元素赋值,这就是数组的初始化。一维数组初始化的一般形式为:

数据类型　数组名[容量]={ 常量表达式 1,常量表达式 2,…};

其中常量表达式的值为下标变量的初始值,其数据类型要与数组的数据类型一致。常量表达式 1 的值赋予数组的第一个元素,常量表达式 2 的值赋予数组的第二个元素等,依此类推。例如一维数组定义语句:

```
int i[10] = { 1,2,3,4,5,6,7,8,9,10 };
```

初始化的结果,数组各元素的值分别为:

i[0]=1, i[1]=2, i[2]=3,…,i[9]=10。

在对数组的所有元素初始化时,可以不给出数组的容量。在这种情况下,系统会自动按给出初始值(表达式)的个数建立相应容量的数组。这种初始化的一般格式为:

数据类型　数组名[ ]= { 常量表达式 1,常量表达式 2,…};

例如,

```
float farr[]={ 1.1,2.2,3.3,4.4,5.5,6.6};
```

实际上等于定义了

```
float farr[6] ={ 1.1,2.2,3.3,4.4,5.5,6.6};
```

并且赋值成:

farr[0]=1.1, farr[1]=2.2, farr[2]=3.3,…,farr[5]=6.6。

在给数组初始化时,可以只给前 k 个元素赋初始值。这时,后面未赋值的元素则自动初始化为 0。例如,

```
int a[10]={0,1,2,3,4};
```

数组 a 的前 5 个元素依次初始化为 a[0]=0, a[1]=1, a[2]=2, a[3]=3, a[4]=4。后 5 个元素的初始值都等于 0,即有:a[5]=0, a[6]=0, …, a[9]=0。

【例 7-2】　对实型数组 a 的 10 个元素中的前 5 个元素进行初始化,然后,输出数组每个元素的值。

程序如下:

```
#include "stdio.h"
main()
{
    float a[10]={1.1, 0, 3.1, 0, 5.2};
```

```
    int i;

    for(i=0;i<10;i++)
    {
      printf("%f  ",a[i]);
      printf("\n");
    }
}
```

程序的输出为：

```
1.10 0000
0.00 0000
3.10 0000
0.00 0000
5.20 0000
0.00 0000
0.00 0000
0.00 0000
0.00 0000
0.00 0000
```

7.1.4 一维数组程序设计

一维数组的程序设计，仍然离不开我们已经学过的顺序结构、选择结构和循环结构的设计方法。但在这一节我们更关注的是数组的设计和处理。我们要学习如何根据问题确定所需要的数组，如何处理数组中的各个数组元素。

对于若干相互关联的数据，一般用数组来组织，会对程序中的数据处理带来很大好处，减小程序设计的难度，提高数据处理的效率。

在加工处理数组数据方面，循环程序技术起着非常大的作用。在许多情况下，不采用循环程序设计恐怕是不可能的。

下面通过一些程序例子来学习一维数组程序的设计。

【例 7-3】 有一批数据共 10 个的，要求用户顺序从键盘输入这些数据按，存在一个数组中，然后输出。再将这个数组中的数据以相反的顺序存入这个数组，然后输出。编写程序。

这里要处理的数据是一组顺序相关的数据，非常适合用数组来组织这些数据，也就是用一个长度为 10 的一维数组（如数组 a）来顺序存储这些数据。输入数据的顺序由数组元素的下标确定。然后，为将数据的顺序倒过来存储在数组中，需要进行数据的交换：

$a[0] \leftrightarrow a[9]$
$a[1] \leftrightarrow a[8]$
$a[2] \leftrightarrow a[7]$
$a[3] \leftrightarrow a[6]$
$a[4] \leftrightarrow a[5]$

其中任何一对数据的交换，都可用第 3 章例 3-7 程序的方法实现。而 5 对数据的交换，可用下面的循环语句完成：

```
for(k=0;k<5;k++)
{
    m=a[k];
    a[k]=a[9-k];
    a[9-k]=m;
}
```

最后，用一个循环语句将处理后的数组 a 的 10 个数组元素输出。

下面给出完整的程序：

```c
#include "stdio.h"
main()
{
    int a[10], k,m;
    for(k=0; k<10;k++)
        scanf("%d", &a[k]);              /* 输入原始数据 */

    for(k=0;k<10;k++)                    /* 输出原始数据 */
        printf("%d ", a[k]);
    printf("\n");

    for(k=0; k<5; k++)                   /* 将数据顺序颠倒 */
    {
        m=a[k];
        a[k]=a[9-k];
        a[9-k]=m;
    }

    for(k=0; k<10; k++)                  /* 输出顺序倒置后的数据 */
        printf("%d ", a[k]);
    printf("\n");
}
```

将一组无序的数据按大小的顺序重新排列和存储是一维数组的典型应用问题。下面介绍这类数据问题的处理。

【例 7-4】　编写一个程序，将一组数据（本例设定为 5 个数据）按由小到大的顺序排列。原始数据由键盘输入，程序输出排序后的结果。

一组数据可以用一个一维的数组来存储。数组的下标可作为这组数据的顺序。程序对数组中的数据排序时，下标就成了数据在这批数据中位置序号了。

数据按由小到大（或相反）排序的算法很多，本例介绍其中的两个算法。

第一个算法的基本思想是，依次从前面取一个数据 s[i]，将它与它后面所有的数据 s[i+1]，s[i+2]，…逐个进行比较。如果发现有后面的数据 s[j]小于前面的数据 s[i]，则将这两个数据的位置交换一下。这个交换可用下面的程序段实现：

```c
t=s[i];
s[i]=s[j];
s[j]=t;
```

这时，s[i]中的数据，一定比它后边的所有数据都小。再取数据 s[i+1]与它后面的所有数据逐个比较。如果发现有后面的数据 s[j]小于前面的数据 s[i+1]，则将这两个数据的位置交换一下。这样的比较一直进行到与最后一个数据比较。这时，s[i+1]中的数据一定比它后边的所有数据都小。

上述这个比较过程从第一个数据一直进行到数组中的最后两个数据的比较为止。于是排序便完成了。

下面以"8，7，9，5，6"五个数据的由小到大的排序为例，说明上述排序算法的排序过程：

第 1 步：s[0]与后面的 4 个数比较和交换（共进行 4 次比较）的过程：

8 7 9 5 6

7 8 9 5 6

5 8 9 7 6

第 2 步：s[1]与后面的 3 个数比较和交换（共进行 3 次比较）的过程：

5 8 9 7 6

5 7 9 8 6

5 6 9 8 7

第 3 步；s[2]与后面的 2 个数比较和交换（共比较 2 次）的过程：

5 6 9 8 7

5 6 8 9 7

5 6 7 9 8

第 4 步；s[3]与后面的 1 个数比较和交换的过程：

5 6 7 9 8

5 6 7 8 9

排序完成。此算法的流程如图 7-2 所示。

按此算法编写的程序如下：

```c
#include <stdio.h>
main()
{
    int i, j;
    float s[5], t;

    printf("Enter 5 numbers: \n");
    for(i=0; i<5; i++)
        scanf("%f", &s[i]);

    for(i=0; i<4; i++)
    {
        for(j=i+1; j<5; j++)
        {
            if(s[j]<s[i])
            {
                t=s[i];
                s[i]=s[j];
                s[j]=t;
            }
        }
    }
    for(i=0; i<5; i++)
        printf("%10.5f\n", s[i]);
}
```

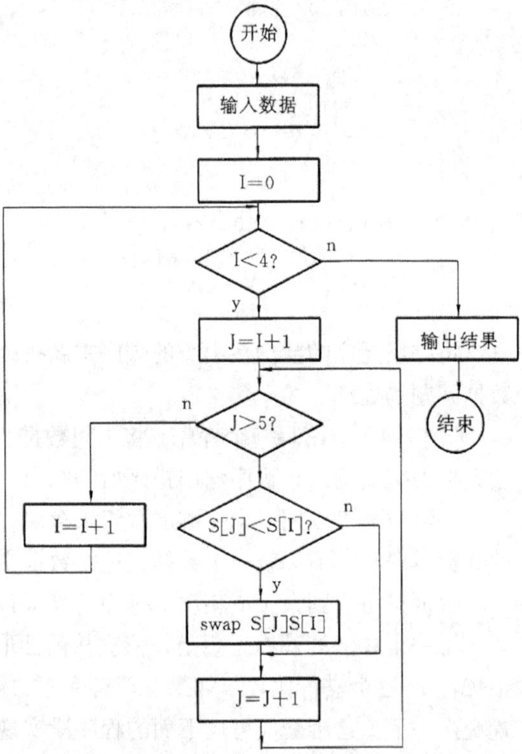

图 7-2　排序算法（一）流程图

这个程序看起来很简单。这中间数组起了关键的作用。如果不使用数组，问题会变得非常复杂和困难。

下面再介绍另一种排序的算法。这种排序算法的基本思想是，反复将数据从头到尾地进行相邻数据的两两比较。例如，首先是第一个数据与第二个数据比较（s[0]与 s[1]比），然后，是第二个数据与第三个数据比较，以此类推，直至比较最后两个数据。在比较过程中，若发现后一个数据比前一个小（仍以由小到大排序为例），则将两个数据的位置对调。比较的结果，最后一个数便是最大的。然后进行第二轮的从头到尾的相邻两数的比较。这个比较过程要反复地从头到尾进行多次，直到出现从头到尾的比较中没有发生一次有需要调换位置的数据时为止，排序便完成了。

我们仍以"8，7，9，5，6"五个数据的由小到大的排序为例，说明上述排序算法的排序过程。

第 1 轮比较：$8, 7, 9, 5, 6 \rightarrow 7, 8, 9, 5, 6 \rightarrow 7, 8, 5, 9, 6 \rightarrow 7, 8, 5, 6, 9$；

第 2 轮比较：$7, 8, 5, 6, 9 \rightarrow 7, 5, 8, 6, 9 \rightarrow 7, 5, 6, 8, 9$；

第 3 轮比较：$7, 5, 6, 8, 9 \rightarrow 5, 7, 6, 8, 9 \rightarrow 5, 6, 7, 8, 9$；

第 4 轮比较：$5, 6, 7, 8, 9$　没有需要交换位置的数据，排序结束。

实现上述算法的具体步骤归纳如下：

（1）设置循环控制条件（标志）flag，flag 的初值为 1；

（2）从头到尾地进行相邻数据的比较，必要时，进行数据位置对调；

（3）重复步骤（2），直至不发生数据对调，flag 置 0；

（4）输出排序后的结果。

此算法的流程如图 7-3 所示。

按流程图编写程序如下：

```c
#include "stdio.h"
main()
{
    float s[5], t;
    int flag=1, i;

    printf("Enter 5 data: \n");
    for(i=0; i<=4; i++)
        scanf("%f", &s[i]);

    while(flag)
    {
        i=1;
        flag=0;
        for(i=0; i<=4; i++)
        {
            if(s[i]<s[i-1])
            {
                t=s[i];
                s[i]=s[i-1];
                s[i-1]=t;
                flag=1;
            }
        }
    }

    for(i=0; i<5; i++)
        printf("%f\n", s[i]);
}
```

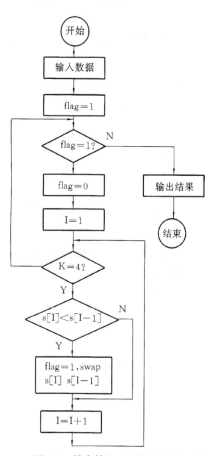

图 7-3　排序算法（二）流程图

7.2　多维数组

数组元素的下标为两个或两个以上的数组，称为多维数组。在多维数组中，用得最多的是二维数组。因此，本节介绍二维数组。但处理更多维数组的原理，与处理二维数组是一样的。

7.2.1　多维数组的定义和引用

k 维数组定义的一般形式为：

数据类型　数组名[常量表达式 1][常量表达式 2]…[常量表达式 k]；

其中[常量表达式 i]是数组第 i 维的长度。数组被定义后，系统将为它在内存开辟一个连续的存储空间，以存储

[常量表达式 1] × [常量表达式 2] × … × [常量表达式 k]

个指定数据类型的数据。

二维数组可以看成是一张二维的表格。第一维看作行，第二维看作列。因此，二维数组在实际在应用中是最为普遍的。例如，定义一个实型的二维数组

```
float twoarr[5][7];
```

它的二维表格形式如图 7-4 所示。相应的二维数组元素，如第 i 行 j 列的元素表示为：

```
twoarr[i][j]
```

	0	1	2	3	4	5	6
0	[0][0]	[0][1]	[0][2]				[0][6]
1	[1][0]	[1][1]					
2			[2][2]				
3				[3][3]			
4	[4][0]	[4][1]					[4][6]

图 7-4　二维数组与二维表格

在内存中，二维数组各元素的存储顺序，则是一维的线性表。以 "int a[3][4];" 为例，各元素在内存中的排列顺序为：

```
a[0][0]
a[0][1]
a[0][2]
a[0][3]
a[1][0]
a[1][1]
a[1][2]
a[1][3]
a[2][0]
a[2][1]
a[2][2]
a[2][3]
```

一个二维数组所占用的内存字节数，可用下式计算：

字节数=行数×列数×1 个数据所占字节数

例如，上例中的数组 a 所占的内存字节数等于 $3 \times 4 \times 2 = 24$ 个字节。

从概念上，一个二维数组可以看成是由若干一维数组成。以上面定义的数组 a[3][4]为例，它可以看作一个有 3 个元素的一维数组：a[0]，a[1]和 a[2]；其中的每个元素又是一个有 4 个元素的一维数组，如 a[0]的 4 个元素为：a[0][0]，a[0][1]，a[0][2]和 a[0][3]。上述概念如图 7-5 所示。

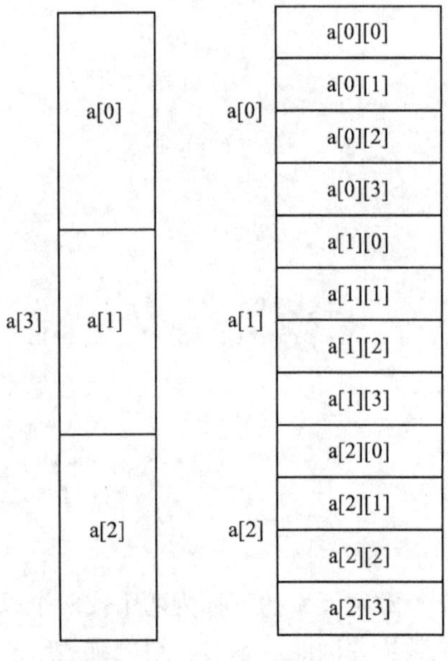

图 7-5　二维数组示意图

二维数组元素的引用，即二维数组的下标变量的引用，有如下的形式：

数组名 **[下标 1] [下标 2]**

如数组 twoarr 的第 2 行第 3 列的元素，表示为 twoarr[2][3]。数组下标变量在程序中的应用与普通变量没有什么不同。

类似地，可以定义多维数组。例如，定义三维数组：

```
int a[2][3][4];
```

三维数组元素的表示形式为：

数组名 **[下标] [下标] [下标]**

如数组 a 的下标分别为 1，2 和 3 的元素，表示为 a[1][2][3]。

7.2.2　二维数组的初始化

在定义二维数组的同时给数组元素赋初值，就是二维数组的初始化。

可采用以下多种方式对二维数组进行初始化。

（1）分行给数组所有元素赋初值。

在这种初始化方法中，每行的各列元素的初值，用花括号括起来。例如：

```
int i[3][3]={ {1,2,3}, {4,5,6}, {7,8,9} };
```

还可以省去花括号而写成如下的二维表格形式，例如：

```
int i[3][3] = {
        1,2,3,
        4,5,6,
        7,8,9
        };
```

（2）按数组元素排列（存储）顺序初始化。

在这种初始化方法中，不需要标出行和列，只需将全部初始化数据按数组元素的排列（存储）顺序写在一个花括号内。例如：

```
int i[3][3] ={1,2,3,4,5,6,7,8,9};
```

（3）对于给数组所有元素赋初值的情况，第一维的长度可以省略。例如：

```
int i[][3]= { {1,2,3}, {4,5,6}, {7,8,9} };          /* 第一种初始化方法 */
int i[][3]= {1,2,3,4,5,6,7,8,9};                    /* 第二种初始化方法 */
  int i[][3]= {
        1,2,3,
        4,5,6,
        7,8,9
        };                                          /* 第三种初始化方法 */
```

（4）可以对数组的前若干行的某些元素初始化，而使其他元素自动初始化为 0。例如：

```
int a[3][3]={ {1},{0,5} };
```

这样初始化后，数组的各元素的值为：

```
1 0 0
0 5 0
0 0 0
```

7.2.3　二维数组程序设计

对于二维数据的处理及程序的设计，要理解数组的存储原则，数组元素的表示方法及如何对元素进行初始化（如果必要的话）。重要问题之一就是如何访问各个数组元素。我们用两重的循环

（或称嵌套循环），可以非常容易地遍历所有的数组元素。

【例 7-5】 将一个 3 行 4 列的二维数组的各元素置为它的两下标的积。然后，在显示器的屏幕上显示各元素的值。

这是一个典型的、同时也是非常简单的"遍历"数组所有元素的问题。可以用二重循环程序实现。元素的赋值，根据题意，可用下面语句完成：

```
a[i][j]=i*j;        ( i=0,1,2  j=0,1,2,3)
```

程序如下：

```
#include <stdio.h>
main()
{
    int i, j;
    int a[3][4];

    for(i=0; i<=2; i++)
        for(j=0; j<=3; j++)
            a[i][j]=j*i;

    for(i=0; i<=2; i++)
    {
        for(j=0; j<=3; j++)
            printf("a[%d][%d]=%d  ", i, j, a[i][j]);
        printf("\n");
    }
}
```

程序的输出有如下的形式：

```
a[0][0]=0  a[0][1]=0  a[0][2]=0  a[0][3]=0
a[1][0]=0  a[1][1]=1  a[1][2]=2  a[1][3]=3
a[2][0]=0  a[2][1]=2  a[2][2]=4  a[2][3]=6
```

【例 7-6】 计算如下两个矩阵 a 和 b 的乘积。

$$a = \begin{vmatrix} 1 & 2 & 3 \\ 4 & 5 & 6 \end{vmatrix}, \qquad b = \begin{vmatrix} 7 & 8 \\ 9 & 10 \\ 11 & 12 \end{vmatrix}$$

用二维数组计算矩阵问题，是科学计算中的一个重要方面。本题可用下面两矩阵的积的计算公式进行计算：

$$c_{ij} = \sum_{k=0}^{2} a_{ik} \cdot b_{kj}$$

这里的 i，j 对应于二维数组的两个下标。公式中每一项可用下面的 C 表达式表示：

```
a[i][k]*b[k][j];
```

对上式"遍历"求和并存入矩阵 c 中，就是本题的算法。

程序如下：

```
#include "stdio.h"
main()
{
  int a[][3]={{1,2,3},{4,5,6}};
  int b[][2]={{7,8},{9,10},{11,12}};
  int c[2][2],i,j,k,s;
```

```
for(i=0; i<2; i++)
    for(j=0; j<2; j++)
    {
      s=0;
      for(k=0; k<3; k++)
        s=s+a[i][k]*b[k][j];
      c[i][j]=s;
    }

for(i=0; i<2; i++)
{
    printf("\n");
    for(j=0; j<2; j++)
        printf("c[%d][%d]=%4d ",i,j, c[i][j]);
}
}
```

程序的运行结果（C 矩阵）如下：

```
c[0][0]= 58    c[0][1]=  64
c[1][0]= 139    c[1][1]= 154
```

【例 7-7】　计算下面矩阵各行元素的和：

$$a = \begin{vmatrix} 1 & 2 & 3 & 4 \\ 5 & 6 & 7 & 8 \\ 9 & 10 & 11 & 12 \\ 13 & 14 & 15 & 16 \end{vmatrix}$$

计算数组各行的和的式子为：

$$s_i = \sum_{j=0}^{3} a_{ij}, i = 0,1,2,3$$

我们定义一个一维矩阵 s，用于存储各行元素的和。对于行 i，根据上式可以写出计算第 i 行和的循环语句：

```
for(j=0;j<4;j++)
    s[i]=s[i]+a[i][j];
```

下面给出本例题的程序：

```
main()
{
    int a[][4]={1,2,3,4,5,6,7,8,9,10,11,12,13,14,15,16};
    int s[4]={0,0,0,0},i,j;

    for(i=0;i<4;i++)
        for(j=0;j<4;j++)
            s[i]+=a[i][j];

    for(i=0;i<4;i++)
        printf("%d ",s[i]);

    printf("\n");
}
```

7.3 字符数组与字符串

字符串是一些字符的集合。在 C 语言里用双引号括起来的字符集合，作为常量使用。C 语言没有字符串类型数据。处理字符串数据的方法之一，是将字符串存储在字符型数组里，因为字符型数组的每个元素的值就是一个字符。这意味着，字符数组的每一个元素都等同于一个字符型变量。字符型的数组也简称字符数组。这样，就可以通过操作字符数组来进行字符串的处理了。

本节讲述字符型数组及其应用，介绍几个常用的系统字符串库函数。

7.3.1 字符数组的定义与初始化

字符型数组定义的一般形式为：

char 数组名[数组长度 1] [数组长度 2]…;

例如，定义一维字符数组：

```
char str[6];
```

它的 6 个元素可以存储 6 个字符。由于字符型与整型是互相通用的，因此，上面的定义也可以写为：

```
int str[6];
```

其使用的效果是一样的。但区别在于它们所占用内存空间的大小不同。前者，每个数组元素占一个字节，后者，每个数组元素占两个字节。

每个字符数组元素即下标变量，和一般变量一样，可以用字符常量给字符数组的下标变量赋值，例如：

```
str[2]='r';
```

字符型数组在说明时也可以像其他类型数组一样进行初始化。例如，对全部元素初始化的语句：

```
char str1[3]={ 'a', 'b', 'c'};
char str2[]={'a', 'b', 'c'};
```

对前若干元素初始化，不赋值的元素自动赋为空字符 "\0"：

```
char str3[3]={'a'};
```

初始化的结果：str[0]的内容为字符 a，str[1]和 str[2]的内容为 0（空字符）。

需要注意的是，不能用下面的赋值语句代替字符数组的初始化：

```
str[3]={'a', 'b','c'};
```

这个语句是错误的。

下面的语句是合法的：

```
str[1]='b';
```

【例 7-8】 定义一个一维字符数组，输出数组各元素的值。

```
#include "stdio.h"
main()
{
    char c[3]={ 'a', 'b', 'c'};
    printf(" %s\n",c);
}
```

对于如此简单的程序，有两点要说明。一是这里使用了字符数组的初始化；二是字符数组的输出。在 printf 语句中格式字符 "%s" 说明输出的是字符串，输出对象是数组 c，但不需要写下标。

7.3.2　字符串与字符数组

字符串是以空字符为结尾的字符集合。空字符（NULL）用转义字符表示为'\0'，它的 ASCII 码是 0。字符串在内存中是以这个字符来标志一个字符串的结束。当我们用一个一维数组存储一个字符串时，数组的长度要比字符串的长度大一个字节。

例如，建立一个数组 str，使其存储由 5 个字符"turbo"组成的字符串，则这个数组的实际长度应该是 6（包括一个空字符），即 str[6]。它在内存中的存储形式如图 7-6 所示。

如果定义字符数组 str 为：

str[0]	str[1]	str[2]	str[3]	str[4]	str[5]
t	u	r	b	o	NULL

图 7-6　字符串数组 str

```
char  str[5];
```

并且存入了 5 个字符 turbo，则不能认为数组 str 存储的是字符串"turbo"。因为字符后面没有字符串的结束标志。一般地说，字符数组中存储的可以是字符串，也可以不是字符串。

字符型一维数组的重要应用之一，便是存储字符串。

由于字符串的上述特点，对于存储字符串的一维数组的初始化，也有自己的特点。例如，可以用下述方法进行初始化。

（1）用字符串常量对字符型数组初始化，有以下两种形式：

```
char str[7] = "string";
char str[]="string";
```

用长度为 7 的字符数组存放长度为 6 的字符串"string"。

（2）用字符常量对字符型数组初始化，其形式为：

```
char str[7] = {'s', 't', 'r', 'i', 'n', 'g', '\0' };
```

用这种形式初始化时，在赋值表的最后应加一个空字符。

（3）用字符的 ASCII 码值对字符型数组初始化，例如：

```
char str[7]={115,116,114,105,110,103,0};
```

字符串常量只能在数组说明时赋值（初始化），不能直接用赋值语句。例如，下面的语句是错误的：

```
str1[6]="string";
```

【例 7-9】　字符数组的输入输出。

程序中定义了两个字符型数组 str1 和 str2。对 str1 进行了初始化。程序将数组 str1 中的字符串改为大写字母后输出。数组 str2 通过键盘输入来赋值，然后输出。

程序如下：

```
#include"stdio.h"
#include"ctype.h"
main()
{
    char str1[ ]="string";
    char str2[80];
    int i;

    for(i=0;str1[i]!='\0';i++)
        str1[i]=toupper(str1[i]);
        printf("%s\n",str1);

    printf("Enter a string: ");
```

```
        scanf("%s",str2);
        printf("%s\n",str2);
    }
```

对上面的程序需要说明以下几点。

程序中小写字母转换为大写是通过系统函数 toupper()实现的。此函数说明在头函数 ctype.h 中，所以在程序开始处增加了一条#include<ctype.h>。

程序中的第一个 for 循环语句中，用表达式 str1[i]!='\0'控制循环。因为，字符串是以字符"\0"结尾的。

字符串输入用的是语句：

```
    scanf("%s",str2);
```

在 scanf()中，数组 str2 前没有冠以符号&，数组名后也没有方括号。这是因为，在 C 语言中规定，数组名本身就代表它在内存的首地址，也就是它第一个元素的地址。

两个字符串的输出用的是一样格式的语句：

```
    printf("%s\n",str2);
```

也可以使用格式控制"c"输出字符数组。这时是一个字符一个字符地输出。例如，上面的字符数组的输出可改写为：

```
    for(i=0;str1[i]!='\0';i++)
        printf("%c",str1[i]);
```

字符数组的输入输出是处理有关字符数组程序中普遍需要的。最常用的是格式化输入/输出函数。C 语言规定，从键盘向字符数组输入字符串时，回车换行符、空格符均作为字符串的结束标记。输出数组中的字符串时，只输出到字符串结束标记，而不管后面是否还有一个或多个字符。

【例 7-10】　设有：

```
    char s[80];
    scanf("%s",s);
```

如果从键盘输入：abc∪def 回车换行，则数组中存的是 abc，因为在 c 后输入的是空格符（用∪表示）。

设有：

```
    char s[80]={ 'a', 'b', 'c', '\0', 'd', 'e', 'f'};
    printf("%s,s);
```

则输出的是：abc，因为在字符'c'后是空字符'\0'，是字符串结束标记。

二维字符数组可以用来存储多个字符串。例如，有如下的字符数组定义语句：

```
    char str_array[10][80];
```

它可以存储 10 个字符串，每个字符串可长达 80 以内个字符。

当需要引用某个字符串时，如数组中第三个字符串，可写成：

```
    str_array[2]
```

要想从键盘输入一个字符串给 str_array[2]，可以用如下语句实现：

```
    scanf("%s", str_array[2]);
```

如果要输出存储在 str_array[3]中的字符串，可以用如下语句实现：

```
    printf("%s", str_array[3]);
```

7.4　常用的字符串系统库函数

为了简化字符串处理程序，C 语言定义了大量的有关字符的系统库函数，用于对字符数组和字符串的处理和操作。本节介绍下列 6 个经常使用的字符串系统函数。其中有两个字符串输入/输出函数：

```
gets()
puts()
```

说明在头文件 stdio.h。其余 4 个是字符串处理函数：

```
strcpy()
strcat()
strlen()
strcmp()
```

说明在头文件 string.h。引用这些函数时，要包含这些文件。

7.4.1 字符串输入函数 gets()

调用该函数的格式为：

```
gets(字符型数组名)
```

函数的功能是接收从终端（如键盘）输入的一个字符串并赋给参数指定的字符型数组。函数的返回值是字符数组的起始地址。用户输入时，回车作为字符串结束标记，空格被看作是字符串的一部分。

7.4.2 字符串输出函数 puts()

调用函数的格式为：

```
puts(字符型数组名)
```

puts()函数的功能是将函数参数指定的字符数组的内容（一个字符串）输出到终端（如显示器）。

【例 7-11】 将从键盘输入的一个由大写字母组成的字符串转换为小写字母输出。

```
#include"stdio.h"
#include"ctype.h"
main()
{
    char str[80];
    int i;

    gets(str);                        /* 输入字符串给数组 str */

    for(i=0;str[i]!='\0';i++)
        str[i]=tolower(str[i]);        /* 大写字母转换为小写 */

    puts(str);                        /* 输出字符数组 str 中的字符串 */
}
```

在这个程序中，使用了一个系统函数 tolower()。它的功能是将大写字母转换为小写字母。

7.4.3 字符串复制函数 strcpy()

调用 strcpy()函数的一般形式为：

strcpy(目的字符数组名，源字符串)

其中参数"源字符串"可以是字符串常量或字符数组名。

函数的功能是将源字符串的内容拷贝到目的字符型数组中。目的数组必须是字符型数组，并且容量要足够大来存储源字符串的内容。否则可能产生严重后果。

函数 strcpy()进行拷贝时，连同字符串后面的 '\0' 一起拷贝到目的字符数组中。函数 puts()在输出时，会将 '\0' 转换为 '\n'。即输出完字符串后，回车换行。

函数 strcpy()的一个重要应用之一，就是实现将字符串赋值给字符数组的功能。例如，语句

```
strcpy(str1, "Hello, ");
```

将一字符串"Hello"复制到数组 str1。这就相当于对数组 str1 的赋值。

7.4.4　字符串连接函数 strcat()

调用此函数的一般形式为：

strcat(s1, s2)

其中参数 s1 为字符数组名；s2 可以是字符串常量，或字符数组名。

本函数的功能是将 s1 中的字符串的结束标记字符取消，然后，将 s2 加到它之后。s2 保持不变。

【例 7-12】　应用函数 strcat()将字符数组 str2 中的字符串连接到 str1 中的字符串之后，组成一个新字符串并将其输出。

程序如下：

```
#include "stdio.h"
#include "string.h"
main()
{
    char str1[50], str2[50];

    strcpy(str1, "Hello, ");        /* 给字符数组 str1 赋值 */
    strcpy(str2, "Wang.");          /* 给字符数组 str2 赋值 */

    strcat(str1, str2);             /* 连接两个字符串 */
    puts(str1);                     /* 输出连接后的字符串 */
}
```

程序的输出是：Hello，Wang..

7.4.5　字符串比较函数 strcmp()

调用函数 strcmp()的一般形式为：

strcmp(s1, s2)

其中 s1 和 s2 可以是字符型数组，也可以是字符串常量。

函数 strcmp()的功能是比较两个字符串的大小：

若 s1<s2，则函数值为<0 的整数；

若 s1=s2，则函数值为 0；

若 s1>s2，函数值为>0 的整数。

字符串的大小是按下述规则确定的。两个字符串自左向右逐个字符地比较它们的 ASCII 值的大小，直到出现不同的字符或出现 '\0'。如果全部字符相同，则认为两字符串相等。如果出现不同字符，则以第一个不同字符的 ASCII 码值的大小决定两字符串的大小。

两个字符串是不能用比较运算符进行比较的。例如，下面的表达式是错误的：

```
s1>s2
```

【例 7-13】　比较两字符串大小的程序。

程序如下：

```
#include <string.h>
#include <stdio.h>

int main(void)
{
    char buf1[]= "abc", buf2[]="cab";
    int per;

    per = strcmp(buf2, buf1);

    if (per > 0)
        printf("%s>%s\n",buf2,buf1);
    else if(per<0)
        printf("%s<%s\n",buf2,buf1);
        else
            printf("%s=%s\n",buf2,buf1);

}
```

7.4.6　测试字符串长度函数 strlen()

调用函数 strlen()的一般形式：

strlen(str)

其中参数 str 既可以是字符数组名，也可以是字符串常量。函数的功能是测试字符串 str 的长度（不包括 '\0'）。函数的返回值为字符串 str 的长度。

例如，strlen("abcde")给出字符长度为 5。

设有：

```
char str[]={"abcde"};
int len;
lcn-strlen(str);
```

则变量 len 的值将为 5。

7.5　字符数组程序设计实例

【例 7-14】　将用户输入的字符串中的大写字母和小写字母分别进行输出。要求程序中使用函数 strlen()。

程序利用字符串的长度控制 for 语句的循环次数。字符串的长度可通过函数 strlen()获得。

程序中使用了函数 islower（字符）和 isupper（字符）判断字符的大写或小写，它们是定义在文件 "ctype.h" 中的字符分类宏（关于宏的概念将在后面介绍）。现在可以把它看作是函数。其中参数 "字符" 可以是变量或字符常量。如果字符为大写，isupper（字符）返回 "真" 值，否则返回 "假"。如果字符是小写，islower（字符）返回值为真，否则为假。

程序如下：

```
#include "stdio.h"
#include"string.h"
#include  "ctype.h"
main()
```

```
{
    char str[80];
    int i, len;

    printf("Enter a string: ");
    gets(str);                              /* 输入字符串 */

    len=strlen(str);                        /* 取字符串长度 */

    for(i=0; i<len; i++)
      if(isupper(str[i]))                   /* 输出大写字符 */
            printf("%c", str[i]);
    printf("\n");

    for(i=0;i<len; i++)                     /* 输出小写字符 */
    if(islower(str[i]))
            printf("%c", str[i]);
}
```

【例 7-15】　将 5 个字符串从键盘输入给二维字符数组 name。把这 5 个字符串按由小到大的顺序排序并将排序的结果输出。

这实际上就是一个排序的程序。在例 7-4 中我们学习了两个排序的算法。不过我们现在要排序的不是数值型的数据，而是字符串。对例 7-4 程序稍加改造，就可以用来解决当前的问题。

将数值数据的排序程序改为字符串排序的程序，对例 7-4 的程序（以第一算法为例）只需作如下两点修改。

（1）输入语句"scanf("%f",&s[i]);"改为"gets(name[i]);"

（2）进行数据位置交换的 3 个语句作如下的修改：

t=s[i];　　 改为 　　strcpy(b,name[i]);

s[i]=s[j]; 　改为 　strcpy(name[i],name[j]);

s[j]=t; 　　改为 　　strcpy(name[j],b);

程序如下：

```
#include"stdio.h"
#include"string.h"
main()
{
    char name[5][80],b[80];
    int i,j,k;

    for(i=0;i<5;i++)
      gets(name[i]);

    for(i=0;i<4;i++)
    {
      for(j=i+1;j<5;j++)
      {
        if(strcmp(name[j],name[i])<0)
        {
            strcpy(b,name[i]);
            strcpy(name[i],name[j]);
            strcpy(name[j],b);
        }
      }
    }
```

```
}
for(i=0;i<5;i++)
        printf("%s\n",name[i]);
}
```

小　　结

本章主要介绍数组及其应用，包括数组的定义、数组元素的引用和数组的初始化等。重点讲述了一维数组、二维数组和字符数组，介绍了字符串与数组的关系。在 C 语言中字符串的处理主要通过系统函数完成的。为此，本章介绍了几个处理字符串的常用系统库函数。

对于上述内容，应该掌握好以下几点：

（1）数组定义（一维和二维）的一般格式；

（2）数组元素引用的方法（下标法）；

（3）多种形式的数组初始化的方法，包括数值型数组和字符数组的初始化；

（4）常用的字符串库函数，包括调用格式、参数的意义、函数的功能和函数的返回值；

（5）本章涉及的一些常用的算法等。

习　　题

7-1　试说明如何定义一个一维数组和二维数组。

7-2　如何引用下标变量?

7-3　有哪些初始化数组的形式?

7-4　怎样对字符数组进行初始化?

7-5　有如下的语句：

```
int a[3][3]={ {1},{0,5},{7,0,9} };
```

应用这个语句编写一程序，使之输出数组 a 的全部元素。

7-6　求 Fibonacci 数列前 20 项。Fibonacci 数列是这样的数列，它的第一项和第二项　$F1=1$，$F2=1$，以后各项的值为前两项之和，即：

$$F_n=F_{n-1}+F_{n-2}$$

用数组完成此程序。

7-7　编写一程序，用键盘输入字符串：

```
abcd
```

程序则输出：

```
Hello, abcd.
```

7-8　将一个数组的各行元素互换为列元素（矩阵转置）。如矩阵 a 转置矩阵为 b。编写完成这一转置的程序。

$$a = \begin{vmatrix} 1 & 2 & 3 \\ 4 & 5 & 6 \end{vmatrix}, \qquad b = \begin{vmatrix} 1 & 4 \\ 2 & 5 \\ 3 & 6 \end{vmatrix}$$

7-9 写出下面程序的输出。

```
#include<stdio.h>
main()
{
    char str1[]="abcd";
    char str2[4]={'a','b','c','d'};

    if(str1[3]==str2[3])
        printf("str1[3]=str2[3]");
    else
        printf("str1[3]!=str2[3]");
}
```

7-10 有一组数据为：

3,8,2,9,10,30,1,2

试编写一程序，将它们按由大到小的顺序排列并输出。

7-11 编写程序，要求输出矩阵 A 中值最大的元素的行号、列号和元素的值。已知：

$$A = \begin{vmatrix} 1 & 2 & 3 & 4 \\ 9 & 8 & 7 & 6 \\ -10 & 10 & -5 & 2 \end{vmatrix}$$

第8章
指针

指针（Pointers）是 C 语言的一个重要概念，也是一种重要数据类型，是 C 语言的重要特色之一。运用好指针可以更有效地使用复杂的数据结构，动态分配内存空间，直接处理内存地址，更方便地使用字符串，在调用函数时能得到一个以上的值。运用好指针可以设计出更简洁、更高效的程序。因此，了解和正确使用指针变量，对于 C 语言程序设计是非常重要的。但是，必须指出，对于初学者，使用好指针是有一定难度的。不正确地使用指针，如错误的指针赋值或指针没有赋值等，都可能导致破坏系统。所以，在练习中要十分小心。

在这一章，首先讲述指针的概念和与其相关的操作。然后介绍指针在程序设计中的应用。在指针的应用中，数组和指针的关系极为密切，本章将重点讨论这方面的问题。本章最后介绍多重指针的概念及其在程序设计中的应用。

8.1 指针的概念

8.1.1 指针和指针变量

在程序中经常需要定义各种数据类型的变量。定义一个变量就意味着在内存中给它分配一定的存储单元，用来存储这个变量的数值。变量的类型不同，分配给它的内存空间大小也不同。例如，字符型变量分配 1 个字节，整型变量分配 2 个字节等。在内存中，每个字节有一个地址。因此，每个变量都有自己的（内存）地址，而变量的数值就存储在分配给它的地址单元中。当变量的内存单元为一个以上的字节时，所谓变量地址，实际上是指其中第一个字节的地址，称为变量的首地址。所以对于一个变量，就有变量的地址和在该地址存储的内容这样两个概念。

例如，程序中定义了如下的变量：

char a;

int b;

float c;

则系统给用户定义的上述三个变量按所需的字节数分配如图 8-1 所示内存单元。同时记录下变量名与其地址的关系，如图 8-2 所示。

当对变量进行运算时，如执行 b=2 的操作，则系统根据变量名 b 找到它的内存单元首地址 2001，然后将数据 2 存入以 2001 为首地址的两个连续内存单元中。

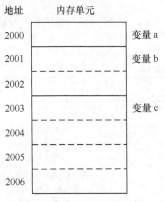

图 8-1　变量的内存单元

变量	数据类型	内存单元首地址
a	char	2000
b	int	2001
c	float	2003

图 8-2　变量与地址对照表

对于数组也是一样，例如定义一个整型数组 arr[3]，系统编译时分配给它一个 6 个字节的连续内存单元，假设首地址为 1000，如图 8-3 所示。其相应的数组名与地址对照表如图 8-4 所示。已知数组的首地址，不难计算出各下标变量 arr[0]，arr[1]和 arr[2]的地址。从而可以像普通变量一样，通过变量名来对变量进行各种运算和操作。

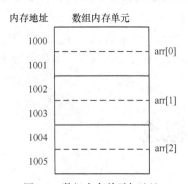

图 8-3　数组内存单元与地址

数组	数据类型	容量	内存单元首地址
arr	int	3	1000

图 8-4　数组 arr 与其内存地址对照表

如上所述，通过变量名找到存放数据的地址，进而实现数据的存取和运算。称这种访问数据的方式为直接存取方式。

如果将某一变量的地址存放到另一个变量中，那么，变量内容为地址的这个变量，就叫做指针变量。指针变量中存储的数据（内容）为地址。简单地说，指针就是地址。存放地址的变量就是指针变量。

可见，指针变量是一种特殊的变量，它在内存中保存的不是一般的数值，而是另一个变量的地址。如果一个变量的内容是另一个变量的地址，我们就说第一个变量指向（point）第二个变量。这第一个变量当然就是指针变量。图 8-5 所示为指针变量概念的示意图。图中表示，在内存有一指针变量 pa，其内容是变量 a 的首地址 2000。我们说指针 pa 指向变量 a。例如，变量 a 存储着数据 5，也可以说变量 a 的内容或变量 a 的值是 5。

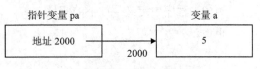

图 8-5　指针概念示意图

程序中有了指针变量后，就可以通过指针变量来处理（如存、取等）其所指变量的数据了。仍以图 8-5 为例，要想取出变量 a 的数据 5，我们可以不直接操作变量 a，而是操作它的指针变量 pa。因为指针 pa 中存放着变量 a 的地址，所以可以方便地取出变量 a 保存的数据。

这种通过指针来实现数据的访问的方法，称为间接存取方式。

对于数组来说，它占用一个连续的内存空间。其中第一个存储单元的地址，称为数组的首地址。数组的每个元素，占用一定数量的单元。对于一定数据类型的数组，每个数组元素的地址也是确定的，并且不难从其首地址计算出来。因此，对于数组除了采用以前学过的直接存取方式外，同样也可以采用通过指针存取的间接存取方式来操作数组元素的数据。图 8-6 所示为指向数组的指针示意图。

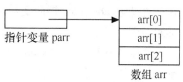

图 8-6　指向数组的指针变量示意图

8.1.2　指针变量的定义

像其他任何一种类型的变量一样，在使用指针类型变量之前，也必须先要用说明语句定义指针变量。指针变量定义语句的一般格式为：

数据类型　*指针变量名；

这个语句包含两个内容，一是指针变量名。指针变量名是用合法的 C 标识符为指针变量起的名字，符号"*"是定义指针变量的标志，不是变量名的一部分。二是指针变量所指向的数据的类型。

在一个定义语句中，可以同时定义普通变量、数组和指针变量。

【例 8-1】　下面是两个指针变量定义语句：

```
char *p;
int *a, *b;
```

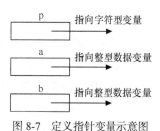

图 8-7　定义指针变量示意图

第一个语句定义变量 p 是指向字符型数据的指针变量；第二个语句定义变量 a 和 b 是指向整型数的指针变量。系统在编译时，将为指针变量 p，a，b 在内存中设置相应的存储单元。由于这三个指针变量还没有被赋值，所以他们没有指向具体哪个变量。图 8-7 所示为这三个指针的示意图。

8.2　指针运算符和指针变量的初始化

8.2.1　指针运算符

C 语言中，对指针变量的操作，主要有两个基本运算（操作）符："&"和"*"。

1. 取地址运算符"&"

取地址运算表达式的一般形式为：

&变量

运算符"&"是只有一个操作对象的单目运算符。它的运算功能是获取操作对象（变量）在计算机内存中的存储地址。

【例 8-2】　有：　　int　abc=67;

　　　　　　　　　　int　*abc_addr;

　　　　　　　　　　abc_addr = &abc;

第一个语句定义了一个整型变量 abc，第二个语句定义了一个整型指针变量 abc_addr。表达式" &abc"的操作是取变量 abc 的地址。第三个语句赋值操作的结果是：取变量 abc 的地址并赋给指针变量 abc_addr。如果变量 abc 是存储在首地址号为 1000 的内存单元中，则执行上述语句后，指针变量 abc_addr 的值被置为 1000。于是完成了使指针变量 abc_addr 指向变量 abc 的操作。我们说指针变量 abc_addr 指向变量 abc。图 8-8 所示为这个例题的示意图。

在格式化输入函数 scanf()的使用中，我们已经见到取地址运算符&的应用。例如：

```
scanf("%f",&abc);
```

其意义就是将输入的单精度实型数据存放到变量 abc 的地址。

2. 取内容运算符 "*"

取内容运算表达式的一般形式为：

　　*指针变量

运算符 "*" 也是一个单目操作符，它的运算功能是获取操作数（指针变量）所指地址的内容，也就是指针变量所指变量的值。

【例 8-3】 继续我们前面的例子。有如下程序段：

```
int   abc=67, val;
int  *abc_addr;
abc_addr = &abc;
val = *abc_addr;
```

在这个例子中增加了第四个语句，其中表达式*abc_addr 的操作是取指针变量 abc_addr 所指的地址的内容。因为 abc_addr 内存储的是变量 abc 的地址，所以，操作的结果，得到的是变量 abc 的值（67）。因此赋值语句 val = *abc_addr; 的操作是，将指针变量 abc_addr 所指地址的内容赋给变量 val。语句执行的结果，变量 val 的值被置为 67。图 8-9 所示为例 8-3 的示意图。

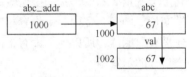

图 8-9　例 8-3 示意图

取地址运算符的操作对象一定是定义过的变量或数组元素。例如，有下列定义语句：

```
float a b[10];
float  *pa,*pb;
```

则下面的语句：

```
pa=&a;  pb=&b[0];
```

是正确的，因为变量 a 和数组 b 是已经有定义的，即通过变量说明语句在内存中已经分配有确定的地址。但要注意，不能对数组名进行取地址运算，因为，C 语言规定，数组名本身就是该数组的首地址。所以语句：

```
pb=&b;
```

是错误的；语句：

```
pb=b;
```

是正确的。

两个指针运算符的优先级是同级的，因此在混合使用时，它们的是自右向左结合的。例如，有变量 a 和指向变量 a 的指针变量 pa，则下面的两个表达式的含义是：

　　*&a 相当于 *(&a)，运算的结果是变量 a。

　　*&pa 相当于 *(&pa)，运算的结果是指针变量 pa。

8.2.2　指针变量的初始化

在定义指针变量的同时给指针变量赋值，叫做指针变量的初始化。指针变量初始化的一般形式为：

　　　　数据类型　*指针变量名=内存地址;

其中"内存地址"是地址常量或对变量取地址的运算表达式。数据类型是指针变量所指向的数据类型。

用来给指针变量初始化的内存地址，可以是已定义的变量，可以是已赋值的指针变量，也可以是数组名。

【**例 8-4**】　指针变量初始化的例子。

下面的 3 个语句给出 3 种指针变量初始化的情况。

```
int x , *px=&x;              /* 用已定义的变量 x 初始化指针变量 px */
int *pa=px;                  /* 用已赋值的指针变量 px 初始化指针变量 pa */
float b[5] ,*pb=b;           /* 用已定义的数组初始化指针变量 pb */
```

这里指针变量 pa 和 px 必须是相同数据类型的指针变量。

8.2.3　指针运算与指针表达式

指针变量，除了上述的两种基本运算外，还可以进行一些其他运算，如赋值运算、算术运算、比较运算等。包含有指针的表达式，也是遵循一般表达式的规则的。但是，指针运算有它自己的特殊的地方。其特殊的实质就在于指针变量的值不是一般的整型数，而是其他变量在内存中的地址。一个变量或数据所占用的内存单元数是随着数据类型的不同而不同的。指针总是指向变量的第一个字节的地址，即变量的首地址。地址的运算总是以一个数据所占的字节数为单位进行运算。例如，将整型指针变量的值加 1，实际加的是 2，因为整型数据占内存的 2 个字节。这就给指针运算带来了自己的特点。本节要重点讨论这方面的问题。

1. 指针赋值

指针赋值就是将一个指针（地址常数或指针变量的值）赋给另一个指针变量。两个指针的数据类型必须是相同的。例如下面的两个语句中，第二个语句便是指针赋值语句：

```
int x,*px=&x,*pa;
pa=px;    /* 指针赋值语句 */
```

2. 指针的算术运算

指针有两种算术运算：加法和减法。其中尤以加一和减一更为常见。

下面将指针的加、减运算分为两种情况介绍。

（1）加一和减一运算。

所谓的指针加一运算，就是将指针由当前所指的数据改为指向下一个数据。这里"下一个"是指地址值增大的方向。分析下面的例子：

```
int a[5], *p=&a[2];
p++;
```

这里定义了一个容量为 5 的整型数组 a，定义 p 为整型指针变量并将数组元素 a[2]地址赋给 p，即使其指向下标变量 a[2]。如果 p 的当前值是 FFE6，执行 p++运算后，指针 p 的值变为 FFE8，而不是 FFE7。这是因为一个整型数在内存中占两个字节的空间。p++运算的含义是使指针 p 指向下一个整型数据，即 a[3]的地址。实际是实现指针 p 加 2 的运算。

再看指针的减一运算。仍用前面的例子，只是该运算为减一运算。

```
int a[5], *p=&a[2];
p--;
```

运算后，指针 p 的值由当前值 FFF6 变为 FFE4，a[1]的地址，即指向前一个整型数据。实际是实现指针 p 减 2 的运算。

图 8-10 所示为指针加一和减一运算的示意图。

浮点型变量指针的加一运算，地址值实际是加 4，才能使指针指向下一个浮点型数据。对于字符型指针 strp，strp++和 strp--运算则是真正的加一和减一运算。因为，字符型数据占 1 个字节的内存空间。

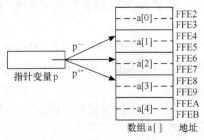

图 8-10 指针加一减一运算示意图

在指针的应用中，有时会出现指针加一（减一）运算与"*"运算相结合的情况。例如，表达式（其中 p 为指针变量）：

```
*p++
*++p
```

这里需要注意的是：

第一，++，--和*运算是同等优先级的运算符，自右向左结合；

第二，++p 与 p++，--p 与 p--其作用是不同的。其区别是先加（减）一和后加（减）一。

根据上述原则，不难知道：

p++的操作等价于(p++)，其作用是，先进行*p 的操作，得到 p 所指变量的值，然后进行 p+1 操作；

++p 的操作等价于(++p)，其作用是，先将指针 p 加一，然后进行*p 操作。

（2）向指针加减任意整数。

指针不仅仅能进行加一和减一运算，也可以向指针加一个任意数或从指针减去一个任意整数。指针加 5，使指针从当前指向位置改为指向其后面第 5 个数据，指针减 3，则意味着指针从当前指向位置改为指向其前面第 3 个数据。

【例 8-5】 下面的程序定义一个实型数组和指向实型数组的指针。程序输出指针进行算术运算前后的指针值和指针所指的数组元素值。

```
#include "stdio.h"
main()
{
        float f[10]={0.0,10,2.0,3.0,4.0,5.0,6.0,7.0,8.0,9.0},*p=f;  /* 定义数组并初始化 */
        printf("p0=%X, %f\n",p,*p);             /* 输出数组首地址和 f[0] */
        p=p+5;                                  /* 指针变量指向后面第 5 个元素 */
        printf("p+5=%X, %f\n",p,*p);            /* 输出数组元素 f[5]的地址和 f[5] */
        p=p-3;                                  /* 指针变量指向前面第 3 个元素 f[2] */
        printf("p-3=%X, %f\n",p,*p);            /* 输出数组元素 f[2]的地址和 f[2] */
}
```

这里 p+5 运算的结果，使指针从当前所指的位置起移到其后的第五个浮点型数据（指向 f[5]）。p-3 运算的结果，使指针从当前所指的位置（f[5]）起移到其前的第三个浮点型数据（指向 f[2]）。每个单精度浮点数占 4 个字节，所以，式"p+5"，实际是加 20；式"p-3"，实际是减 12。

在计算机技术中，内存的地址通常用 16 进制数表示。所以，在 printf()函数中使用了格式码"%X"，它指示用 16 进制数输出，其中 X 为大写字母，表示地址要用大写字母形式表示。如果用

格式字符 "%x"，则用小写字母形式输出地址。

设数组 f 的首地址，即 p 的初始值为 FFCE，则执行 p+5 后指针的值即 f[5]的地址为 FFE2，在此基础上，执行 p-3 后指针的值即 f[2]的地址为 FFD6。

程序运行的结果输出如下：

```
p0=FFCE, 0.000000
p+5=FFE2, 5.000000
p-3=FFD6, 2.000000
```

3. 指针的比较运算

两个指针变量可以通过关系运算符进行比较运算。例如，有指针变量 p1 和 p2，则下面的语句是合法的：

```
if(p1= =p2) printf("Two pointers are equal.");
```

指针变量的比较可以用于判断它们是否指向同一个对象的场合。

8.2.4　用指针处理简单变量

我们已经掌握了按变量名访问变量的直接存取方式设计程序。在学习了指针的基本概念和基本运算后，下面通过几个例子来进一步学习和掌握如何应用指针变量的间接存取方式设计程序。

【例 8-6】　本例要最终以完整的程序完成例 8-3。已知整型变量 abc=67，应用指向该变量的指针，将变量 abc 的值赋给变量 val。要求输出变量 abc 的地址和变量 val 的值。

程序如下：

```
#include "stdio.h"
main()
{
        int abc=67,*abc_addr,val;

        abc_addr=&abc;
        val=*abc_addr;

        printf("abc_addr=%X\n",abc_addr);
        printf("val=%d\n",val);
}
```

对程序中下面两个语句作些说明：

```
abc_addr = &abc;
val = *abc_addr;
```

这两个语句使用了指针运算符。其中第一个语句是求变量 abc 的地址并将结果赋给指针变量 abc_addr；第二个语句是求指针变量 abc_addr 所指地址所存储的内容并赋给变量 val。

下面是运行上述程序时，得到的结果：

```
abc_addr=FFF4（在不同系统上运行本程序时，得到的内存地址会不同）
val=67
```

【例 8-7】　应用指针变量，将变量 a 和 b 的值进行互换。

我们用直接存取方式做过这个题目，两个数据交换的核心程序段是：

```
c=a; a=b; b=c;
```

现在我们要通过变量 a 和 b 的指针变量 pa 和 pb，完成变量 a 和变量 b 中数据的交换。这时上面的三个语句将相应变为：

```
c=*pa;    *pa=*pb;    *b=c;
```

程序如下：

```
#include "stdio.h"
main()
{
    int a, b,c;
    int *pointer_a=&a, *pointer_b=&b;

    printf("Enter 2 numbers: ");
    scanf("%d%d", &a, &b);

    c = *pointer_a;
    *pointer_a = *pointer_b;
    *pointer_b =c ;

    printf("a=%d, b=%d\n",a,b);
}
```

【例 8-8】 用户输入两个整型数据 a 和 b，应用指针编写程序，将这两个数据按从小到大的顺序输出。同时变量 a 和变量 b 的原始数据的的值保持不变。

开始令指针 pa 指向变量 a，指针 pb 指向变量 b。如果变量 a 的值大于变量 b 的值，则令指针 pa 指向变量 b，指针 pb 指向变量 a，即进行指针指向的交换。如果变量 a 的值小于或等于变量 b 的值，则指针变量不变。这样可以使指针 pa 指向数值较小的变量，指针 pb 指向数值较大的变量，同时又不影响变量 a 和 b 的数据。所以本程序的关键部分是两个指针指向的互换。这个交换可以用下面的三个语句实现：

```
p=pa;
pa=pb;
pb=p;
```

程序如下：

```
#include "stdio.h"
main()
{
    int a,b,  *pa=&a, *pb=&b, p;            /* 定义变量和指针 */

    scanf("%d%d",&a,&b);                    /* 输入数据 a 和 b */

    printf("*pa=%d,*pb=%d\n",*pa,*pb);      /* 输出指针所指变量的内容 */

    if(*pa>*pb)                             /* 令指针*pa 指向较小的数 */
    {
        p=pa;                               /* 通过指针交换变量 a 和 b 的值 */
        pa=pb;
        pb=p;
    }

    printf("*pa=%d,*pb=%d\n",*pa,*pb);      /* 输出指针所指变量的内容 */
    printf("a=%d,b=%d\n",a,b);              /* 输出数据 a 和 b */
}
```

我们要注意，以上两个例题的重要区别。从题目上看，区别是变量 a 和变量 b 的原始值是改变（例 8-7）和不改变（例 8-8）。在程序方法上，区别是通过指针交换两个变量中的数据（例 8-7）

和直接交换两个指针变量 pa 和指针 pb 的地址（例 8-8），即交换的是地址。图 8-11 所示为这两种不同交换的示意图。

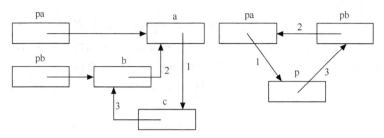

（a）例 8-7 中变量 a 和 b 的交换　　　（b）例 8-8 中指针 pa 和 pb 的交换

图 8-11　变量交换与指针交换

8.3　数组的指针

本节介绍如何用指向数组的指针实现对数组的操作。使用指针对数组操作，要比用下标操作数组效率更高（如占内存少，运行速度快等）。

8.3.1　指向一维数组的指针

指针和数组之间有着非常密切的关系。因为数组名（不含下标）就是该数组的首地址。所以数组名实际上是个指针常量。如果有如下定义的数组：

```
int a[10]
```

则数组名 a 就是数组的首地址，也是数组元素 a[0]的地址。于是，可以这样定义指向数组 a 的指针：

```
int *pa=a;
```

注意，在数组名前面没有运算符"&"。也可以用赋值的方法使指针指向数组 a：

```
int a[10],*pa;
pa=a;
```

用上述两种方法还可以将指针指向数组的任何某一元素 a[k]，例如，

```
k=2;
int a[10],*pa=&a[k];
```

或

```
pa=&a[k];
```

如果指针变量的值为数组的首地址，则称这个指针为数组的基指针。设指针变量 pa 为数组 a 的数组基指针：

```
int a[10],*pa=a;
```

则可用下面两种表达式的形式表示任何数组元素 a[k]的地址：

```
pa+k
a+k
```

而数组元素 a[k]的相应表达式则为：

```
*(pa+k)
*(a+k)
```

以上两种表示方法是等效的，称为指针法。而用下面的下标法也可以表示数组元素 a[k]：

```
pa[k]
```

而且，pa[k]和 a[k]是等效的。

这样，我们有上述四种方法访问数组元素 a[k]，包括我们熟知的 a[k]这种方法。

虽然 pa 与 a 都是数组 a 的首地址，在数值上是相等的，在书写格式上常常还可以互换，但它们之间是有本质区别的。基指针是指针变量，而数组名则是地址常量。

【例 8-9】　应用上面介绍的四种不同访问数组元素方法输出数组 a 的各元素值。

```c
#include"stdio.h"
main()
{
    int a[5]={ 1,2,3,4,5};
    int *pa=a, i;

    printf("i  a[i] *(a+i) pa[i]  *(pa+i)\n");

    for(i=0;i<5;i++)
    {
        printf("%d",i);
        printf("     %d", a[i]);          /* 直接存取方式访问数组元素 */
        printf("      %d", *(a+i));       /* 以数组名为 a 为指针访问数组元素 */
        printf("      %d", pa[i]);        /* 指针变量 pa 的下标形式访问数组元素 */
        printf("      %d", *(pa+i));      /* 运算指针变量 pa 的方式访问数组元素 */
        printf("\n");
    }
}
```

程序输出如下：

```
i   a[i]  *(a+i) pa[i] *(pa+i)
0    1      1      1      1
1    2      2      2      2
2    3      3      3      3
3    4      4      4      4
4    5      5      5      5
```

【例 8-10】　应用指针编写第 7 章例 7-4（数据排序）中的第一个算法程序。

我们需要将例 7-4 程序中对数组元素的引用改为用指针。例如，数组的首地址可以用数组名 s 或它的基指针 ps，对数组元素 s[i]的引用可以用*(ps+i) 或者*(s+i)。修改后的程序如下：

```c
#include <stdio.h>
main()
{
    int i,j;
    float s[5],*ps,t;                    /* 定义实型数组 s, 指针 ps 和变量 t */
    ps=s;                                /* 给指针赋值 */
    printf("Enter 5 numbers: \n");       /* 输入 5 个数据 */
    for(i=0;i<5;i++)
    scanf("%f",s+i);

    for(i=0;i<4;i++)                     /* 排序 */
    {
        for(j=i+1;j<5;j++)
        {
```

```
        if(*(ps+j)<*(ps+i))                         /* 用指针比较数据的大小 */
        {
                t=*(s+i);                           /* 用指针移动数据的位置 */
                *(ps+i)=*(ps+j);
                *(ps+j)=t;
        }
    }
}
for(i=0;i<5;i++)
    printf("%10.5f\n",*(ps+i));                     /* 输出排序结果 */
return;
}
```

8.3.2　指向二维数组的指针

为了理解并掌握好二维数组指针的使用，首先要搞清楚二维数组在内存中的地址分配问题。以下面定义的数组为例，说明二维数组的地址是如何安排的：

```
int a[3][4]={{1,2,3,4},{5,6,7,8},{9,10,11,12}};
```

数组名 a，可看做是一个含有三个元素的一维数组。这三个元素是：a[0],a[1]和 a[2]。而每个元素 a[k]又是一个含有四个元素的一维数组。其元素为 a[k][0],a[k][1],a[k][2]和 a[k][3]。由于 a 是一维数组的名字，其值为一维数组的首地址，设该地址为 1000，根据指针运算的规则，地址 a+1（下个元素地址），即 a[1]的地址，应为 1008，偏移量为 8 个字节（4 个整型元素）。

a[0],a[1]和 a[2]看作是一维数组，它们就是相应数组的数组名，因而也是相应数组的首地址。显然，a[0]的地址也是 1000，而 a[0]+1（下个元素地址）则为 1002，偏移量为 2 个字节。某个元素 a[j][k]的地址，则可以表示为 a[j]+k，也可以直接用指针运算符直接算出：&a[j][k]。

上述二维数组的地址关系，如图 8-12 所示。显然，二维数组在内存中的存储，和一维数组一样，也是一个一维的线性表的形式。

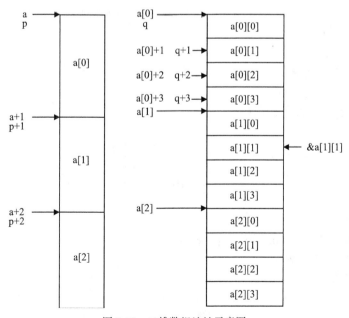

图 8-12　二维数组地址示意图

设有如下的语句：

```
int a[3][4], *p=a, *q=a[0], *qa=&a[0][0];
```

其中指针 p 为一维数组 a 的指针，由图可知，指针 p+1 指向 a[1]，偏移量为 8 个字节。q 为二维数组 a[0]的指针，指针 q+1 则指向 a[0][1]，偏移量为 2 个字节。指针 qa 的作用与指针 q 是一样的，但赋值的形式不同。

了解了二维数组地址的具体安排后，下面开始学习二维数组指针变量的使用。

1. 指针变量指向二维数组的元素

二维数组指针变量指向元素定的义语句的一般形式为：

> **数据类型** ***指针变量=&数组名**[下标][下标]；
> **数据类型** ***指针变量=数组名**[下标]；

赋值语句的一般形式为：

> **指针变量=&数组名**[下标][下标]；
> **指针变量=数组名**[下标]；

下面是二维数组指针变量指向元素的定义语句和赋值语句：

```
int a[3][4], *p=&a[1][0];        /* 指针 p 指向数组元素 a[1][0] */
int a[3][4], *p=a[1];            /* 指针 p 指向数组的第二行的首地址，等于 a[1][0]的首地址 */
p=&a[1][0];                      /* 第一种赋值形式 */
p=a[1];                          /* 第二种赋值形式 */
```

当指针变量指向元素后，引用该元素的方法为：

> ***指针变量**

经过对指针变量的简单运算，可以使指针指向其他相关的数组元素。如果把指针变量设置为二维数组的基指针，则对元素[i][j]的引用方法是：

> ***（基指针变量+i*列数+j）**

仍以前面的数组 a[3][4]为例（见图 8-12），我们有：

```
int a[3][4], *p=a;              /* 将指针 p 设置为数组 a 的基指针 */
```

则数组元素 a[2][3]的地址可表示为：

```
p+2*4+3=p+11
```

仍设基指针的为 1000，那么不难知道，a[2][3]的内存地址为：

```
1000+2*11=1022   或 16 进制的 1016
```

【例 8-11】 有如下的二维矩阵：

$$a = \begin{vmatrix} 1 & 2 & 3 & 4 \\ 5 & 6 & 7 & 8 \\ 9 & 10 & 11 & 12 \end{vmatrix}$$

试计算其各行之和。

方案一：设置二维数组 a 的基指针 q。然后用式

> ***（基指针变量+i*列数+j）**

引用数组的各个元素。

程序如下：

```
main()
{
```

```
int a[][4]={1,2,3,4,5,6,7,8,9,10,11,12};
int i,j,sum,*q=a[0];                        /* 定义基指针 */

for(i=0;i<3;i++)
{
    sum=0;
    for(j=0;j<4;j++)
        sum+=*(q+i*4+j);                     /* 用基指针引用数组元素 */
    printf("sum%d=%d\n",i,sum);
}
}
```

程序的输出是：

```
sum0=10
sum1=26
sum2=42
```

方案二：设置数组元素指针 q=&a[i][0]（i=0,1,2），然后通过*q++逐个访问数组第 i 行各元素。程序如下：

```
#include "stdio.h"
main()
{
    int a[][4]={1,2,3,4,5,6,7,8,9,10,11,12};
    int i,j,sum,*q;                  /* 定义 int 类型指针 q */
for(i=0;i<3;i++)
{
    sum=0;
    q=&a[i][0];                      /* 使指针 q 指向数组元素 a[i][0] */
    for(j=0;j<4;j++)
        sum+=*q++;                   /* 引用指针 q 指向各元素 */
    printf("sum%d=%d\n",i,sum);
}
}
```

方案三：设置数组指针指向第一个元素 a[0][0]。

因为二维数组在内存存储的形式，实际上一个线性表。为应用这一性质，定义数组指针指向数组的第一个元素，然后，通过对指针加一运算，使指针连续指向下一个元素，实现访问各个元素的目的。程序如下：

```
#include "stdio.h"
main()
{
    int a[][4]={1,2,3,4,5,6,7,8,9,10,11,12};
    int i,j,sum,*q;                  /* 定义 int 类型指针 q */
    q=&a[0][0];                      /* 指针 q 指向数组的第一个元素 */
    for(i=0;i<3;i++)
    {
        sum=0;
        for(j=0;j<4;j++)
            sum+=*q++;               /* 指针 q 指向下一个元素 */
        printf("sum%d=%d\n",i,sum);
    }
}
```

2. 指向二维数组的某个一维数组的指针变量

我们知道，二维数组可以看成是若干个一维数组。C 语言提供了一种专门用来指向二维数组中的一维数组的指针。用这样的指针可以处理二维数组中某一维数组的元素。

定义这种指针的格式是：

　　　数据类型 （*指针变量）[列数]；

在定义指针变量的同时也可以进行初始化，其格式为：

　　　数据类型 （*指针变量）[列数]=二维数组名；

或者先定义指针变量，后用赋值语句为指针变量赋值：

　　指针标量=二维数组名；

例如，整型二维数组 a[3][4]，由图 8-12 可知，它是由 3 个一维数组组成的，每个数组有 4 个元素。指向这样的一维数组的指针 p，可以这样定义：

```
int a[3][4],(*p)[4];
```

或者定义的同时进行初始化：

```
        int a[3][4],(*p)[4]=a;
```

也可以先定义指针变量，然后用赋值的方式对指针变量赋值：

```
int a[3][4],(*p)[4];
p=a;
```

定义了一个整型二维数组 a 和一个指向有 4 个元素的一维数组指针 p，并且 p 指向二维数组 a 的首地址。这样定义的指针 p，如图 8-12 所示。p+1 的含义是指向下一个一维数组，所以，地址偏移量为 8 个字节。那么，p 所指一维数组中的第 j 元素（a[0][j]）的地址，应该是*p+j。对应的数组元素则是*(*p+j)。

指针 p 当前所指的一维数组的下一个一维数组的第 j 元素的地址应为*(p+1)+j，于是相应的数组元素则表示为*(*(p+1)+j)。

设指针变量指向二维数组的首地址，根据以上的分析，可以得到如下的结论：

二维数组第 i 行对应的一维数组首地址为：*(指针变量+i)

二维数组第 i 行第 j 列元素的地址为：*(指针变量+i)+j

二维数组第 i 行第 j 列元素的引用为：*(*(指针变量+i)+j)

对于上面的例子，元素 a[2][3]的地址和元素的引用可分别写为：

```
*(p+2)+3
*(*(p+2)+3)
```

【例 8-12】　对例 8-11 用指向二维数组的某个一维数组的指针变量重新编程。

本例需注意两点：一是按要求定义指针和正确赋值；二是正确引用二维数组的元素。因此，在本例中，关键的语句是：

```
int (*p)[4]=a;
sum+=*(*(p+i)+j);
```

程序如下：

```
#include "stdio.h"
main()
{
  int a[][4]={1,2,3,4,5,6,7,8,9,10,11,12};
  int i,j,sum;
  int(*p)[4]=a;                          /* 定义指针变量,并初始化 */

    for(i=0;i<3;i++)
```

```
    {
        sum=0;
        for(j=0;j<4;j++)
            sum+=*(*(p+i)+j);              /* 引用元素 a[i][j] */
        printf("sum%d=%d\n",i,sum);
    }
}
```

【例 8-13】 有一个 3×3 的矩阵 a。要对它进行转置操作。所谓转置，就是进行矩阵元素的行号和列号的对换。例如，元素 a(i,j)转换为 a(j,i)。整个转置过程，要求用指针实现。已知矩阵 a 如下：

$$a = \begin{vmatrix} 1 & 2 & 3 \\ 4 & 5 & 6 \\ 7 & 8 & 9 \end{vmatrix}$$

程序的结构可分为以下几块：

（1）定义数组 a 并初始化；

（2）定义数组 a 的指针变量 p 并赋值；

（3）进行数组元素的转置；

（4）输出结果数组。

整个转置过程就是实现数组元素的互换：

a[i][j]←→a[j][i]

要实现这种互换，我们必须像例 8-7 那样用 3 个语句完成两个数组元素的数据互换。为此还要设置第 3 个变量 k。在本例中，这 3 个语句应该是：

```
k =*(*(p+i)+j);           /* 将 a[i][j] 存到变量 k */
*(*(p+i)+j)= *(*(p+j)+i);  /* 将 a[j][i] 存到 a[i][j] */
*(*(p+j)+i)=k;            /* 将 变量 k 存到 a[j][i] */
```

程序如下：

```
#include <stdio.h>
main()
{
    int a[3][3] = {                       /* 定义数组 a 并初始化 */
                    1, 2, 3,
                    4, 5, 6,
                    7, 8, 9   };

    int i, j, k, (*p)[3]=a;               /* 定义矩阵指针变量并初始化 */

    for( i=0; i<3; i++)
    {
        for(j=i; j<3; j++)
        {
            k =*(*(p+i)+j);               /* 矩阵元素转置 */
            *(*(p+i)+j)= *(*(p+j)+i);
            *(*(p+j)+i)=k;
        }
    }

    for(i=0; i<3; i++)                    /* 输出结果矩阵 */
```

```
    {
        printf("\n");
        for(j=0; j<3; j++)
            printf("%d  ",*(*(p+i)+j));
    }
}
```

程序输出转置后的矩阵为：

```
        1   4   7
        2   5   8
        3   6   9
```

8.4　用指针处理字符串

在 C 语言程序中，字符串可以是常量的形式出现，也可以是字符数组的形式出现。对于前一种情况，我们可以定义一个字符型指针来指向它。对于后者，同样可以定义一个字符型指针，使其指向字符数组。然后，就可以用指针变量处理字符串或字符串中的某些字符。

当一个字符串存入字符型数组，用一字符型指针变量指向这个字符数组后，处理数组中的字符串或其中的某些字符，就是处理一维数组的元素。关于一维数组元素的处理，在前面已经介绍过，本节就不再重复了。本节着重介绍字符串常量的情况。

定义指针变量，使其指向字符串常量，有两种格式：带初始化的和不带初始化的。

（1）**char　*指针变量=字符串常量；**

（2）**char　*指针变量；**

没有初始化的指针变量，必须赋值后才能使用。赋值语句的格式为：

　　　　指针变量=字符串常量；

例如，下面的两个语句定义指针变量 p1 和 p2 指向字符串：

```
char *p1="abcd", *p2, *p3;
p2="wxyz";
```

其中第一个语句通过初始化方式，使指针 p1 指向了字符串"abcd"。第二个语句用赋值方式，使指针 p2 指向了字符串"wxyz"。还定义了一个尚未赋值的指针 p3。

利用指针变量可以对字符串进行输入输出操作，如：

```
printf("%s",p1);
scanf("%s",p2);
```

利用指针变量还可以处理字符串中的字符。例如，指针 p1+i 指向字符串的第(i+1)个字符，而 *(p1+i)便是字符串的第(i+1)个字符了。图 8-13 是字符串指针变量的示意图。

【例 8-14】　利用字符指针输出字符串"string1"和字符串"and string2"的后 8 个字符。

程序将两个字符指针 str1 和 str2 分别指向两个字符串常量"string1"和"and string2"。通过对字符指针变量的运算

　　　　str2=str2+3;

使指针 str2 指向字符串"and string2"的第 4 个字符（空格字符）。然后，用指针输出两个字符串。程序如下：

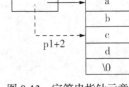

图 8-13　字符串指针示意图

```
#include"stdio.h"
main()
```

```
{
    char *str1="string1";
    char *str2;

    str2="and string2";
    str2=str2+3;

    printf("%s,%s\n",str1,str2);
}
```

程序的输出为：

```
string1, string2
```

用字符数组表示字符串和用指针表示字符串，还有某些不同，要特别注意。例如，字符串常量可以直接赋给指针变量，但不能赋给数组。例如：

```
char a[10], *p;
p="abcd";          /* 用字符串常量给字符型指针变量 p 赋值，是正确的语句 */
a="abcd";          /* 用字符串常量给字符型数组 a 赋值，是错误的语句 */
```

这是因为数组在编译阶段已被分配好内存空间，数组已有确定的地址，数组名相当于一个地址常量。因此，它可以被引用，但不能改变。

字符指针变量在定义时分配内存空间，在没有赋值之前，其内容还没有确定，即并没有指向具体的字符串。可以在以后任何地方对它赋值。所以，指针变量的值（地址）是可以改变的。

8.5 指 针 数 组

如果数组元素中存储的是地址，这时，每个数组元素相当于一个指针变量。这样的数组就叫做指针数组。指针数组是一种数据类型，使用指针数组时，要先进行定义。指针数组定义语句的一般形式是：

数据类型 ***数组名**[**长度 1**] [**长度 2**]…;

例如，下面定义指针数组 x 为长度为 10 的整型指针数组：

```
int *x[10];
```

它的 10 个元素能够存储 10 个整型数据的地址。

指针数组在定义的同时也可以进行初始化。例如，

```
char *pa[2]={"abcdef","wxyz"};
```

初始化的结果是指针数组元素 pa[0]指向字符串"abcdef"。pa[1]指向字符串"wxyz"。如图 8-14 所示。

指针数组的赋值，与一般的下标变量赋值语句基本一样。例如，将整型变量abc 的地址赋给指针数组的元素 x[5]，赋值语句可以写成：

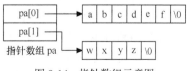

图 8-14　指针数组示意图

```
x[5] = &abc;
```

同样，可以取指针数组某元素的值，并将其赋给另一个变量。例如，为了将变量 abc 的值并赋给整型变量 xyz，可以写成如下的语句：

```
xyz = *x[5];
```

【例 8-15】　通过指针数组 pa[]输出一个整型二维数组 a[][]各元素的值。

指针数组 pa[]指向数组 a[][]的关系如图 8-15 所示。

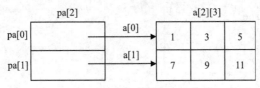

图 8-15　例 8-15 指针数组示意图

程序如下：

```
#include <stdio.h>
main()
{
    int a[2][3]={ 1, 3, 5 , 7, 9, 11 } ;
    int *pa[2], i, j;                      /* 定义指针数组 */

    pa[0] = a[0];                          /* 为指针数组赋值 */
    pa[1] = a[1];

    for(i=0; i<2; i++)
        for(j=0; j<3; j++, pa[i]++)        /* 通过指针数组访问数组元素 */
            printf("a[%d][%d]=%d\n", i, j, *pa[i]);
}
```

程序中，整型指针数组 pa 的赋值语句：

```
pa[0] = a[0];
```

表示将数组 a 第 0 行元素的首地址赋给指针数组 pa[0]。也就是将数组元素 a[0][0]地址赋给指针数组 pa[0]。因此，上面的语句还可以写成：

```
pa[0]=&a[0][0];
```

程序通过指针数组 pa 输出了数组 a 的内容时，使用了表达式：

```
pa[i]++
```

来修改指针数组 pa 所指向的数据元素。例如，当 i=0 时，通过 pa[i]++便得到数组元素 a[0][0],a[0][1]和 a[0][2]的地址。

程序的输出为：

```
a[0][0]=1
a[0][1]=3
a[0][2]=5
a[1][0]=7
a[1][1]=9
a[1][2]=11
```

指针数组比较适合于处理多个字符串，使字符串的处理更方便。

【例 8-16】　有四个字符串，用指针数组按由小到大的顺序进行排序。

排序前和排序后的指针和字符串情况如图 8-16 所示。本题主要要做的是：

（1）定义指针数组 p 并初始化；

（2）确定排序算法，本例采用第 7 章例 7-4 介绍的算法一；

（3）用字符串比较函数 strcmp(p[j],p[i])比较字符串的大小，当后面的字符串比前面的字符串小时，进行两个指针变量的互换；

（4）最后输出排序的结果。

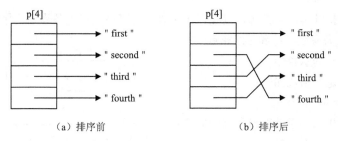

图 8-16 例 8-16 指针数组示意图

程序如下：

```c
#include"stdio.h"
#include"string.h"
main()
{
    char *p[]={"first","second","third","fourth"};    /* 定义字符型数组指针 p 并初始化 */
    int i,j;                                           /* 定义整型 i, j */
    char *pt;                                          /* 定义字符型指针 pt */

    for(i=0;i<3;i++)
    {
        for(j=i+1;j<4;j++)
        {
            if(strcmp(p[j],p[i])<0)                    /* 比较两个字符串的大小 */
            {
                pt=p[i];                               /* 指针互换 */
                p[i]=p[j];
                p[j]=pt;
            }
        }
    }

    for(i=0;i<4;i++)                                   /* 输出字符串排序结果 */
    {
        printf("p[%d]->",i);
        puts(p[i]);
    }
    return;
}
```

程序的输出为：

```
p[0]->first
p[1]->fourth
p[2]->second
p[3]->third
```

图 8-16（b）形象地表示出程序执行后得到的排序结果，与程序的输出是一致的。

8.6 多级指针

如果一个指针变量存储的是另一个指针变量的地址，这样的指针变量称为指针的指针，也叫做多级指针。多级指针是一个指针链。相对于多级指针来说，以上各程序所用的指针可称为一级指针。图 8-17 所示为一级指针和多级指针（图中表示的是二级指针）的示意图。

二级指针变量定义格式如下：

数据类型 **指针变量名;

其中数据类型是它指向的指针变量所指向的变量的数据类型。定义中指针变量名前有两个星号，表示定义的是二级指针。定义三级指针变量时，就用三个星号。

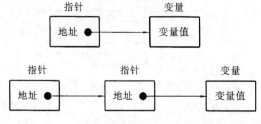

图 8-17　一级指针和多级指针示意图

例如，下面的语句定义实型变量 a，一级实型指针变量 pa 和二级实型指针变量 ppa：

```
float a, *pa, **ppa;
```

在定义多级指针变量时也可以进行初始化，其格式是：

数据类型 **指针变量名=初值;

其中初值为某个一级指针的地址。

例如，下面的语句给前面例子中的一级指针变量和二级指针变量初始化：

```
float a, *pa=&a, **ppa=&pa;
```

二级指针变量也可以用赋值方式使它指向某个一级指针。赋值格式为：

二级指针变量=&一级指针变量;

例如：

```
ppa=&pa;
```

多级指针定义和赋值后，多级指针的引用，与一级指针基本上一样的。例如，有下面的定义语句：

```
float a=1.23, *pa=&a, **ppa=&pa;
```

则表达式

```
*pa        代表变量 a；
*ppa       代表指针变量 pa；
**ppa      代表变量 a。
```

【例 8-17】　设有一整型变量 a，它的值为 11。该变量的一级指针、二级指针和三级指针变量分别为 pa, ppa 和 pppa。程序使用这些指针变量输出变量 a 的值和这三个指针的内容（即地址）。

程序如下：

```
#include "stdio.h"
main()
{
    int a = 11;
    int *pa = &a;                          /* 定义一级指针变量 pa 并初始化 */
    int **ppa = &pa;                       /* 定义二级指针变量 ppa 并初始化 */
    int ***pppa = &ppa;                    /* 定义三级指针变量 pppa 并初始化 */

    printf("a=%d\n", a);                   /* 输出变量 a */
    printf("*pa=%d      pa=%p\n", *pa, pa);        /* 输出*pa(变量 a)和 pa（一级指针） */
    printf("**ppa=%d     ppa=%p\n", **ppa, ppa);  /* 输出**ppa(变量 a)和 ppa（二级指针） */
    printf("***pppa=%d    pppa=%p\n", ***pppa,pppa); /* 输出***pppa(变量 a)和 pppa(三级指针) */
}
```

这个程序的输出是：

```
a=11
*pa=11          pa=FFF4
**ppa=11        ppa=FFF2
***pppa=11      pppa=FFF0
```

程序输出的地址（指针）在不同的系统中是不一样的。按照程序的输出，可画出如图 8-18 所示的指针链。

图 8-18　例 8-17 指针链示意图

【例 8-18】　用二级指针输出一个指针数组所指向的浮点数据。其指针链如图 8-19 所示。

浮点数组为 f[4]，指针数组 pf[4] 指向数组 f[4] 的四个数据。设二级指针 ppf 指向指针数组 pf[4]。程序用指针 ppf 输出数组 f[] 的数据。

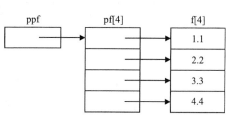

图 8-19　例 8-18 指针链图

程序如下：

```c
#include"stdio.h"
main()
{
    int i;
    static float f[4]={1.1,2.2,3.3,4.4};

    float *pf[4]={&f[0],&f[1],&f[2],&f[3]};
    float **ppf;
    ppf=pf;

    for(i=0;i<4;i++,ppf++)
        printf("%f\t",**ppf);
    printf("\n");
}
```

程序的输出：

```
1.10  0000    2.200000   3.300000   4.400000
```

C 语言规定，对于如下的指针数组定义和初始化：

```c
float *pf[4]={&f[0],&f[1],&f[2],&f[3]};
int *p[3]={&a,&b,&c};
```

要求相应的数组 f[] 和变量 a，b，c 必须是静态的，或者是全局变量。因此，本程序使用 static 说明数组 f 为静态的：

```c
static float f[4]={1.1,2.2,3.3,4.4};
```

程序的另一方案：定义指针数组时不进行初始化，因而数组 f[] 也就不需要定义为 static。这时，可通过一个循环语句对指针数组赋值：

```c
float f[4]={1.1,2.2,3.3,4.4};
float *pf[4];
for(i=0;i<4;i++) pf[i]=&f[i];      /* 给指针数组赋值 */
```

下面给出完整的程序：

```c
#include"stdio.h"
main()
{
```

```
    int i;
    float f[4]={1.1,2.2,3.3,4.4};

    float *pf[4];
    float **ppf;

    for(i=0;i<4;i++) pf[i]=&f[i];
    ppf=pf;

    for(i=0;i<4;i++,ppf++)
        printf("%f\t",**ppf);
    printf("\n");
}
```

小 结

指针变量是 C 语言的重要组成部分，也是 C 语言的难点。它在程序设计中占有重要的地位。因此，指针变量是 C 语言的一个学习重点。

本章首先说明了指针和指针变量的概念，指针变量的定义和初始化。

其次，说明了如何将一个变量的地址赋给指针变量和如何将指针变量所指的地址的内容取出。这就是指针的两个基本操作符*和&的使用。

指针可以进行算术运算。但是它与一般算术运算不同，它是以运算对象的长度为单位进行的。因此，我们对指针的加减运算作了重点介绍。指针也有比较运算。

指针的应用常与数组和字符串联系在一起。我们介绍了指针与数组之间的关系，也介绍了指针与字符串的关系，介绍了它们的具体应用。

本章介绍了一种新的数组类型——指针类型数组。举例说明了指针数组的定义和应用。

利用"指针的指针"这一概念，可以建立指针链，即多级指针。

习 题

8-1 什么是指针变量，怎样定义指针变量和初始化？

8-2 有哪些指针变量操作符？说明它们的功能。

8-3 指针的算术运算有哪些特点？

8-4 说明下列程序的执行结果：

```
#include <stdio.h>
main()
{
    int a,b;
    int *pointer_1, *pointer_2;

    a=100;
    b=10;

    pointer_1=&a;
```

```
    pointer_2=&b;
    printf("%d %d\n", a, b);
    printf("%d %d\n",*pointer_1,*pointer_2);
}
```

8-5　应用指针编写程序，进行两整型变量 a 和 b 的相加。

8-6　应用字符型指针编写程序，输出一字符串。

8-7　举例说明什么是多级指针。

8-8　如果指针变量 p 当前指向数组 a 的第 i 个元素 a[i]，试说明下列表达式的操作内容：

```
*(p--)
*(--p)
```

8-9　设有以下定义：

```
int a[3][4]={{0, 1}, {4, 5}, {8, 9}, {10, 11}},(*p)[4]=a;
```

说明表达式

```
*(*(p+1)+1)
```

的值是多少。

8-10　应用指向数组的指针，编写输出下面数组各元素的程序：

```
a[]={1,2,3,4,5}
```

8-11　什么是指针数组？与数组指针有什么区别？

8-12　设有定义：

```
char a[80]={"abcdef"},*p=a;
```

表达式

```
*(p+3)
```

的值是什么？

8-13　写出下面程序段的输出：

```
int a=10,b=20,*p=&a,**pp=&p;
p=&b;
printf("%d, %d\n",*p,**pp);
```

8-14　写出下面程序的输出：

```
#include"stdio.h"
main()
{
    char *p[3]={"abc","bca","cab"};
    int k;
    for(k=0;k<3;k++)
        printf("%s",p[k]);
    printf("\n");
}
```

8-15　应用指针重新编写第 7 章例 7-4 中第二个算法的程序。

8-16　输入一个字符串，将字符串逆序输出。用指针方法编程。

8-17　输入三个字符串，将其中最大的字符串输出。用指针方法编程。

8-18　输入三个整数，按从大到小的次序输出。用指针方法编程。

第9章
函数

函数是 C 和 C++程序的基本模块，是构成结构化程序的基本单元。一个 C 程序由一个主函数或一个主函数和若干非主函数组成。非主函数通常称为用户自定义函数，或简称为自定义函数。前面几章中的程序都是由一个函数（主函数）组成的程序。本章在此基础上讨论多函数 C 语言程序的设计。其中包括函数的定义和调用，函数参数的传递，函数的返回值，函数原型，以及函数的递归调用等。本章最后介绍主函数 main()的参数的使用。

9.1 函 数 概 述

根据模块化程序设计的原则，一个较大的程序一般要分为若干小模块。每个模块实现一个比较简单的功能。在 C 语言中，函数是一个基本程序模块。每个函数完成自己特定的数据处理任务，称为函数功能。通常一个程序由若干 C 函数组成。

由若干函数构成的 C 程序，以源文件的形式存储在存储载体上。一个较大的程序，为了设计、调试和维护的方便，通常由数个源程序文件组成，每个源程序文件包含一个或数个函数。这种情况称为多文件程序。一个源文件就是一个编译单位。这样，就使得程序设计按文件为单位进行编写，调试。从而提高软件设计的速度。

为了提高程序设计的质量和效率，C 系统提供了大量的标准函数，供程序设计人员使用。读者需要时可查看相关的手册。本章目的是讨论如何设计自己的函数——用户自定义函数。

函数之间是调用关系。所谓调用函数，是指一个函数（主调函数）暂时中断自己函数的运行，转去执行另一个函数（被调函数）的过程。被调函数执行完后，返回主调函数中断处继续主调函数的运行，这是返回过程。函数的一次调用必定伴同着一个返回过程。有多少次调用，必有多少次返回。在这调用和返回两个过程中，两个函数之间发生信息的交换。函数间的信息交换，是学习函数中的一个重要内容。

main()函数是 C 程序必不可少的一个函数。C 程序从主函数开始执行，并在主函数中结束。它可以调用其他函数，用户自定义函数不能调用主函数。自定义函数之间则可以互相调用。

自定义函数是可以反复使用的程序段。也就是说，一个函数可以多次被调用。如果一个程序段在程序不同处多次出现，就可以把这程序段取出，建成一个函数。凡是程序中需要执行这个操作时，只需调用这个函数就可以了。

多次调用同一个函数，可以减少重复编写程序的工作量，使程序的代码长度减小，而且程序的结构也显得简洁，清楚。当然，调用函数及其返回过程增加了程序运行的工作量，因此，如何组织好一个程序的函数功能分工是很重要的。

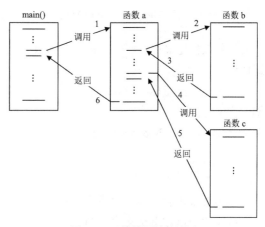

图 9-1 所示为函数间的调用和返回过程的示意图。图中表示的是：主函数调用函数 a，函数 a 又调用函数 b。函数 b 执行完毕返回函数 a。函数 a 执行过程中又调用函数 c，函数 c 执行完毕返回函数 a。函数 a 执行完毕返回主函数。主函数执行完毕，程序运行结束。从图 9-1 可以看到调用与返回的一个重要原则：就是被调函数一定要返回调用它的主调函数。

图 9-1　函数的调用与返回

在图 9-1 中，主函数调用函数 a，函数 a 又调用函数 b，这种层层调用，叫做函数的嵌套调用。

9.2　函数的定义、调用和返回

9.2.1　函数的定义

函数由函数名，参数和函数体组成。函数名是用户为函数起的名字，用于区别于其他函数。函数命名的规则和变量的命名规则是一样的。函数的参数用来接收调用者（主调函数）传递给它的数据。函数体是函数实现自己功能的一组语句。

函数定义的一般形式是：

数据类型　函数名(形式参数表)
形参说明
{
　　函数体
}

其中数据类型是函数返回值的类型，返回值是函数送回主调函数的数据。如果省略了"数据类型"项，则默认为返回值是整型，或者说，函数类型的缺省值为整型。

如果函数没有返回值，可设其返回值类型为 void，称为 void 类型函数。

形式参数（简称形参）表是由逗号分隔开的变量名构成，其作用是接收调用此函数时传送的实际参数值（简称实参）。实参是主调函数提供的。函数可以没有参数，这时参数表是空的，但圆括号不能省略。无参数函数的参数也可以写为 void。

函数体是实现函数功能的一组语句。

形参说明用于定义形参的数据类型。

【例 9-1】　定义一个求两个整型数和的函数 sum()。不要求有返回值。

所要求的函数如下：

```
int sum(x, y)                    /* 函数名为 sum，形参为 x 和 y */
int x,y;                         /* 说明形参 x 和 y 为整型 */
{
```

```
    printf("The sum is %d\n", x+y);      /* 函数体：输出 x+y 的值 */
}
```

在函数的定义中，明确地标明了函数的返回值为整型，但可以省略。实际上，这个函数没有返回值。

在 ANSI 的新标准中规定，在定义函数时，可以将形参类型的说明部分写在形参表中。这时函数定义有如下的形式：

数据类型　函数名(形参说明列表)
{
**　　函数体**
}

本书将采用后一种新的函数定义形式。

按照这个函数定义格式，例 9-1 的函数可写为：

```
int sum(int x, int y)
{
    printf("The sum is %d\n", x+y);
}
```

上面定义的函数中，函数并没有返回值，因此，可以将函数定义为无返回值类型：

```
void sum(int x, int y)
{
    printf("The sum is %d\n", x+y);
}
```

既没有返回值也没有参数的函数还可以定义成下面的形式：

```
void 函数名(void)
{
    函数体
}
```

9.2.2　函数的返回

C 语言设有返回语句 return。返回语句 return 在函数中的作用是返回调用它的函数，同时向调用者送回计算结果（函数返回值）。返回语句一般有如下的两种形式：

```
return;
return(表达式);
```

在第一种情况下，返回语句只起返回主调用函数的作用，不送返回值。在第二种情况下，返回语句的功能是，在返回主调用函数的同时，将表达式给定的返回值送回给调用它的函数。表达式的括号可以省略。

归纳起来，return 语句用于函数体内有两个作用：

（1）使程序立即从当前运行的函数退出，转去执行调用者的代码；

（2）在要求函数有返回值的情况下，向调用者返回一个值。这个返回值的表达式，写在 return 之后。

返回值表达式的类型必须和该函数的（返回值）类型一致。对于没有返回值的函数，如果函数的类型指定为 void 的，则 return 语句不能带有表达式。

在一个函数中可以没有 return 语句。这种函数运行到函数体的最后一条语句后，会自动返回调用它的函数。例 9-1 所定义的函数就属于此类。

一个函数可以有一个以上的 return 语句。程序执行到哪个 return 语句，哪个 return 语句就起作用。

【例 9-2】　将例 9-1 的函数改为有整型返回值的函数。

```
int sum(int x,int y)
{
    return(x+y);
}
```

【例 9-3】　多 return 语句的函数例子。

定义一个函数作两浮点数的除法运算。当除数为 0 时，函数不进行运算，给出相应信息后，返回调用它的函数。如果除数不为 0，则返回计算结果。函数定义如下：

```
float div(float x, float y)
{
    if(y==0)
    {
        printf("problem with parameter 0!\n");
        return;                        /* 返回语句，没有返回值 */
    }
    return(x/y);                        /* 返回语句，有返回值 */
}
```

在这个例子中，函数类型为单精度实型，函数体中有两个返回语句。

没有返回值的函数，可以省略 return 返回语句。Turbo C++系统则建议所有的非 void 类型函数，包括主函数 main()，都应该含有返回语句。如果函数中没有返回语句，系统会给出相应的编译信息：

Warning 程序文件名: Function should return a value in function 函数名.

9.2.3　函数的调用

当一个函数需要使用某个函数的功能时，就可以调用该函数，并给出实参（如果是带参数的函数），如果没有参数，则实参表空着。调用函数的一般有如下的两种格式：

函数名（实参列表）;

函数名（实参列表）

其中实参是有确定值的变量或表达式，各参数间用逗号分开。在实参表中，实参的个数与顺序必须和形参的个数与顺序相同，实参的数据类型必须和对应的形参数据类型相同。实参的作用就是把参数的具体数值传递给被调用的函数。

第一种调用格式是以语句的形式调用函数。一般用于调用无返回值的函数。例如，调用例 9-1 定义的函数：

```
sum(a, b);
```

其中 a 和 b 是具有确定值的整型变量。通过这样的调用，函数 sum 中的变量 x 和 y 就有相应的具体数据进行运算了。

第二种调用格式是以表达式的形式调用函数。一般用于调用有返回值的函数。通过调用函数的表达式接收被调函数送回的返回值。例如，调用例 9-3 的函数：

```
x= div(a, b);
```

其中 a 和 b 是已经赋值的 float 型变量。调用的结果，函数返回值赋给变量 x。

【例 9-4】　编写 main()函数，用第一种格式调用例 9-1 定义的函数。

```
#include <stdio.h>
main()
```

```
{
    int a, b;
    a=10;
    b=5;
    sum(a, b);                    /* 调用函数 sum() */
}
```

在这个例子中实参 a 传递给形参 x，实参 b 传递给形参 y。函数 sum 计算并输出结果，然后返回主函数。程序结束。

【例 9-5】　编写 main()函数，用第二种调用函数的格式调用例 9-2 定义的函数。

```
#include <stdio.h>
main()
{
    int a, b,c;
    a = 10;
    b = 5;
    c=sum(a, b);                  /* 调用函数 sum()，并将返回值赋给变量 c */
    printf("The sum is %d\n", c);
}
```

这里表达式"sum（a，b）"既实现调用，同时接收返回值。也可以将例 9-5 主函数中的最后两个语句合并为一个语句：

```
printf("The sum is %d\n", sum(a, b));
```

在进行函数调用时，要求实参与形参的个数相等，类型和顺序也一致。这些在前面已经明确了。但在 C 的标准中，实参表的求值顺序并不是确定的。有的系统按自右向左的顺序计算，而有的系统则相反。在许多情况下，这个顺序没用影响，但有时是必须考虑的。本系统采用自右向左的计算顺序。

【例 9-6】　实参表求值顺序的影响。

```
#include<stdio.h>
main()
{
    int a=10,c;

    c=sum(a,a=a+3);              /* 实参的求值顺序是自右向左 */
    printf("%d\n",c);
}
sum(int x,int y)
{
    return(x+y);
}
```

因为本系统实参是按自右向左的规则运算的，所以，第一个实参为 13，第二个实参也为 13，程序的输出为 26。如果实参是按自左向右的规则运算的话，第一个实参为 10，第二个实参为 13，输出应该是 23。

9.2.4　函数原型的使用

C 语言规定，在定义函数时，如果省略函数（返回值）类型，则默认为整型（返回值）函数。对于返回值为非整型的函数，函数类型是不能省略的。

为了通知编译系统有关函数返回类型信息，在调用非整型函数时，可以通过所谓的函数原型

（prototype）对所调用函数进行说明。这种说明有下述的两个作用：

（1）标明函数返回值的数据类型，使编译器能正确地编译和返回数据；

（2）指示形参的类型和个数，供编译器进行检查。

函数原型的一般格式为：

数据类型　函数名(参数数据类型表);

从函数原型的功能上看，函数原型实际上是一种函数说明语句，就像变量说明语句一样。

函数原型一般是写在程序的开头或者放在头文件中。其中参数数据类型表可以按函数的定义的顺序，只写数据类型，不写参数变量名。数据类型是指函数返回值类型，简称函数类型。例如，可为例 9-3 中定义的函数写出如下的函数原型：

```
float div(float ,float );
```

在什么情况下，必须使用函数原型呢？这与程序中各函数的书写顺序有关。

在多函数程序的情况下，如果函数在程序清单中出现的顺序，遵守这样一个原则："先定义后引用"，则一般不需要使用函数原型。例如，程序中有三个函数，其调用关系是：主函数调用函数 a，函数 a 调用函数 b，而函数 b 又调用函数 c。三个函数在程序中定义的顺序应写成：

```
定义函数 c()
定义函数 b()
定义函数 a()
定义函数 main()
```

在这种顺序下，函数 c 的定义中不会出现调用它后边函数（函数 b 和函数 a）的语句。函数 b 的定义中不会出现调用它后边的函数（函数 a）的语句，但可以有调用它前面定义过的函数（函数 c）的语句。函数 a 的定义中不会出现调用它后边定义的函数，但可以有调用它前面定义过的函数（函数 b，函数 c）。在这种情况下，可以不使用函数原型。

反之，在各函数定义的顺序上出现了"先引用后定义"的情况，即在定义一个函数时，它要用到它后边定义的函数时，应事先在程序头上写一条被引用函数的函数原型语句，也就是函数类型说明语句。只有整型函数不需要遵守这个规则，也就是说，在任何情况下，整型函数都可以不使用函数原型。

【例 9-7】　求两个浮点数中较小的数。

程序定义了一个浮点型函数 min()。它有两个浮点类型的参数。在这个程序清单中，两个函数的顺序是，main 函数在前 min 函数在后，而 min 函数又不是整型函数，需要有 min 函数的类型说明语句，即 min 函数原型：

```
float min(float, float);
```

主函数 main()接收用户从键盘输入的两个浮点数，以此为实参调用函数 min()。函数 main 输出函数 min()返回的计算结果。

程序如下：

```
#include "stdio.h"
float min(float, float);                    /* min 函数原型 */
main()
{
    float a, b;

    printf("Enter two float numbers: ");
    scanf("%f%f", &a, &b);

    printf("The min=%f", min(a, b));         /* 先引用函数 min() */
```

```
        }
float min(float x, float y)                        /* 后定义函数 min() */
{
    if(x==y)
    {
            printf("They are equal. ");
            return x ;
    }
    else if(x<y) return x;
            else return y ;
}
```

如果被调用的函数的定义出现在主调用函数之前，如本例中将函数 min()的定义写在 main() 函数之前，则函数原型可以省略。

函数原型语句可以既写在函数之外，也可以写在主函数 main 里面。

9.2.5 指针类型函数

返回值为一指针的函数称为指针类型函数。指针类型函数定义的格式为：

指针类型 *函数名(参数类型表)

```
{
    函数体
    return (地址);
}
```

指针类型函数的返回值是内存地址，不属于整型函数。因此，必要时指针类型函数也要使用函数类型说明语句。例如：

```
char *str(char );
```

是个指针类型函数原型说明语句。它说明，函数 str()是指针类型的，而且是字符型指针。函数有一个字符型的形参。

【例 9-8】 指针类型函数的例子。

在这个程序中，用户输入两个整型数。然后，调用指针类型函数 sum()计算这两个数的和，返回计算的存储结果指针。主函数用返回的指针，输出计算结果。

程序如下：

```
#include <stdio.h>
int *sum(int x, int y)                       /* 定义指针类型函数 */
{
    int z;

    z=x+y;
    return &z;
}
main()
{
    int a, b;
    int *c;

    printf("Enter two integers: ");
    scanf("%d%d", &a, &b);

    c = sum(a, b);                            /* 调用指针型函数, 返回值为指针 */
```

```
        printf("The sum is %d\n", *c);
}
```

程序运行输出举例如下（带下划线的数据是用户从键盘输入的）：

```
Enter two integers: 15 20
The sum is 35
```

9.3　函数参数的传递方式

在 C 语言中调用函数时，有两种不同的参数传递方式：值传递方式和地址传递方式。

9.3.1　值传递方式

值传递方式是主调函数把实参的值赋（拷贝）给形参。这种调用方式称为值调用。被调用函数运行时，使用的是形参，形参的任何变化不会影响实参的值。形参一般都是变量，实参可以是变量、常量，也可以是表达式。

当函数被调用时，系统为形参变量分配内存，并将实参的值存入对应形参的内存单元。当函数返回时，系统将为形参分配的内存空间收回。

在本章前面两节中，所有的函数例子，采用的都是这种值调用。

【例 9-9】　用值传递方式设计计算两个实型数之和的函数 sum。说明形参值的变化不影响实参变量的值。

```
#include <stdio.h>
main()
{
        float sum(float,float);            /* 函数原型 */
        float a=1.1,b=2.2,c;
        c=sum(a,b);                        /* 调用函数 sum */
        printf("sum=%f\n",c);              /* 输出返回值 */
        printf("a=%f,b=%f\n",a,b);         /* 输出实参变量 */
        return;
}
float sum(float x,float y)                 /* 定义函数 sum */
{
        x=x+y;                             /* 形参 x 值改变 */
        return (x);                        /* 返回 x */
}
```

在这个例子中，实参 a，b 的值被传递给被调函数的形参 x 和 y，于是变量 x 和 y 的值分别为 1.1 和 2.2，在函数 sum 求和的过程中，形参变量 x 的值被改变 3.3，同时变量 a 的值没有变化，仍为 1.1。以上过程如图 9-2 所示。

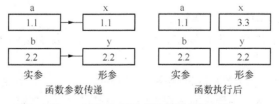

图 9-2　例 9-9 函数参数的值传递方式

请读者写出程序的输出。

9.3.2　地址传递方式

地址传递方式是主调函数把实参的地址传递给形参，作为形参的地址。这时，形参和实参是同一个地址，同一个内存空间。被调函数对形参的操作，实际是对实参的操作。因此，形参值的任何变化，也就是实参值的变化。这种调用方式叫做地址调用。

在地址传递方式下，形参和实参是地址，如指针变量或数组名等。

允许函数参数列表中既有值传递也有地址传递的参数。

【例 9-10】　通过地址调用函数 swap()，实现两个字符型变量 ch1 和 ch2 的值的互相交换。变量 ch1 和 ch2 在互换前后的值，均由主函数输出。

定义函数 swap()为 void 类型，函数的参数被说明为指针类型。

程序如下：

```
#include "stdio.h"
void swap(char *, char *);                      /* 函数原型，函数类型说明 */
main()
{
    char ch1='a', ch2 = 'b';
    printf("ch1 = %c\t ch2= %c\n", ch1, ch2);   /* 输出互换前变量 a 和 b 的数据 */

    swap(&ch1, &ch2);                           /* 参数地址传递方式,地址调用 */

    printf("ch1 = %c\t ch2= %c\n", ch1, ch2);   /* 输出互换后变量 a 和 b 的数据 */
}
void swap(char *x, char *y)                     /* 定义函数 swap() */
{
    char ch;

    ch = *x;
    *x = *y;
    *y = ch;
}
```

9.3.3　数组作为函数参数

当实参为数组时，只传递数组的首地址，并不复制整个数组元素。因此，这种情况属于地址调用，即参数采用地址传递方式。数组作为形参时，函数原型可以有以下几种写法（设有一整型数组 aa 和整型函数 ff）：

```
int ff(int aa[10]);
int ff(int aa[]);
int ff(int aa);
int ff(int *);
```

它们的作用是一样的，都是传送一个指针。

【例 9-11】　有 10 个整型数据存放在数组 num 中，用函数 sort()实现对数组 num 中数据的排序。

本程序将排序函数 sort()定义为 void 类型，它的参数是一个一维数组。因为是采用地址调用，sort()排序的结果，改变了数组中原来的数据顺序。本程序所采用的算法，我们在"数组"一章中已经介绍过，这里不再重复。

程序如下：

```c
#include "stdio.h"
void sort(int *);                          /* 函数原型 */
main()
{
    int num[10] ={  6,4,7,2,9,1,5,3,4,8 };
    int i;

    sort(num);                             /* 函数的实参为数组名 num，即数组地址 */
                                           /* 地址传递方式调用函数 sort() */
    for(i=0; i<10; i++)
        printf("%d  ", num[i]);            /* 输出排序结果 */

    printf("\n");
    return ;
}
 void sort(int *a)                         /* 函数 sort()定义 */

{
    int temp, i, j;

    for(i=0; i<9 ; i++)
        for(j=i+1; j<10; j++)
            if(a[i]>a[j])
            {
                    temp = a[i];
                    a[i] = a[j];
                    a[j] = temp;
            }
    return ;
}
```

9.4 函 数 指 针

指向函数的指针简称为函数指针。函数指针是函数入口的内存地址。定义函数指针的一般格式为：

数据类型 (*函数指针名)();

其中"数据类型"为函数返回值的类型，函数指针名为用户定义的指针变量名。

例如，下面的语句：

int (*p)();

定义了一个函数指针变量 p，该函数返回一个整型量。

使用省略参数的函数名就可以得到函数地址，这和数组名就代表数组的首地址的情形是一样的。因此，函数指针可以这样赋值：

函数指针变量=函数名；

用函数指针变量调用函数的形式为：

（*函数指针变量）(参数)

例如，有函数：

```
int myfunc(int a, int b)
```

则可定义一个函数指针变量 p：

```
int (*p)()
```

并令其指向函数 myfunc：

```
p=myfunc;
```

通过函数指针 p 调用函数 myfunc：

```
(*p)(a,b)
```

有了函数指针，就可以通过函数指针调用函数。函数指针也可以作为函数的参数，实现整个函数在函数之间的传递。

【例 9-12】 设计一个比较两个字符串 s1 和 s2 是否相等的函数。函数指针作为函数的参数。

为了说明函数指针的应用，定义一个如下的检查两字符串是否相等的函数 check()：

```
void check(char *s1, char *s2, int(*cmp)())
{
    if(!(*cmp)(s1,s2)) printf("%s equal  %s\n",s1,s2);
    else printf("%s  not equal %s\n",s1,s2);
        return;
}
```

这个函数以两个字符串和一个函数指针变量 cmp 作为形参。令函数指针 cmp 指向系统函数 strcmp()。为此，要把函数 strcmp()的地址赋给函数指针变量 cmp：

```
cmp=strcmp;
```

系统函数 strcmp()的功能是比较字符串。根据它的返回值可以知道比较结果。

下面给出完整的程序：

```
#include<stdio.h>
#include<string.h>

void check(char *,char *,int (*p)());         /* 函数 check()原型 */

main()
{
  char s1[]="abcde";
  char s2[]="abcde";

  int (*cmp)();                               /* 定义函数指针变量 cmp */
  cmp=strcmp;                                 /* 给函数指针变量 cmp 赋值 */

  check(s1,s2,cmp);                           /* 调用函数 check() */
}
void check(char *s1, char *s2, int(*cmp)())
{
    if(!(*cmp)(s1,s2)) printf("%s equal  %s\n",s1,s2);
    else printf("%s  not equal %s\n",s1,s2);
    return;
}
```

程序的输出为：

```
abcde  equal  abcde
```

指针函数的另一个应用，是通过函数指针调用函数。

【例 9-13】　由键盘输入三角形的 3 个边长 a，b 和 c。然后，由函数 area()用海伦公式计算该三角形的面积。计算结果返回主函数，并在主函数中输出。要求通过函数指针调用 area() 函数。海伦公式如下：

$$t = (a+b+c)/2$$
$$s = \sqrt{t(t-a)(t-b)(t-c)}$$

程序中定义函数指针变量 func_prt，并令其指向函数 area()，以便调用该函数。函数指针的定义和赋值语句如下：

```
double (*func_prt)();
func_prt = area;
```

程序如下：

```
#include "stdio.h"
#include "math.h"
double area(double a, double b, double c)        /* 定义函数 area */
{
    double t,t1;
    t = (a+b+c)/2.0;
    t1 = t*(t-a)*(t-b)*(t-c);
    return (sqrt(t1));
}

main()
{
    double a,b,c,s;
    double (*func_prt)();                         /* 定义函数指针变量 func_prt */

    printf("Enter 3 numbers:\n");
    scanf("%lf%lf%lf",&a,&b,&c);

    func_prt = area;                              /* 给函数指针赋值 */
    s = (*func_prt)(a,b,c);                       /* 通过函数指针调用函数 area() */

    printf("s =%15.10lf\n", s);
    return 0;
}
```

令 a=4，b=5，c=6，程序的运行结果是：

```
s=9.9215674165
```

在这个程序中，使用了一个系统库函数 sqrt()，其功能是求一个数的开方。函数说明在头文件 math.h。

9.5　函数的嵌套调用和递归调用

9.5.1　函数的嵌套调用

C 函数的定义都是互相平行的，独立的。一个函数的定义内不能包含另一个函数。这就是说，

C 语言是不能嵌套定义函数的。但 C 语言允许嵌套调用函数。所谓嵌套调用就是在调用一个函数并执行该函数中，它又调用另一个函数的情况。

从图 9-1 可以清楚地看到嵌套调用和返回的规则和过程。

假设在主函数 main 执行过程中调用函数 a。于是程序中断主函数的执行（记录中断的位置），程序控制转到函数 a 的入口并开始执行函数 a。在函数 a 的执行过程中又需要调用函数 b，于是程序又中断当前函数 a 的执行（记录中断的位置），转到函数 b 的入口并开始执行函数 b。这就是嵌套调用过程。如果函数 b 不再调用其他函数，函数 b 执行完自己的程序后，开始返回过程。

被调用函数遇到 return 语句，或执行到函数的最后语句，便返回到调用它的主调函数的中断位置，继续执行中断了的函数。因此，返回过程应当是：首先，函数 b 返回到函数 a 的中断处，继续执行被中断了的函数 a 的程序代码，直到遇到返回语句或执行到函数体的最后一条语句（假设函数 a 不再调用其他函数）。函数 a 返回到主函数的中断处，继续执行主函数被中断了的程序代码。主函数执行完自己的代码后程序运行结束。

【例 9-14】 编写一个计算 m 中取 n 的组合数的程序。

计算 m 中取 n 的组合数的公式如下：

$$C_m^n = \frac{m!}{n!(m-n)!}$$

组合数的计算用函数 func1()进行，而它需要的阶乘计算由函数 func2()进行。这个程序的结构是：主函数 main()调用函数 func1()。而函数 func1()三次调用函数 func2()，分别计算 m!，n!和 (m-n)!。计算结果返回给主函数进行输出。m 和 n 的值由用户从键盘输入。

程序如下：

```c
#include<stdio.h>
long func1(long,long);                    /* 函数 func1 的原型 */
long func2(long);                         /* 函数 func2 的原型 */

main()
{
    long m,c,n;

    printf("Enter m and n: ");
    scanf("%ld%ld",&m,&n);

    c=func1(m,n);                         /* 调用函数 func1 */
    printf("C(%ld,%ld)=%ld\n",m,n,c);

    return;
}
long func1(long m,long n)
{
    long a,c;
    a=func2(m);                           /* 函数 func1 调用函数 func2 */
    c=func2(n);                           /* 嵌套调用 */
    c=a/c;
    a=func2(m-n);
    c=c/a;

    return c;
```

```
}
long func2(long x)
{
    long i,c=1;
    for(i=1;i<=x;i++)
    c=c*i ;
    return c;
}
```

例如，输入 4 和 2，程序给出如下的输出：

$$C(4,2)=6$$

9.5.2　函数的递归调用

函数在执行的过程中又调用自己本身，称这种调用为递归调用。C 语言允许这种递归调用。对于具有递归性质的问题，适合采用递归函数编程。用递归方法编写出的函数，结构比较简洁。

递归性质的问题，一般都能用一个递归计算公式描述。例如，计算阶乘问题，有如下的递归计算公式：

$$n!=n×(n-1)!$$

它表明，求 n!导致求(n-1)!，而求(n-1)!又导致求(n-2)!，依次类推，最后导致计算 1!。以上相当于函数的递归调用过程。而 1 的阶乘是已知的：

$$1! =1$$

我们称它为递归结束条件。有了 1 的阶乘就可以计算出 2 的阶乘，有了 2 的阶乘的计算结果，就能计算 3 的阶乘，依次类推，最终得到 n 的阶乘。这相当于函数的返回过程。可见，有了递归计算公式和递归结束条件，就可以用函数递归调用技术计算递归问题。

【例 9-15】　用递归函数编写计算阶乘 n!的函数 fact()。

根据上面阶乘的递归计算公式，为计算 n!，需要调用计算阶乘的函数 fact(n)，它又因要计算 (n-1)!，再调用 fact(n-1)。于是形成递归调用。这个递归调用过程要一直继续到计算 1!为止。图 9-3 所示为计算 4! 调用过程示意图。

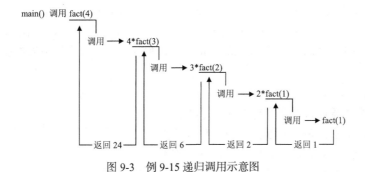

图 9-3　例 9-15 递归调用示意图

程序如下：

```
#include "stdio.h"
fact(int);
void main()
{
    int m;

    printf("Enter a number:  ");
```

```
    scanf("%d", &m);

    printf("%d! = %d\n", m, fact(m));
    return;
}
fact(int n)                                    /* 递归函数 */

{
    int result;

    if(n==1) return (1);
    result = fact(n-1)*n;                      /* 递归调用 */
    return (result);
}
```

下面给出程序的一次运行结果（带下划线的数据是用户从键盘输入的）：

```
Enter a number: 5
5! = 120
```

9.6 主函数 main()的参数

虽然我们已经多次使用主函数 main()，但有些重要的细节要在这里讨论。讨论的主要内容是 main()的参数问题，也简单说明一下返回值问题。

9.6.1 主函数 main()的参数

到目前为止，我们所使用的 main()函数一直是不带参数的。通过前面的讨论，可以知道，函数的实际参数是在主调用函数在调用时提供的。作为 C 程序的主函数 main()，能否也有形参？如果能有形参，它怎样表示，实参由谁来提供？

在 C 语言中，是把 main()函数作为操作系统调用的函数来处理的。既然 main()函数由操作系统来调用，自然也应能带参数，并应该能在操作系统下向 main()函数提供实参。

在操作系统下，总是以命令行的方式进行工作的。所谓命令行方式，指的是在操作系统下，用户通过键盘输入命令和相应参数来完成一定功能的能操作方式。命令行方式的操作命令一般有如下的形式：

命令名 参数 1 参数 2 参数 3 …（回车）

main()函数的实参正是以这种命令行方式传递的。

C 语言规定，main()函数可以有三个如下的形参：

```
main(int argc, char *argv[], char *env[ ])
```

argc，argv 和 env 三个参数名是人们习惯采用的。当然也可以用其他名字，但是，数据类型是确定的：一个是整型的，两个是字符型数组指针类型。字符型数组指针可以用来指向多个字符串。参数 argc 的值是命令行中可执行文件名和参数的个数的总和。参数 argv 用以指向可执行文件名和各参数的字符串的指针；参数 env 用于访问当前 DOS 环境下设置的参数，它是指向环境设置字符串数组的指针。

例如，某 C 程序经编译和连接后产生可执行文件 sam.exe。它的主函数有如下的形式：

```
main(int argc,char *argv[])
{
    ...
```

　　}

为执行 sam.exe 程序文件，在 DOS 状态下，输入命令行：

　　sam.exe abcd ABCD def 回车

则系统将命令行参数传递给 argc 和 argv，如图 9-4 所示。

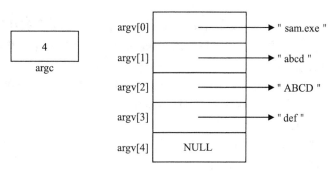

图 9-4　主函数的参数传递

也就是：

　　argv[0]指向字符串(文件名)"sam.exe"

　　argv[1]指向字符串（参数 1）"abcd"

　　argv[2]指向字符串（参数 2）"ABCD"

　　argv[3] 指向字符串（参数 3）"def"

　　argv[4]空指针

　　argc=4

　　为主函数传递实参第二种方式是在 C 的集成环境下进行。在运行程序之前，先要将主函数的参数置入菜单 run/arguments 的对话框中（无需输入可执行文件名），然后，运行程序。这时参数会自动传递给主函数。显然，在集成环境下操作要比在 DOS 环境下操作简单得多。

　　【例 9-16】　要求用户通过主函数的参数送入一个字符串，例如，"The data is"，则程序显示 "The data is 25"。

　　程序如下：

```
/* 文件名: name.exe */
#include <stdio.h>
main(int argc, char *argv[])
{
  int x=25;

  if(argc!=2)
  {
     printf("Arguments?");
     return;
  }

     printf("%s  %d\n", argv[1],x);
     printf("argc=%d\n",argc);

     return;
}
```

通常在带参数的 main()函数中写入这样的语句：

```
if(argc!=2)
{
    printf("Arguments?");
    return;
}
```

目的是为了检查用户在命令行输入的数据个数是否正确。在本例中，参数个数为 2（包程序的文件名）。

在 DOS 状态下运行此程序时，设传递给函数 main()的参数为字符串 "The data is "。在 DOS 状态下，输入下面的命令行：

```
name  "The data is"
```

在集成环境下运行此程序时，操作很简单。只需：

（1）单击主菜单 Run；

（2）单击 Run 菜单下的 Arguments；

（3）在对话框内填写参数："The data is"；

（4）单击 OK。然后运行程序。

程序的输出为：

```
The data is 25
Argc=2
```

【例 9-17】　将例 9-14 的程序改为用 main()函数的参数实现数据 m 和 n 的输入。

本例的关键是令函数 main()带参数。因此，main()应写成如下形式：

```
main(int argc,char *argv[])
```

参数 argv[1]和 argv[2]分别指向输入的数据 m 和 n。参数 argv[0]指向文件名。问题是，数据 m 和 n 是作为字符串被接收的。因此，在程序中需要把这两个数据由字符串转换为整型数。这个转换可以用如下的系统库函数实现：

int atoi(char *str)

类似的函数还有将字符串转换为浮点数的函数：

double atof(char *str)

和将字符串转换为长整型数的函数：

long atoll(char *str)

这些函数中的参数所指向的字符串中应含有相应的整型或浮点型的数字。

对于本程序，为了将输入的 2 个字符型数据转换为长整型数，可用如下的语句：

```
m=atol(argv[1]);
n=atol(argv[2]);
```

例 9-14 中定义的两个函数 func1()和 func2()无需作任何改动。

修改后的主函数 main()如下：

```
#include "stdio.h"
long func1(long,long);
long func2(long);
int main(int argc,char *argv[])
{
    long m,c,n;
    if(argc!=3)
    {
        printf("Data error.");
        return;
```

```
    }
    m=atol(argv[1]);
    n=atol(argv[2]);

    c=func1(m,n);
    printf("C(%ld,%ld)=%ld\n",m,n,c);

    return;
}
```

形参 env 是指向 DOS 环境设置字符串数组的指针。数组中最后的串是空，作为结束标记。当使用 env 参数时，即使前两个参数不用也要写在参数表中，因为这三个形参的说明与位置有关。

当一个参数都不使用时，主函数可写为 main(void)或 main()。

【例 9-18】　利用主函数的第三个参数获得当前设置的 DOS 环境参数。

程序如下：
```
#include "stdio.h"
main(int argc, char *argv[], char *env[])
{
    int i;
    for(i=0; env[i]; i++)
        printf("%s", env[i]);
    return;
}
```
程序的运行结果举例如下：
```
PATH: C:\WINDOWS;C:\DOS
```

9.6.2　函数 main()的返回值

main()作为函数，也有调用问题。对 main()函数的调用者是操作系统。有调用就有返回的问题。所以，和任何其他函数一样，在 main()中可以，也应该使用 return 语句。

在前面的许多 main()中，没有使用 return 语句和返回值。实际上，在缺省情况下，函数 main()是整型函数，它返回整型值。这个值返回到调用它的操作系统。对于 DOS，返回值为 0，表示程序正常结束；返回任何其他值，均表示程序非正常终止。

对于没有说明为 void 类型的 main()函数，如果程序中没有 return 语句，在编译时，系统（如 turbo C++）会给出如下的 warning：
```
Function should return a value in function main
```
即使是 void 类型的 nain()函数，也是可以使用 return 语句。所以，在函数定义中写上 return 语句是个好习惯。

小　结

函数是构成 C 语言程序的基本模块。因此，掌握好函数的使用，就成为掌握 C 语言程序设计的核心问题。

在本章中讨论的问题和要求如下。

（1）函数的定义和调用的方法。要掌握函数定义的格式和调用的形式。掌握参数的值传递方式（值调用）和地址传递方式（地址调用）。

（2）函数原型，即函数类型说明。要掌握什么是函数原型，在什么情况下必须使用函数原型。

（3）指针函数和函数指针。注意区别两种不同的含义和它们的使用。前者是一种函数类型，其返回值为一指针。后者则是一种指针变量，它指向某函数（的入口）。函数指针可以作为函数的参数。

（4）函数的嵌套调用和递归调用。这是两种常用程序结构。掌握好的关键是首先弄清楚嵌套调用和递归调用的执行过程，然后掌握好嵌套和递归程序的设计技术。

（5）主函数 main()的参数。掌握主函数参数的类型、意义和使用。掌握命令行方式和集成环境下运行带参主函数程序的两种方法。

习　　题

9-1　写出函数定义的一般形式。

9-2　写出函数调用的几种常见的形式。

9-3　写出 return 语句的格式并说明它的功能。

9-4　函数原型的作用是什么？写出函数原型的一般形式。

9-5　什么是值调用（值传递）方式，什么是地址调用（地址传递）方式？

9-6　什么是函数的嵌套调用？

9-7　什么是函数的递归调用？

9-8　说明主函数 main()可以有什么样的参数。

9-9　写出下面程序的输出：

```c
#include <stdio.h>
main()
{
    int i=2, p;
    p=f(i, ++i);
    printf("%d\n", p);
    return;
}
int f(int a,int b)
{
    int c;
    if(a>b) c=1;
    else if(a==b) c=0;
    else c=-1;
    return (c);
}
```

9-10　求方程 $ax^2+bx+c=0$ 的根。要求用三个函数分别计算复数根，两个不同实数根和两个相等的实数根。方程的系数 a、b 和 c 在主函数中由键盘输入。

9-11　题目同上题，但要求方程的系数 a、b 和 c 由函数 main()的参数给定。

9-12　编写程序，输入整型数 a、b 和 c，计算 y 的值：

$$y=a!+b!+c!$$

9-13　用递归方法求菲波拉奇书列的第 n 个数：

$$F(n)=\begin{cases} 0 & n=1 \\ 1 & n=2 \\ F(n-1)+F(n-2) & n>2 \end{cases}$$

9-14　采用递归函数计算并打印 1～10 的阶乘值。

9-15　用递归方法编程，计算下式：

$$s(n)=1+2+3+\cdots+n$$

第10章
数据的存储类型

我们知道，变量定义后，数据就有了一系列确定的性质，如数据长度、存储形式、能参加的运算和数据的取值范围等。变量还有其他一些重要属性，如变量在程序运行中什么时候有效，什么时候无效；变量在内存中什么时候存在，什么时候被释放等。数据的性质与变量在内存存储具体情况有关。

本章介绍 C 语言对变量规定的一些存储类型。其中要涉及变量的生存期、变量的作用域、可见性、局部变量和全局变量等一些重要概念。

10.1 变量在内存中的存储

系统为运行程序，在内存中为数据的存储开辟了两块区域：静态数据区和动态数据区。分配在静态数据区的变量，叫做静态变量；分配在动态数据区的变量叫做动态变量。

变量从在数据区建立到被撤销，这段时间称为变量的生存期。C 程序在编译时，有些变量分配到静态数据区。分配在静态数据区的变量，在程序运行结束前是一直存在的。这样的变量的生存期为程序的运行期。

有些变量是在程序运行期间根据需要动态地分配到动态数据区的，在适当的时候会将这种动态变量的空间收回。所以，动态变量的生存期是有限的。

有些变量在程序的某一部分是有效的，而在另一部分可能是无效的，不可见的。有的变量可能在整个程序文件中一直有效的。对于上述情况，我们说变量有不同的作用域。所谓变量的作用域，就是指变量的使用范围。

从作用域这个角度讲，变量分为局部变量和全局变量。全局变量分配在静态数据区，而局部变量则根据需要可能分配在动态数据区，也可能分配在静态数据区。

10.2 局部变量和全局变量

C 语言程序是由一些函数构成的。每个函数都是相对独立的代码块，这些代码只局部于该函数。所以，函数只能是调用，不允许其他函数的任何语句直接访问另一个函数。因此，除非有特殊说明，一个函数的代码，对于程序的其他部分来说是隐藏的，它既不会影响程序的其他部分，也不会受程序其他部分的影响。这就是说，一个函数的代码和数据，不可能与另一个函数的代码和数据发生相互作用。这是因为它们各自有自己的作用域。

　　根据作用域的不同，变量分为两种类型：局部变量，全局变量。

10.2.1　局部变量

　　在任何一个代码块内定义的变量叫做局部变量。所谓代码块就是在一对花括号内的代码段，包括函数体，函数体内的语句块。局部变量只能在说明它的代码块内使用，局部变量的作用域，限于说明它的代码块内：从说明的地方开始至所在的代码块结束。所以，局部变量在执行说明它所在的代码块时，才是存在的。当退出其代码块时，这些变量也就随之消失，成为不可见。因而在代码块外，不能访问这些局部变量。在一个代码块内定义的变量，对另外一个代码块是隐蔽的。由于局部变量的作用域的不同，所以不同代码块的局部变量，可以有相同的变量名，而不会互相干扰。

　　【例 10-1】　下面的程序，在同一个 main() 函数中，定义了三个数据类型和变量名均相同的局部变量 i。在访问这些变量 i 中，它们不会混淆。因为它们是三个不同的局部变量。它们各有自己的作用域。

　　程序如下：

```c
#include "stdio.h"
main()
{
    int i = 10;                 /* 定义函数 main() 的局部变量 i, 它的作用域是整个函数内 */

    printf("Enter a positive or negative number:  ");
    scanf("%d", &i);

    printf("In main() i = %d\n",i);

    if(i>0)
    {
        int i = -10;            /* 定义在 if 代码块内的局部变量 i 有效, 主函数定义的 i 不可见 */
        printf("In if i is %d\n", i);          }
    else
    {
        int i = 20;             /* 定义 else 代码块的局部变量 i 有效, 前两个 i 不可见 */
        printf("In if_else i is %d\n", i);
    }

    printf("The i in main() still is %d\n", i); /* 主函数定义的 i 有效 */
    return;
}
```

局部变量在没有初始化或没有被赋值之前，它的值是不确定的。

　　形式参数（形参）也是局部变量。它的作用域和使用规则与函数内部的局部变量完全一样。

10.2.2　全局变量

　　作用域是从定义点开始直到程序文件结束的变量，称为全局变量。全局变量在程序的整个运行过程中，都占用存储单元，而不像局部变量那样，只有在它的作用域范围内才存在。

　　整个程序文件设置全局变量的好处在于，增加了函数间传递数据的渠道。因为在一个函数中改变了全局变量的值，其他函数可以共享。全局变量相当于起到在函数间传递数据的作用，还可以减少函数形参的数目和增加函数返回值的数目。

【例 10-2】 求下面一元二次方程的根：

$$ax^2 + bx + c = 0$$

要求在这个程序中，方程的系数 a，b，c 设置为局部变量，方程的根 $X1$，$X2$ 和根的虚部 q和实部 p 都设置为全局变量，b^2-4ac 的值 d 也设置为全局变量。三种根（两个不同的实根，两个相等的实根和两个虚根）分别由三个函数计算。

程序如下：

```c
#include "stdio.h"
#include "math.h"

float X1, X2, p, q, d;                    /* 定义全局变量 */

void greater_than_zero(float , float);    /* 函数说明 */
void equal_to_zero(float , float);
void smaller_than_zero(float , float);

main()
{
    float a, b, c;                        /* 定义局部变量 */
    printf("Enter a, b, c: ");
    scanf("%f%f%f", &a, &b, &c);

    d=b*b-4*a*c;
    if(d>0)
    {
        greater_than_zero(a, b);
        printf("X1 = %5.2f\tX2= %5.2f\n", X1, X2);
    }
    else if(d == 0)
    {
        equal_to_zero(a, b);
        printf("X1 = X2= %5.2f\n", X1);
    }
    else
    {
        smaller_than_zero(a,b);
        printf("X1 = %5.2f+%5.2fi\n", p,q);
        printf("X2 = %5.2f-%5.2fi\n", p,q);
    }
    return 0;
}
void greater_than_zero(float x, float y)
{
    X1=(-y+sqrt(d))/(2*x);
    X2=(-y-sqrt(d))/(2*x);
    return ;
}
void equal_to_zero(float x, float y)
{
    X1 = (-y)/(2*x);
```

```
    return ;
}
void smaller_than_zero(float x,float y)
{
    p=-y/(2*x);
    q=sqrt(-d)/(2*x);
    return ;
}
```

为看清楚程序的结构，图 10-1 给出该程序的流程图。在这个程序中，由于设置了全局变量，主函数通过全局变量得到了三个函数的计算结果，很方便地解决了需要多个返回值的问题。

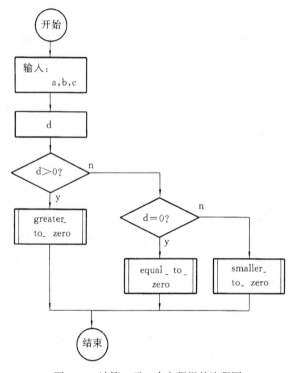

图 10-1　计算一元二次方程根的流程图

下面是程序的一次运行实例（带下划线的数据是用户输入的）：

```
Enter a, b, c: 3 2 1
X1 = -0.33+0.47i
X2 = -0.33-0.47i
```

使用全局变量也有负面的影响。

全局变量使得函数的执行依赖于外部变量。降低了程序的通用性。程序设计的模块化要求各模块之间的"关联性"要小。全局变量不符合这个要求。模块化设计希望函数是封闭的，通过参数与外界发生联系。

10.3　变量的存储类型

在静态和动态两大类存储方法中，C 语言将变量的存储类型分为四种，它们的存储类型说明符和名称如下：

auto	自动变量
static	静态局部变量
extern	外部变量
register	寄存器变量

在变量定义语句中，存储类型符放在它所修饰的数据类型前面，其一般形式如下：

存储类型符　数据类型符 变量名表;

下面分别介绍它们的特性和应用。

10.3.1　局部变量的存储定义

1.　自动变量（auto）

在函数内定义的或在函数的语句块内定义的变量，若存储类型省略或写为 auto，都是自动变量。此前的程序中使用的都属于自动变量。因此，下面的两条变量定义语句是等价的：

```
int a,b;
auto int a,b;
```

自动变量属于动态存储类。系统在函数运行时自动为其动态分配空间。离开它的作用域时系统释放（收回）它的存储空间。因此，自动变量的生存期就是程序进入其作用域期间。例如，局部于某函数的自动变量，在调用该函数时，变量在动态存储区被分配存储空间。函数调用结束后，变量的存储空间被释放。变量的值当然也不存在了。这就是变量的生存期。

自动变量在初始化前，或没有赋值前，它的值是不确定。

2.　静态局部变量（static）

有时希望局部变量的值，在每次离开其作用范围后不消失并且保持原值，占用的存储空间不释放。这时，应该用存储定义符 static 将变量定义为静态局部变量。例如，在函数内的语句：

```
static int num1, num2;
```

定义变量 num1 和 num2 为静态局部变量。

静态局部变量属于静态存储类型，在静态存储区为其分配存储空间。在整个程序运行期间都不释放，变量的生存期是程序运行期。虽然静态局部变量的存储空间在整个程序运行中都保持着，但是，在它的作用域以外，仍然是不能被引用的。函数的静态局部变量值可以在函数的两次调用之间保持值不变。

【例 10-3】　应用静态局部变量的例子。

本程序中的函数 numbers()是一个数发生器，每调用函数 numbers()一次，产生一个整数。每个数的产生都是在上次产生的数的基础上计算出来的。函数 numbers()产生数的算法是：

```
num1 = num1 + 4;
num2 = num2 + 7;
num2%num1;
```

可见，在每次调用该函数后，变量 num1 和 nm2 的值不能消失，变量 num1 和 nm2 应定义为静态局部变量。

下面是这个程序的清单：

```
#include "stdio.h"
int numbers(void);
main(void)
{
    int  i;
    for(i=0; i<10; i++)
     printf("%d  ", numbers());
```

```
    return 0;
}
int numbers(void)
{
    static int num1=0, num2=0;          /* 定义静态变量 num1 和 num2 */
    num1 = num1 + 4;
    num2 = num2 + 7;
    return num2%num1;
}
```

这个程序的输出如下：

```
3  6  9  12  15  18  21  24  27  30
```

表 10-1 给出前四次调用函数 numbers(void)的运算情况。通过表 10-1 可以看到程序的运行结果是怎样得到的。

表 10-1

调 用 次 数	调用前的值		调用后的值		结　　果
	num1	num2	num1	num2	num2%num1
1	0	0	0+4=4	0+7=7	3
2	4	7	4+4=8	7+7=14	6
3	8	14	8+4=12	14+7=21	9
4	12	21	12+4=16	21+7=28	12

本例题的另一个解决方案是，将变量 num1 和 num2 定义为全局变量。

如果在函数 numbers()中，变量 num1 和 num2 不说明为 static 局部变量，则程序虽然能正常运行，但是，不会得到我们所预期的计算结果。

对于静态局部变量，如果程序中不对它初始化，编译器会自动根据数据的类型给它赋初值。数值型变量自动赋初值 0，字符型变量赋空字符。因此，上面程序中语句

```
static int num1=0, num2=0;
```

可改写为：

```
static int num1, num2;
```

3. 寄存器变量（register）

如果变量在程序运行中使用非常频繁，则为存取该变量要消耗很多时间。利用寄存器操作速度快的特点，将变量存放在 CPU 的寄存器中，可以提高程序的运行效率。寄存器变量占用 CPU 的高速寄存器，不占用内存单元。变量的值就保存在 CPU 的寄存器中。

例如，用下面的语句定义一个名为 num 的寄存器变量：

```
register int num;
```

寄存器变量仅能用于定义局部变量或是函数的形参，不能用于全局变量。

在 ANSI 标准中，寄存器变量可以用于任何数据类型，但 Turbo C++将寄存器变量只限用于 char 型和 int 型变量。

寄存器变量定义符 register 对编译器来说，是一种请求，而不是命令。根据程序的具体情况，编译器可自动地将某些寄存器变量改为非寄存器变量。

【例 10-4】　使用寄存器变量 k, m 控制循环次数。

```
#include "stdio.h"
main()
{
```

```
register int k,m;                    /* 定义寄存器变量 */
int s=0;
for(k=; k<=20; k++)
     for(m=1; m<=20; m++)
          s=s+1;
printf("s=%d\n", s);
return ;
}
```

10.3.2　全局变量的存储定义

1. 外部全局变量

全局变量是在函数外部定义的变量。变量在编译时分配在静态数据区，生存期是程序运行期。作用域是从定义点往后的所有定义的函数均有效。但当与函数内的局部变量同名时，局部变量是有效的，全局变量无效。

对于一个很大的程序，为了编写、调试、编译和修改程序的方便，常把一个程序设计成多个文件的模块结构。每个模块或文件完成一个或几个较小的功能。这样，就可以先对每个模块或文件单独进行编译，然后再将各模块链接在一起。那么，在多个源程序文件的情况下，全局变量是否也可以被其他模块的各函数调用呢？

如果在一个源文件中将某些变量定义为全局变量。而这些全局变量允许其他源文件中的函数引用的话，就需要有一种办法，把程序的全局变量告诉相关的模块文件。解决的办法是，在一个模块文件中将变量定义为全局变量，而在引用这个变量的模块文件中，用存储类型符 extern 将其说明为外部变量。例如，语句：

```
extern int a;
```

说明整型变量 a 在其他源程序文件中已经定义为全局变量，在本文件中被说明是外部存储类型的，因而本文件可以引用。

注意，供各模块文件都可以访问的全局变量，在程序中只能被定义一次。但在不同的地方可以被多次说明为外部。在说明为外部变量时，不再为它分配内存。extern 定义符的作用只是将一个文件定义全局变量的作用域延伸到本源程序文件。

【例 10-5】　计算阶乘的程序。要求程序由两个源文件 file1 和 file2 构成。文件 file1 定义主函数和一个全局变量 m。文件 file2 定义计算阶乘的函数 fact()，并说明变量 m 为外部的。

程序文件如下：

```
/* file1.c 文件 */
  #include "stdio.h"
  int fact(void);
  int m;                           /* 定义 m 为全局变量 */
  void main()
  {
    printf("Enter a number: ");
    scanf("%d", &m);

    printf("%d! = %d\n", m, fact());
    return;
  }

/* file2.c 文件 */
  extern int m;                     /* 说明变量 m 为外部全局变量 */
```

```
int fact(void)
{
    int result=1,i;
    for(i=1;i<=m;i++)
        result=result*i;
    return (result);
}
```

2. 静态全局变量

静态全局变量在被定义的源程序文件以外是不可见的。也就是说，静态全局变量只限于它所在的源程序文件中的函数引用，而不能被其他源程序文件中的函数引用。静态全局变量定义的形式是在全局变量定义语句的数据类型前加静态存储定义符 static。其定义形式和局部静态变量是一样的。其一般形式为：

static　数据类型　变量;

例如定义整型变量 a 为静态全局变量：

```
static int a;
```

静态全局变量分配在静态数据区，生存期是程序运行期，在这一点上，与静态局部变量是一样的。静态全局变量与静态局部变量在作用域方面是不相同的。

静态全局变量与全局变量在同一文件内的作用域是一样的，但全局变量的作用域可延伸到其他程序文件。

静态局部变量与（动态）局部变量在作用域上相同的，但前者分配在静态数据区，后者分配在动态数据区。因而它们的生存期是不同的。

【例 10-6】　应用静态全局变量的例子。

程序的功能与例 10-3 的程序基本一样。但是，本程序采用多文件结构（三个函数和两个文件的结构）。

在第一个文件中，包含静态全局变量 num1 和 num2 的定义和两个函数 numbers() 和 num_init() 的定义。第一个函数的功能与例 10-3 程序中的相应函数是一样的。第二个函数的功能是为变量 num1 和 num2 初始化。虽然定义在第一个文件中的 num1 和 num2 是静态全局变量，其他文件不能直接使用，但文件中的两个函数都可以使用这两个变量。

第二个文件为主函数文件。由于第一个文件的全局变量 num1 和 num2 定义为静态全局的，所以，第二个文件的主函数不能直接使用第一个文件的变量 num1 和 num2，而是通过函数参数的方式访问变量 num1 和 num2。

程序的任务是：

（1）主函数通过调用函数 num_init() 给静态全局变量 num1 赋初值 5，num2 赋初值 6；

（2）主函数连续十次调用函数 numbers()，输出每次调用的计算结果。

程序如下：

```
/* 第一个文件 file1.c */
static int num1, num2;              /* 定义静态全局变量 */
int numbers(void)
{
    num1 = num1 + 4;
    num2 = num2 + 7;
    return num2%num1;
}
void num_init(int x1, int x2)
```

```
{
    num1 = x1;
    num2 = x2;
}
/* 文件 file2.c */

#include "stdio.h"

int numbers(void);
int num_init(int,int);

main(void)
{
    int  i;

    num_init(5,6);
    for(i=0; i<10; i++)
      printf("%d  ", numbers());
    return 0;
}
```

10.3.3　变量存储类型小结

一个数据包含有两方面的属性：数据类型和存储类型。这一节重点介绍数据的存储类型。

从作用域的角度，有局部变量和全局变量。按它们的存储类别，局部变量又分为自动的、静态的和寄存器的三种。全局变量又分为静态的和外部的两种。

从生存期（存在性）的角度，有动态存储和静态存储两类。动态存储类的数据分配在动态数据区，是在进入相应的定义块时分配存储单元，如自动变量，寄存器变量和形参属于此类。静态存储类的数据分配在静态数据区，是编译时分配的，在整个程序运行期间都存在，如静态局部变量、静态外部变量和全局变量属于此类。

现将上述变量的存储类型从作用域和生存期的角度归纳成表 10-2。表中"√"表示"是"，"×"表示"否"。

表 10-2

变量的存储类型		定义语句块内		定义语句块外		文件外	
		作用域	存在性	作用域	存在性	作用域	存在性
局部变量	auto	√	√	×	×	×	×
	register	√	√	×	×	×	×
	static	√	√	×	√	×	√
全局变量	static	√	√	√	√	×	×
	extern	√	√	√	√	√	√

10.4　内部函数和外部函数

10.4.1　内部函数与外部函数

对于一个多源程序文件的 C 程序来说，根据一个函数能否调用其他源程序文件的函数，将函数分为内部函数和外部函数。

　　如果一个函数只能被本源程序文件的函数所调用，这样的函数称为内部函数。内部函数也叫做静态函数。内部函数在定义时，要在函数类型前加上说明符 static。例如：

```
static char myfunction(char ch)
{
}
```

　　使用内部函数的好处是，如果在一个较大的程序的不同文件中，函数同名不会产生相互干扰。这样，就有利于不同的人分工编写不同的函数，而不必担心函数是否同名。

　　外部函数可以被程序的其他文件内的函数调用。外部函数定义的方法是，在定义函数时，在函数类型前加 extern。例如：

```
extern float func(int x,float y)
{
}
```

如果在定义函数时省略 extern，则隐含为外部函数。例如，例 10-6 程序中的函数：

```
void num_init() {    }
int numbers() {    }
```

在定义时虽然没有用 extern 说明，但实际上就是外部函数，它们可以被另一个文件的函数调用。

　　在需要调用外部函数的文件中，用 extern 说明所用的函数是外部函数。例如：

```
extern int sum();
```

　　【例 10-7】　程序由两个模块文件组成。其中第一个文件 c1.c 是主函数。它的功能是从键盘读取两个整数并赋给变量 i 和 j，然后，调用求和函数 sum()。函数 sum()在第二个文件 c2.c 中定义。在 c2.c 文件中，我们把变量 i、j 和函数 sum()说明为 extern；在 c1.c 文件中，把函数 sum()的原型说明为 extern。

　　程序如下：

```
/* 文件 file c1.c */

#include "stdio.h"
int sum();                          /* 外部函数原型 */
int i,j;                            /* 定义全局变量 */
main()
{
    int x;
    printf("Enter two numbers: ");
    scanf("%d%d", &i,&j);
    x=sum();
    printf(" sum = %d\n", x);
    return 0;
}

/* file c2.c */
extern int i,j;                     /* 说明变量 i,j 为外部的 */
extern int sum()                    /* 定义外部函数 */
{
    return i+j;
}
```

10.4.2　在 Turbo C++集成环境下编译多文件程序

　　实际上，大多数程序都很长，放在一个文件中很不方便。最好是将一个较大的程序分成若干小摸块，每一模块组成一个文件。

在 Turbo C++的集成开发环境中，多文件程序称为工程或项目（projects）。每个工程有一个相应的工程文件或项目文件（project file）。工程文件是用来说明该工程包括哪些文件。所有的工程文件的扩展名都是.PRJ。

在集成环开发境下编译多文件程序的步骤如下：

（1）分别完成各源程序文件的编译；

（2）选择主菜单中的 projet；

（3）选择其中的 Open project...子命令以建立工程文件；

（4）用 Add item...命令将组成该 PRJ 工程文件的各文件装入，完成 Projiect 文件建立；

（5）选 compile 主菜单下面的 Make EXE File 子命令或选 Link EXE File 子命令，产生可执行文件；

（6）最后，运行可执行文件。

也可以将第（5）、（6）步操作合并为一步，直接选主菜单的 Run 下的子命令 Run，连接和运行连续完成。请读者在集成环开发境下完成例 10-7、例 10-4 和例 10-5 多文件程序的运行。

10.5   动态存储单元

C 语言在计算机中存储数据的方式有两种，第一种方式，是通过定义变量来存储；第二种方式，是通过 C 语言的动态存储分配系统来分配内存。

在第一种方式下，程序设计人员需要定义全局变量或局部变量。在第二种方式下，在程序运行中，当需要存储空间时，向系统申请，使用完毕，再将申请的内存空间退还给系统。

内存空间的申请和退还，是通过 C 的存储分配系统的函数 malloc()和 free()实现的。使用这些函数时应包含头文件 stdlib.h。

内存分配函数 malloc()的格式为：

```
void *malloc(int size)
```

该函数的功能是申请大小由参数 size 指定的内存空间。函数返回一个 void 类型的指针。这个指针指向分配到的存储区的首地址。如果调用失败，则返回一个空值 0（系统定义的符号是 NULL）。Void 类型指针可用做各种数据类型的指针。

函数的参数 "size" 是申请内存的字节数，这个数值可以事先计算好，也可以用运算符 sizeof()来确定。例如，sizeof(float)可以计算出一个浮点数所需要的字节数，并可作为内存分配函数的参数。例如，申请可以存储三个浮点数的内存空间的语句：

```
malloc(3*sizeof(float))
```

如果动态分配内存失败，会使程序运行不能正常进行，因此，程序中应安排一个程序段，判断申请内存是否成功。例如，下面的程序段：

```
prt = malloc(4*sizeof(int));            /* 申请存储空间，返回指针 */
if(!prt)
   printf("out of memory");             /* 返回指针为 0，申请失败 */
```

内存释放函数 free()的格式为：

```
void free(void *ptr)
```

　　free()函数的功能与 malloc 相反，它是把已分配的内存空间交还给系统。被交还的内存空间，可以重新分配使用。参数 p 是所要释放的内存首地址，即当初内存分配函数返回的指针。

　　【例 10-8】　编写程序，申请用于存储四个整型数的动态存储空间。得到所要求的存储空间后，向存储空间里存储三个数据和它们的和。接着输出这些数据的和。最后，将所申请的存储空间退回系统。

　　程序如下：

```
#include "stdio.h"
#include "stdlib.h"
main()
{
    int *prt;
    prt = malloc(4*sizeof(int));          /* 申请存储空间 */
    if(!prt)
            printf("out of memory");      /* 申请失败 */
    else                                  /* 申请成功 */
    {
            printf("\nEnter three numbers: ");
            scanf("%d%d%d", prt,prt+1,prt+2);   /* 向申请到的存储空间存数据 */

            *(prt+3)=*prt+*(prt+1)+*(prt+2);    /* 计算三个数据的和 */
            printf("The sum is %d\n",*(prt+3));
            free(prt);                    /* 释放申请的存储空间 */
    }
    return 0;
}
```

　　程序的输出（有下划线的数据是用户输入的）：

```
Enter three numbers: 10 20 30
Thc sum is 60
```

10.6　修饰符 const

　　我们学过数据类型修饰符 long, short。我们还学过 auto、extern、static 等修饰符。它们都从不同的方面影响变量的特性。这一节介绍另一种影响变量存取特性的修饰符 const，称为常量修饰符。用 const 修饰符说明的变量，可以给它们赋初值，但在程序运行期间，其值不能改变。

　　使用 const 的一般形式为：

const 数据类型 变量名;

例如：

```
const int a ;
const int b = 35;
```

　　变量经过 const 修饰后，可以确保它的值不被程序修改。其中一个重要用途就是用来保护函数的实参不被该函数修改。

　　【例 10-9】　程序中定义了一个函数 fun_con()，其功能是将主函数提供的一个字符串中的小写字母改为大写字母。函数的参数用 const 修饰，以保证实参不发生变化。

程序如下：

```
#include "stdio.h"
void fun_con(const char *str);
main()
{
        char str[] ={ 'a','b','c','d','e','f','g','h'};
        fun_con(str);
        printf("%s\n", str);
        return 0;
}
void fun_con(const char *str)
{
    while(*str)
    {
            printf("%c", toupper(*str++));
    }
    printf("\n");
}
```

程序的输出如下：

A B C D E F G H

a b c d e f g h

如果在函数 fun_con()中企图改变变量 str 的值，例如，加上如下的语句：

```
*str=toupper(*str);
```

系统会给你发出错误信息：

```
Cannot modify a const object in fun_con
```

小　　结

本章讲述了关于 C 语言中数据的存储类型问题。涉及的范围，主要有以下几个方面。

（1）全局变量和局部变量。讲述了全局变量和局部变量的定义方法，它们的定义域等问题。

（2）4 种数据的存储类型：auto、static、register 和 extern。讲述了动态存储和静态存储的概念。

（3）内部函数，外部函数及多文件程序。讲述了在多文件的情况下，函数之间的调用关系问题，多文件程序的编译，连接和运行。

（4）动态存储单元的使用。

动态存储单元与一般的变量不同，它必须在程序的运行过程中通过申请才能存在。而且使用完毕还要退还给系统。动态存储单元的申请和释放，是通过两个函数 malloc()和 free()实现的。介绍了如何申请存储空间和如何释放这些存储空间。

（5）常量修饰符 const 的使用。

习　　题

10-1　说明怎样定义全局变量和局部变量。

10-2　什么是动态存储，什么是静态存储？

10-3 静态局部变量与自动局部变量有什么区别？

10-4 说明什么是动态存储单元，与一般变量相比，它有什么特点？

10-5 什么是内部函数，什么是外部函数？

10-6 将例 10-3 中的变量 nm1 和 nm2 改为自动变量，程序的输出是什么？

10-7 写出下面程序的输出结果：

```c
#include<stdio.h>
f(int a)
{
     auto int b=0;
     static int c=3;
     b++;
     c++;
     return (a+b+c);
}

main()
{
     int a=2, i;
     for(i=0;i<3;i++)
       printf("%d\n", f(a));
     return;
}
```

10-8 应用动态存储单元编写程序，输入两个浮点数，计算并输出两个浮点数和它们的和。

10-9 说明下列程序中定义的各变量的存储类型，所分配的数据区，生存期和作用域。写出程序的输出。

```c
#include"stdio.h"
   int a=1;
   main()
   {
        static int x=3;
        int y=a;
        func();
        func();
        printf("main:%d,%d,%d\n",x,y,a);
   }
   func()
   {
        static int x=1;
        int y=2;
        x++;
        a++;
        y++;
        printf("func:%d,%d,%d\n",x,y,a);
   }
```

第 11 章
用户定义数据类型

C 和 C++有很丰富的数据类型。前面已经学习了 5 种基本数据类型。它们是字符型（char）、整型（int）、浮点型（float）、双精度型（double）和无值型（void）。

除 void 类型外，在其他四种基本数据类型定义前面，还可以加存储类型定义符。所有这些，都使 C 语言的数据类型的功能得到很大的扩充。

在基本数据类型的基础上，我们还学习了数组类型和指针类型。以上这些数据类型都是系统定义的，可以直接使用。我们还可以构造满足自己需要的其他数据类型。这是用户在程序中自己定义的一种数据类型，称为用户自定义数据类型。

在已定义的数据类型基础上，用户可以构造下列四种数据类型：

结构型（structure）；
位域型（bit_field）；
联合型（union）；
枚举型（enumeration）。

这些数据类型必须经用户先定义，然后才能用它们来定义相应数据类型的变量、数组和指针等。

除此以外，用户还可以用关键字 typedef 为已建立的数据类型定义新的类型名字。

本章将详细介绍上述构造数据类型的建立（定义）和应用。

11.1　结构型（Structure）

结构型是不同数据类型数据的集合。与数组相比，数组是相同数据类型数据的集合。数组中的数据是相互关联的。结构中的数据也是这样，这些不同类型的数据在意义上是关联的。把在意义上相关联的不同类型数据组合成一个整体，作为一种数据类型来看待，无疑，对程序设计是非常有利的。

11.1.1　结构型的定义

结构是由一些基本数据类型和其他已定义的数据类型组成的。它有一个用户为它起的名字，称为结构名。结构型中的各成分，在逻辑上有一定的内在联系。组成结构型的各成分，称做结构的元素、成员区域。

例如，通信录可以构成一个结构型，它的成员可以包括姓名、地址、电话号码和邮政编码等。定义了具有这样结构数据类型的变量，可以像数据库中的记录那样使用。

结构数据类型的定义，是通过结构定义语句完成的。其定义的关键字是 struct。定义结构的一般形式为：

struct 结构型名

```
{
    数据类型 1   成员名 1;
    数据类型 2   成员名 2;
    …
    数据类型 n   成员名 n;
};
```

其中结构型名是用户为结构型起的名字，可以是任何合法的标识符。数据类型 1，数据类型 2 等可以是任何已经定义的基本数据类型，包括结构型。成员名 1，成员名 2 等是用户为结构成员起的名字，可以是任何合法的标识符。

例如，定义一个包含有姓名、地址、电话号码和邮政编码的结构数据类型，其定义形式如下：

```
struct comm
{
    char name[30];
    char addr[80];
    char tele[10];
    unsigned long int zip;
};
```

其中 comm 是结构类型名；name[30]为字符型的成员名，用来记录姓名；字符型成员 addr[80] 用来记录地址；字符型成员 tele[10]用来记录电话号码；无符号长整型成员 zip 用于记录邮政编码。

因为结构型是一种数据类型，其中成员也不是变量，系统不会为所定义的结构分配内存空间。

当结构成员的数据类型为结构类型时，称为结构的嵌套。

下面的结构定义 people 是具有嵌套的结构，因为这个结构的成员之一 infor 是 comm 结构类型：

```
struct comm
{
    char addr[80];
    char tele[10];
    unsigned long int zip;
};
struct people
{
    char name[20];
    struct comm infor;
};
```

在定义嵌套结构型时，要注意结构定义的先后问题。以上面的两个结构来说，"comm"结构应该在前，因为结构"people"要引用结构"comm"。

11.1.2　结构型变量的定义

有三种定义结构变量的方法。

第一种定义结构型变量的方法是：先定义结构类型，后定义结构型变量。

这种定义方法与一般数据类型变量的定义的方法一样。定义完结构类型之后，再定义结构型变量。例如，变量 a 和 b 定义为 comm 结构类型，可以这样写：

```
struct comm                      /* 先定义结构型 */
```

```
{
    char addr[80];
    char tele[10];
    unsigned long int zip;
};
    …
struct comm a, b;                    /* 后定义结构型变量 */
```

第二种定义结构型变量的方法是：在定义结构的同时定义结构型变量。

这种定义方法是将要定义为该结构类型的变量直接写在该结构定义的右花括号之后，最后再以分号结束语句。例如，上例可写为：

```
struct comm
{
    char name[30];
    char addr[80];
    char tele[10];
    unsigned long int zip;
} a, b;                              /* 定义该结构型的变量 */
```

第三种定义结构型变量的方法是：定义无名称结构型的同时定义该结构型变量。例如：

```
struct
{
    char name[30];
    char addr[80];
    char tele[10];
    unsigned long int zip;
} a, b ;
```

以上前两种定义结构类型变量的方法是完全等效的。在使用了第二定义方法之后，仍然可以使用第一种方法继续定义该结构型的其他变量。第三种方法中因省略了结构型名，结构型定义后，将无法再使用第一种方法继续定义该结构型的变量。

结构型变量被定义后，系统将按结构类型定义中成员的说明顺序，为它们在内存分配存储空间。例如，有下面的定义的结构型 ex 和结构型变量 ex1：

```
struct ex{
    int a;
    float b
    char c;
    char d[5];
}ex1;
```

系统为变量 ex1 分配的内存空间如图 11-1 所示。

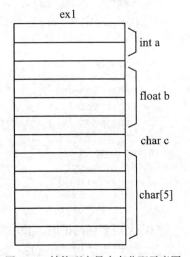

图 11-1　结构型变量内存分配示意图

结构成员名可以与程序中的变量同名，也可以与结构类型名相同。结构型变量名可以与结构类型名相同，但不能与程序中的变量名相同。例如，

```
struct comm comm ;
```

中结构型名与结构型变量名相同，是可以的。

11.1.3　结构型变量的初始化

结构型变量初始化的方法，与结构型变量定义采用的形式相对应。对于第一种定义结构变量

的方法，以结构 comm 为例，可以这样初始化：

```
struct comm                    /* 定义结构型 */
{
        char name[30];
        char addr[80];
        char tele[10];
        unsigned long int zip;
};
        ...
struct comm a={"zhang Xu","Beijing","62018882",100000},
        b={"Li Lin", "nanjing","37214985",503762};
```

对于第二种定义结构变量的方法，仍以结构 comm 为例，可以这样初始化：

```
struct comm
{
        char name[30];
        char addr[80];
        char tele[10];
        unsigned long int zip;
} a={"zhang Xu","Beijing","62018882",100000},
  b={"Li Lin", "nanjing","37214985",503762};
```

对于第三种定义结构变量的方法，可以像前面一样初始化，只是没有结构名而已。

11.1.4　结构型变量成员的引用

结构型变量被定义后，就可以引用变量了。实际上，对结构型变量，只能使用其中的成员，而不是结构变量本身。结构型变量成员的使用如同一般变量。也可以使用结构型变量成员的地址以及结构型变量的地址。

1. 结构型变量成员的引用方法

引用结构型成员的格式如下：

结构型变量名.成员名

其中"."是成员选择符（或称点操作符或成员运算符）。这个运算符的优先级最高，结合性是自左向右。例如，下面的语句将字符串"zhang_xu"赋给结构型变量 a 中的成员 name：

```
strcpy(a.name,"zhang_xu");
```

如果想要在屏幕上显示结构变量 a 中的元素 name 的内容，可以用如下的语句：

```
printf("%s ", a.name);
```

结构型变量也具有存储类别属性，它可以是外部、自动或静态存储类型。但不能是寄存器类型。

相同类型的结构型变量可以互相整体赋值。例如，

```
struct comm a,b;
a=b;
```

如果一个结构型变量的成员数据类型是另一个结构型，则其成员的引用要用多个成员选择符，逐层地引用到最低一级的成员。引用格式为：

外层结构型变量名.外层成员名.内层成员名

例如有，

```
struct comm
{
```

```
        char addr[80];
        char tele[10];
        unsigned long int zip;
};
struct people
{
        char name[20];
        struct comm infor;
}person;
```

则结构型变量 person 成员的引用的形式为：

```
person.infor.addr
person.infor.tele
```

等。

2. 结构型变量成员地址的引用

取结构型变量成员的地址的形式为：

&结构型变量名.成员名

设定义有与结构成员数据类型相匹配的指针变量，则可以有如下的指针赋值语句：

指针标量=&结构型变量名.成员名

例如，有如下定义：

```
struct student
{
    int number;
    char name[10];
}a;
int *p_number;
```

则指向结构型变量 a 的成员 number 的指针变量为：

```
p_number=&a.number;
```

用指针变量取成员的内容时，则用下面的表达式：

```
*p_number
```

【例 11-1】 结构型数据的应用。

程序定义一个结构型 data，它有 3 个不同数据类型的成员：

```
struct data
{
    int a;
    float b;
    char c[10];
};
```

程序的任务是，对 data 结构型变量 x 赋初始值（如 10,123.5,"abc"），对各成员数据进行运算（如成员 a 加 1，成员 b 加 1.5，成员 c 字符串后加串"123"），然后，输出变量 x 各成员的新数据。

程序如下：

```
#include"stdio.h"
struct data
{
        int a;
        float b;
        char c[10];
};
```

```
main()
{
        struct data x={10,123.5,"abc"};                 /* 定义结构变量并初始化 */
        x.a+=1;                                         /* 对结构成员进行运算 */
        x.b+=1.5;
        strcat(x.c,"123");
        printf("x.a=%d, x.b=%f, x.c=%s\n",x.a,x.b,x.c);/* 输出成员值 */
}
```

【例 11-2】 结构型的嵌套。

程序中定义具有嵌套的结构 comm person。然后，定义结构变量并初始化，最后，输出结构变量各成员的值。

程序如下：

```
#include<stdio.h>
main()
{
    struct comm                                 /* 定义结构型 comm */
    {
        char addr[80];
        char tele[10];
        long zip;
    };
    struct person                               /* 定义嵌套的结构型 person */
    {
        int age;
        char name[20];
        struct comm infor;
    }person1={99,"zhang lan","abcd","1234",98765}; /* 定义并初始化结构型变量 person1 */

    printf("person1.age=%d\n",person1.age);         /* 输出变量 person1 的各成员值 */
    printf("person1.name=%s\n",person1.name);
    printf("person1.infor.zip=%ld\n",person1.infor.zip);
    printf("person1.infor.addr=%s\n",person1.infor.addr);
    printf("person1.infor.tele=%s\n",person1.infor.tele);
    printf("\n");

    return;
}
```

程序的输出如下：
```
person1.age=99
person1.name=zhang lan
person1.infor.zip=98765
person1.infor.addr=abcd
person1.infor.tele=1234
```

11.1.5 结构型变量作为函数的参数

结构型变量可以作为函数的参数。结构型也可以作为函数的返回值。将结构类型变量作为函数的参数时，可有两种情况：形参是结构型变量的成员和形参是整个结构型变量。现分述如下。

1. 结构型变量元素作为函数的参数

把结构型变量的指定元素传递给函数，可以通过值传递方式实现，也可以通过地址传递方式实现。下面分别讲述这两种调用。

（1）值传递

值传递就是把元素的值传递给函数，如同传递一个简单变量。实参和形参的数据类型必须一致。

例如，有如下定义的结构型和结构型变量：

```
struct my_struct
{
    char a;
    int b;
    char c[5];
} my_var;
```

下面的语句将元素 a，b 和 c[1]作为实参传递给函数 my_fun1()：

```
my_fun1(my_var.a, my_var.b, my_var.c[1]);
```

（2）地址传递

当希望传递结构型变量成员的地址给函数时，必须在变量名前加上取地址运算符"&"。

例如，将上面值传递的例子改为地址传递时，应当这样写：

```
my_fun1(&my_var.a, &my_var.b, &my_var.c[1]);
```

2. 结构型变量作为函数参数

整个结构型变量作为实参向函数传递时，实参和形参的结构类型必须匹配，这里只介绍采用值传递的情况。地址传递在下一节介绍。

【例 11-3】　结构型变量作为函数的参数的程序。

程序有如下定义的结构 samp1：

```
struct samp1
{
    int a;
    float b;
};
```

还定义了一个参数为结构型 samp1 的函数 fun(struct samp1)。该函数的功能是将结构型变量的每个成员的值加一，并将运算结果送回主函数。为此，把函数返回值的类型设计为结构型。结构型变量的初始值由主函数给定，然后，调用函数 fun()。最后，主函数输出结构型变量各成员的数据。

程序如下：

```
#include "stdio.h"
struct samp1 {                        /* 定义结构型 samp1 */
    int a;
    float b;
};
struct samp1 fun(struct samp1 );      /* 函数 fun()原型,参数和返回值均为结构型 */
main()
{
    struct samp1 y;                   /* 定义结构型 samp1 的变量 y */

    y.a = 10;
    y.b = 1.1;
```

```
        y=fun(y);                              /* 调用函数 fun() */
        printf("a=%d  b=%f\n", y.a, y.b);
        return 0;
}
struct samp1 fun(struct samp1 x)               /* 定义函数 fun(y) */
{
        x.a++;
        x.b++;
        return x;
}
```

程序的输出为:

```
a=11   b=2.100000
```

11.2　结构型数组

当结构变型量为数组时,称这种数组为结构型数组。这种数组的每个元素都是同一结构型的变量。结构型数组有很广的应用。例如,建立学生成绩档案。对每个学生应当记录以下内容:

姓名

数学分数

物理分数

化学分数

这就是一个结构型。一个一般的结构变量只能记录一个学生的信息。如果有 10 名学生的信息,显然,使用结构型数组是再合适不过的了。

这一节介绍结构型数组的定义、初始化和结构型数组成员的引用。

11.2.1　结构型数组的定义和初始化

应用结构型数组时,首先要定义结构型,然后将数组变量说明为该结构类型。定义结构型数组的方法,与前面介绍的定义结构型变量一样,也是三种方法,这里就不重复了。

例如,对于前面定义的结构 comm,结构型数组定义语句

```
struct comm a[100];
```

说明了一个有 100 个元素,类型为 comm 的结构型数组 a 。

定义结构型数组的同时,同样可以进行初始化。其方法是,将每个数组元素各成员的初始化数据按结构定义中的顺序写在花括号 "{}" 内。例如:

```
struct student
{
        int number;
        char name[10];
}a[3]={{1, "zhang"}, {2, "wang"}, {3, "li"}};
```

初始化的结果,数组 a 的各成员被赋值为:

```
a[0]:   1   zhang
a[1]:   2   wang
a[2]:   3   li
```

11.2.2 结构型数组元素成员的引用

访问结构数组的某个指定的成员时，结构名要带有相应的下标。引用格式为：

结构型数组[下标].成员名

例如，要访问结构型数组 a 的第三个结构的成员 name，应当这样写：

a[2].name

【例 11-4】 应用结构型数组的简单例子：学生成绩档案程序。

假设学生成绩档案中的信息为：

姓名（name）

数学（math）

物理（physics）

语言（language）

程序的功能是：输入每名学生的成绩，计算每个学生的总分，输出学生的姓名和总分。

定义结构型和结构型数组如下：

```
struct student {
    char name[20];
    int math;
    int physics;
    int language;
} students[10];
```

这里 students 为结构型数组。它可以记录 10 名学生的相关信息。

程序首先是输入数据。每当输入一个学生的数据时，都要问是否继续输入。如果回答 "n"，则结束输入数据。程序进入第二段，计算每个学生的总分。程序的第三段是输出计算的结果。

程序如下：

```
#include<stdio.h>
main()
{
    struct student                              /* 定义结构型 */
    {
        char name[20];
        int math;
        int physics;
        int language;
    }students[10];                              /* 定义结构型数组 */

    int i, j;
    int sum[10]={0,0,0,0,0,0,0,0,0,0};
    char ch, x;

    printf("Enter student data:\n");
    for(i=0;i<10;i++)                           /* 输入数据 */
    {
        printf("continue(y/n)?");
        ch=getchar();
        if(ch=='n') break;
        printf("\n");

        printf("name: ");
```

```
        scanf("%s",students[i].name);
        printf("math:" );
        scanf("%d",&students[i].math);
        printf("physics: ");
        scanf("%d",&students[i].physics);
        printf("language: ");
        scanf("%d",&students[i].language);
    }

    for(j=0;j<i;j++)                          /* 统计数据 */
    {
        sum[j]=sum[j]+students[j].math;
        sum[j]=sum[j]+students[j].physics;
        sum[j]=sum[j]+students[j].language;
    }
    printf("\n");
    for(j=0;j<i;j++)                          /* 输出数据 */
    {
        printf("%s ",students[j].name);
        printf("%d\n",sum[j]);
    }
    return;
}
```

11.3　指向结构型数据的指针

　　像其他数据类型可以使用指针一样，结构型数据也可以使用指针。这一节介绍如何使用结构型变量指针来间接引用结构数据类型的成员。

11.3.1　指向结构型变量指针的定义、初始化和引用

　　在本章的第一节，介绍了结构型变量定义和初始化的三种形式。定义结构型变量指针和初始化也是一样，其差别仅仅是在指针变量名的前面加一个指针标记"*"。其格式为：

struct 结构名 *指针变量名;

也可以在定义的同时赋值，即初始化。其格式为：

struct 结构名 *指针变量名=&结构变量名;

例如，下面的语句定义了结构型 samp 的变量 x 和结构指针 p 并初始化为变量 x 的地址：

struct samp x,*p=&x;

　　也可以定义了结构型指针后再赋值。结构型变量指针的赋值，与一般指针变量是一样的，例如，语句：

p=&x;

　　结构型指针变量被赋值后就可以通过该指针来引用该结构型变量的成员。有两种引用方式：

方式一　　　　　**（*指针变量）.成员名**

方式二　　　　　**指针变量->成员名**

方式一使用的是成员运算符，也称为成员选择符。我们比较熟悉这种运算符。需要注意的是，这里必须用圆括号将指针变量括起来，因为"*"运算符的优先级低于"."运算符。方式二使用的

是指向成员运算符 "->"（由一个减号和一个大于号组成），简称指向运算符。

例如，有如下定义的结构类型和变量 my_var, *p;：

```
struct my_struct
{
    char a;
    int b;
    char c[5];
} my_var, x, *p;
```

由于指针 p 没有初始化，我们首先给指针赋值：

```
p=&my_var;
```

现在用上述的两种方法引用结构类型 my_struct 的成员：

```
(*p).a;    (*p).b;    (*p).c[0];
p->a;     p->b;    p->c[0];
```

如果要把变量 my_var 的成员 a 的值赋给变量 x 的成员 a，我们可以写成如下的两种等效的形式：

```
x.a=(*p).a;
x.a=p->a;
```

11.3.2　结构型变量指针的应用举例

1. 结构指针在链表方面的应用

【例 11-5】　图 11-2 所示是一个由三个结点构成的链表，每个结点就是一个结构型变量。结构型变量含有两个成员：一个成员是数值型变量，一个是指向下一个结点的指针。

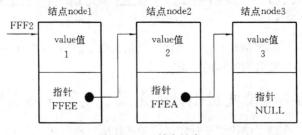

图 11-2　三结点链表

首先定义结点的结构型。由图 11-2 可知，结构型的两个成员的数据类型分别为整型和指针类型。于是有如下的结构型定义：

```
struct node
{
    int value;
    struct node *ptr;
};
```

特别要说明的是结构的第二个成员 prt。它是一个指向本结构 node 类型的指针变量。C 语言规定，定义一个结构型时，其成员的类型可以是该结构型，但必须是指针，不能是普通变量。

例如，下面的定义是不合法的：

```
struct node
{
    int value;
    struct node a;
};
```

因为 a 不是指针，所以是错误的。

定义三个 node 型的结构变量 node1, node2 和 node3 如下：

```
struct node node1, node2, node3;
```

再定义一个结构型变量指针 p：

```
struct node *p;
```

为了将以上定义的这三个结构类型变量构成一个链，node1 的成员 ptr 应存储 node2 的地址；node2 的成员 ptr 应存储 node3 的地址；node3 的成员 ptr 可以存储一个空地址。

下面的程序给三个结构类型变量 node1，node2，node3 赋值，然后，将各结构变量成员的数据输出。

程序如下：

```
#include <stdio.h>
main()
{
  struct node {                       /* 定义结构型 */
    int value;
    struct node *prt;
  };

  struct node node1, node2, node3;    /* 定义 3 个结构型变量 */
  struct node *p;                     /* 定义结构型变量指针 */
  p = &node1;                         /* 给结构型变量指针赋值 */

  node1.value = 1;                    /* 给各结点赋值 */
  node1.prt = &node2;
  node2.value = 2;
  node2.prt = &node3;
  node3.value = 3;
  node3.prt = NULL;

  while(p!=NULL)
  {
      printf("%d  %p\n", p->value, p);  /* 使用结构型变量指针输出个结点的 value */
      p = p->prt;                       /* 和结点的首地址 */
  }
  return 0;
}
```

在程序中，对结构成员 value 的访问，使用了两种不同的方法：直接访问和通过结构的指针的间接访问。nodel.value 为直接访问。P->value 为间接访问。

程序的输出如下：

```
1 F F F 2
2 F F E E
3 F F E A
```

这些数据都表示在图 11-2 上。

2. 结构型变量指针作为函数参数

【例 11-6】　将例 11-3 改为一个以结构指针进行地址调用的函数。

在这个程序中，函数 fun()的参数要改为结构型指针，由于函数参数的传递方式是地址传递，因此，将函数的类型改为 void 型。修改后的函数有如下的形式：

```
void fun(struct samp1 *x )
```

```
{
    x->a++;
    x->b++;
    return;
}
```

定义一个指向结构型变量的指针并赋值：

```
struct samp1 *p ,y;
p=&y;
```

结构型变量成员的引用可改为用指针引用，如：p->a 或(*p).b。

程序如下：

```
#include <stdio.h>
struct samp1                                    /* 定义结构类型 samp1 */
{
    int a;
    float b;
};
void fun(struct samp1* );                       /* 函数 fun 原型说明 */
main()
{
    struct samp1 *p;                            /* 定义 samp1 类型指针变量 p */
    struct samp1 y;                             /* 定义 samp1 类型变量 y */

    p=&y;                                       /* 使指针 p 指向变量 y */
    y.a = 10;                                   /* 给变量 y 的成员 a 赋值 */
    y->b = 1.1;                                 /* 给变量 y 的成员 b 赋值 */

    fun(p);                                     /* 以结构型指针变量为实参调用函数 */
    printf("a=%d  b=%f\n", p->a, (*p).b);       /* 用两种间接引用形式输出变量 y 的成员 */

    return 0;
}
void fun(struct samp1 *x)                        /* 定义以结构型指针为形参的函数 fun */
{
    x->a++;
    x->b++;
    return;
}
```

程序的输出为：

```
a=11  b=2.100000
```

11.3.3　指向结构型数组的指针

定义指向结构型数组的指针变量的方法，和结构型变量的指针变量的定义方法完全一样。例如，有如下的结构型：

```
struct student
{
    int number;
    char name[20];
}st[10];
```

语句

```
struct student  st[10], *stp=st;
```
说明定义 stp 为指向结构型 student 的指针变量，并初始化使其指向数组 st。

指针变量也可以在引用时赋值。赋值时，既可以让指针指向数组元素，也可以指向数组的首地址。因此，有如下两种赋值方法：

```
stp=&st[i];        指针 stp 指向数组元素 st[i]
stp=st;            指针 stp 指向数组 st 首地址
```

在指针变量指向数组元素的情况下，可以使用下列两种方式引用数组元素的成员：

```
(*指针变量).成员名
指针变量->成员名
```

例如，引用数组元素 st[2] 的成员 number：

```
sp=&st[2];
 (*sp).number
```

或

```
sp->number
```

如果指向结构型数组的指针变量是指向数组的首地址，则有下列两种引用数组元素 i 的成员的方式：

(*(指针变量+i)).成员名

(指针变量+i)->成员名

例如，用第一种格式，即成员运算符引用 st[2] 的成员 number，用第一种格式，即指向成员运算符引用 st[2] 的成员 name：

```
stp=st;
(*(stp+2)).number;
(stp+2)->name;
```

【例 11-7】　定义一个含有两个成员（学生号和姓名）的结构型学生档案。定义一个可记录 10 名学生档案数据的结构型数组。输入和输出两个学生的档案记录。

本例题使用字符串函数 strcpy( ) 给字符型成员 name 输入字符串，并且分别用不同的运算符引用数组的成员。

程序如下：

```
#include"stdio.h"
struct student                    /* 定义结构型 student */
{
    int number;
    char name[20];
}st[10],*sp=st;                   /* 定义结构型数组 st, 指针 sp 并初始化数组首地址 */

main()
{
    sp->number=1;                 /* 用指向运算符输入结构成员数据 */
    strcpy(sp->.name,"ling ling");
    (*(sp+1)).number=2;           /* 用选择运算符输入结构成员数据 */
    strcpy((*(sp+1)).name,"lan lan");

    printf("%d  %s\n",(*sp).number,(*sp).name); /* 用选择运算符输出结构成员数据 */
    printf("%d  %s\n",(sp+1) ->number,(sp+1) ->name); /* 用指向运算符输入结构成员数据 */

    return;
}
```

请读者正确写出本程序的输出。

11.4　位域型（Bit_Fields）

C 语言的特点之一，是它能对字节或字节中的一位或多位进行操作。这种以 bit 表示操作对象的能力，给程序设计带来很大方便。特别是在一些计算机控制领域，对外部设备的管理等方面，位域型有广泛应用。

11.4.1　位域型的定义

位域是这样一种数据结构型，它定义每个元素（成员）的二进制位数。位域结构型定义的一般形式为：

struct 位域结构名
{
  数据类型 成员名 1：长度 1；
  数据类型 成员名 2：长度 2；
   …

  数据类型 成员名 n：长度 n；
}

定义位域结构的关键字也是 struct。其中"数据类型"为位域结构的成员的数据类型。它只能说明为 int，unsigned 或 signed 类型。但通常说明为 unsigned。长度为 1bit 的成员只能说明为 unsigned。成员名 1，成员名 2，…… 位域结构的成员名，为用户定义的标识符。冒号后面的"长度"表示相应成员的二进制位（bit）数。

不是每个位域类型的成员都需要命名（但要有域长）。例如，不使用的位域就可以不命名，从而可以跳过某些位。如下面的语句：

```
unsigned :     2;
```

实际上，位域成员是一种特殊类型的结构成员。因此，一般的结构成员可以和位域的成员混合组成一个结构，例如：

```
struct  person
{
    char name[10];
    float pay;
    unsigned statu: 4;        /* statu 位域成员 */
};
```

位域型变量被定义后，按照定义的顺序，系统为其在内存开辟存储空间。在一个字节的各位中逐个存放。如果小于一个字节的长度，它也占用一个字节的空间。如果定义的位域结构总长度超过一个字节的长度时，将占用下一个相邻字节。

11.4.2　位域型变量的说明和初始化

位域型变量的说明和初始化方法与结构类型变量的说明方法是一样的，这里不准备详细讨论。

【例 11-8】　定义有如下的位域结构类型和位域型变量 bd：

```
struct bit_data
```

```
    {
        unsigned a:2;
        unsigned b:1;
        unsigned c:3;
        unsigned  :10;
        int d ;
    }bd;
```

则变量 bd 在内存中存储空间的分配如图 11-3 所示，共 4 个字节（32bit）。

例如，对上面定义的位域类型，还可以用下面的方法说明位域类型变量 data1 和 data2：

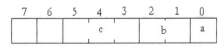

图 11-3　位域结构存储示意图

```
    struct bit_data  data1,data2;
```

其一般形式为：

struct 位域类型名 变量名表;

位域类型变量也可以在定义位域类型的同时进行说明，也可以进行初始化。例如：

```
    struct bitstr
    {
        unsigned a:2;
        unsigned b:1;
        unsigned c:3;
    }bit_data={ 3,0,5 };
```

位域类型的应用也有一定限制，如不能取位域变量的地址，位域变量不能是数组。

11.4.3　位域型变量的引用

位域型变量成员的引用，也与结构类型变量一样，可以用成员选择符 "." 来访问。例如，访问前面例子中变量 data1 的成员 a，可以写为：

```
    data1.a
```

对其赋值，可写为：

```
    data1.a=1;
```

【例 11-9】　定义如图 11-4 所示位域类型 it_data。对位域类型变量进行说明、赋值和输出。

图 11-4　例 11-9 的位域类型

程序如下：

```
#include "stdio.h"
main()
{
    struct bit_data                                    /* 定义位域型 */
    {
        unsigned a:1;
        unsigned b:2;
        unsigned c:3;
    }abc={1,1,4};                                       /* 定义位域型变量并初始化 */

    struct bit_data xyz;                                /* 定义位域型变量 */

    printf("a=%d\tb=%d\tc=%d\n",abc.a,abc.b,abc.c);     /* 输出位域型变量 */

    xyz.a=0;                                            /* 位域型变量成员赋值 */
    xyz.b=3;
    xyz.c=7;
```

```
        printf("a=%d\tb=%d\tc=%d\n",xyz.a,xyz.b,xyz.c);   /* 输出位域型变量 */

    return;
}
```

位域的使用也有一定的局限性，如不能得到位域变量的地址，位域变量不能为数组等。另外，
域是从右到左还是从左到右存储，依赖于机器。

11.5 联合型（Unions）

11.5.1 联合型的定义

联合类型也称共用类型，这种数据类型是在同一个存储空间，可以为几个不同数据类型的成
员共同使用，但不能同时使用。联合类型的定义与结构类型相似，其一般形式为：

union 联合型名
{
    数据类型   成员名 1;
    数据类型   成员名 2;
      ···
    数据类型   成员名 n;
};

其中联合型名是用户取的标识符。数据类型可以是基本数据类型、数组、结构型和联合型等
数据类型。成员名是用户取的标识符。union 是定义共用型的关键字。

例如，下面定义一个名为 u 的联合数据类型：

```
union u
{
    int i;
    char ch;
};
```

在这个例子中定义了联合型 u，它有两个成员：一个是整型变量 i，另一个是字符型变量 ch。
这两个不同类型的变量共同使用两个字节的存储单元。

11.5.2 联合型变量的说明

和结构类型变量一样，联合数据类型变量的说明也有三种方式。第一种方式是，把被说明的
联合类型变量写在联合类型定义的右花括号之后。例如，下面定义了两个联合类型 u 的变量 u_a
和 u_b：

```
union u
{
    int i;
    char ch;
}u_a,u_b;
```

第二种方式是，写一个单独的联合类型变量定义语句。例如：

```
union u u_a, u_b;
```

第三种方式是，定义无名称的联合型同时定义变量。例如：

```
union
{
    int i;
    char ch;
}u_a,u_b;
```

在定义联合类型变量时，编译器产生一个能够存放联合成员中长度最长的变量的空间，供各成员共同使用。如联合型变量 u_a 的内存分配如图 11-5 所示。

由图 11-5 可知，联合型变量 u_a 的两个成员是不能同时使用系统分配给它们的存储空间的。如果当前存储的是成员 i，就没有空间存储成员 ch 了。如果当前存储的是成员 ch，再存储成员 i，则成员 ch 的数据就被破坏了。因此，各成员是不能同时使用被分配的存储空间的。

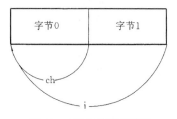

图 11-5　联合类型示意图

11.5.3　联合型变量的引用

访问联合型变量成员的语法形式，与访问结构型变量的成员一样。直接引用联合型变量成员时，用成员选择符；通过指针变量引用联合型变量时，可用成员指向运算符。现分别说明如下：

1. 联合型变量或数组元素成员的引用

引用格式为：

联合型变量名.成员名

例如，有定义：

```
struct u
{
    int  a;
    char b[10];
}u1, u2[3];
```

则对联合型变量 u1 和 u2 各成员的引用的形式可写为：

　　u1.a　　u1.b[0]　　u2[1].a　　u2[2].b[0] 等。

2. 联合型变量指针的使用

这里有两种指针可以使用：指向联合型变量成员的指针和指向联合型变量的指针。对于前者，有：

指针变量=&联合型变量名.成员名

对于后者，有：

指针变量=&联合型变量名

用指针变量引用联合型变量成员时，可用下面的两种形式之一：

(*指针变量).成员名
指针变量名->成员名

【例 11-10】　联合数据类型应用。

程序首先定义一个联合类型 u_type。它有两个成员：一个是整型变量 i，另一个是字符型变量 ch。然后，说明联合类型 u_type 的变量 ua 和指针 ptr。通过赋值语句为联合变量 u_a 和 ptr 赋值。然后，输出联合数据类型变量成员的值。

通过这个例子，学习如何定义联合数据类型，如何定义联合类型变量，如何访问联合类型变量等基本问题。

程序如下：

```
#include "stdio.h"
main()
{
    union u_type                       /* 定义联合型数据 u_type  */
    {
        int i;                         /* 联合类型 u_type 的成员 */
        char ch;                       /* 联合类型 u_type 的成员 */
    };

    union u_type ua, *ptr;             /* 定义联合型变量和指针 */
    ptr=&ua;                           /* 联合型指针变量赋值 */

    ua.i = 10;                         /* 为成员 i 赋值 */
    printf("i = %d\n", ua.i);          /* 为成员 i 输出，直接引用联合型成员 i */

    ua.ch='a';                         /* 为成员 ch 赋值 */
    printf("ch = %c\n", ptr->ch);      /* 为成员 ch 输出，间接引用联合成员 ch */

    return ;
}
```

下面是程序的运行结果：

```
i = 10
ch = a
```

使用联合数据类型时要注意以下几点。

（1）联合类型的特点是在同一个存储空间，可以存储若干数据（包括不同类型的数据）。但是，它不能同时存放几个数据。在同一时间只能存放一个数据。

（2）联合数据类型变量不能作为函数的参数，也不能返回联合数据类型的值。

（3）在结构类型定义中可以包含联合类型。

（4）联合类型的定义中也可以包含结构类型。

（5）联合类型可以嵌套，也可以定义联合类型数组。

例如，有如下的结构类型：

```
struct  str
{
    int i_num;
    float f_num;
    union u un ;
};
```

它嵌套有如下的联合类型：

```
union  u
{
    char  u_ch;
    float  u_f;
};
```

对于这种情况，我们需要特别指出的是，对嵌套的联合成员的访问的问题。如果用直接访问的方法，则嵌套的联合成员可以这样表示：

　　结构型变量.联合型变量.联合成员

采用间接方式访问时，有如下的两种形式：

　　结构型变量指针->联合变量.联合成员

　　(*结构型变量).联合变量.联合成员

【例 11-11】　设有上面介绍的嵌套联合类型的结构类型和这种类型的数组变量。设计程序，为结构类型变量数组 exs[]的成员赋值，然后输出。

程序中使用上述各种访问方式。

程序如下：

```
#include<stdio.h>
struct                          /* 定义嵌套联合结构的结构型 */
{
    int i_num;
    float f_num;
    union                       /* 定义结构型中嵌套的联合型 */

    {
       char u_ch;
       float u_f;
    }un;
}exs[2],*p=exs;                 /* 定义结构型数组和指针 */

main()
{
    int i;

    exs[0].i_num=30;            /* 直接引用方式为结构型变量 exs[0]成员赋值 */
    exs[0].f_num=123.0;
    exs[0].un.u_ch='A';         /* 注意嵌套成员的直接访问 */

    (p+1) ->i_num=50;           /* 间接引用方式为结构型变量 exs[1]成员赋值 */
    (*(p+1)).f_num=12.554;
    (p+1) ->un.u_f=100.00;  /* 注意嵌套成员的间接访问 */


    for(i=0;i<2;i++)            /* 输出 */
    {
      if(exs[i].f_num>=100)
        printf("%d\t%f\t%c\n",(p+i) ->i_num,(p+i) ->f_num,(p+i) ->un.u_ch);
      else
        printf("%d\t%f\t%f\n",(p+i) ->i_num,(p+i) ->f_num,(p+i) ->un.u_f);

    }
      return;
    }
```

程序的输出为：

```
30    123.000000    A
50    12.554000    100.000000
```

下面再给出一种嵌套有联合类型的结构类型的两个类型定义形式。这个定义形式的特点是，先定义联合结构，接着定义结构类型。两个类型的名字分别为 u 和 str，没有定义变量。结构型变量的定义写在主 main()中：

```
struct str exs[2],*p=exs;
```

程序的其他部分没有变化。下面是完整的程序清单：

```
#include<stdio.h>
union u                          /* 定义联合类型 */
{
    char u_ch;
    float u_f;
};

struct str                       /* 定义结构类型 */
{
    int i_num;
    float f_num;
    union u un  ;                 /* 结构类型嵌套联合类型 */
};

main()
{
    int i;
    struct str exs[2],*p=exs;     /* 定义结构类型变量和指针 */

    exs[0].i_num=30;
    exs[0].f_num=123.0;
    exs[0].un.u_ch='A';

    (p+1)->i_num=50;
    (*(p+1)).f_num=12.554;
    (p+1)->un.u_f=100.00;


    for(i=0;i<2;i++)
    {
        if(exs[i].f_num>=100)
         printf("%d\t%f\t%c\n",(p+i)->i_num,(p+i)->f_num,(p+i)->un.u_ch);
        else
         printf("%d\t%f\t%f\n",(p+i)->i_num,(p+i)->f_num,(p+i)->un.u_f);
    }
    return;
}
```

11.6 枚举型（Enumerations）

11.6.1 枚举型的定义

枚举类型数据是一种用名称代表整型常量的集合，它的关键字是 enum。枚举类型定义的一般格式为：

enum 枚举型名 { 枚举常量 1，枚举常量 2…枚举常量 n };

其中枚举型名是用户为所定义的枚举类型起的名字；枚举常量 1～枚举常量 n 是用户给常量取的名称。枚举型名和枚举常量名都必须是 C 的合法标识符。

C 语言规定，枚举常量的值是依次等于 0，1，2，…，n-1。

例如，下面的语句把几种颜色定义为枚举类型 color：

```
enum color { black, blue, green, cyan, red, magenta };
```

枚举类型中的每个项都是一个整数值。其中 black 的值为 0，blue 的值为 1，green 的值为 2，cyan 为 3，依次类推。

可以用初始化的方式给各枚举项赋任意整数值。例如，把上面的例句改为：

```
enum color { black, blue, green=10, cyan, red ,magenta };
```

这时，black 和 blue 的值仍然分别是 0 和 1，但 green 和其后的各项的值则为 10，11，12 和 13。

枚举类型常用于定义编译器的符号表。在程序设计中，有时用枚举常量值作为字符串数组的索引（下标）、常量等，以加强程序的可读性。

11.6.2　枚举型变量的定义

一个枚举型定义后，就可以用这个枚举型定义变量或数组。定义的方法与定义结构型类似，也有三种形式。

（1）先定义枚举型，再定义枚举型变量，即用一个单独的变量类型说明语句来定义。例如：

```
enum color { black, blue, green=10, cyan, red, magenta };
enum color clo;
```

（2）定义枚举型的同时定义变量，例如：

```
enum color { black, blue, green=10, cyan, red, magenta }clo;
```

（3）定义无名枚举型的同时定义变量，例如：

```
enum { black, blue, green=10, cyan, red, magenta }clo;
```

以上用三种形式定义了枚举类型 color 的变量 clo。

11.6.3　枚举型变量的引用

枚举类型变量是用来存放枚举类型定义的枚举常量的值。枚举型变量或数组元素的引用很简单，就是引用它们自身的名字。

给枚举变量或数组元素赋值的语句格式为：

枚举变量=枚举常量；

例如，以上一节定义的枚举类型为例，可以有如下的赋值语句：

```
clo=blue;
```

这时，变量 blue 的值为 1。在 Turbo C 系统中，这个赋值语句还可以写为：

```
clo=1;
```

但其他编译系统有可能是不允许的。

【例 11-12】　定义一个枚举类型 color。它有三项：black、green 和 red。程序的目的是输出各枚举项的值和名字。

程序中的 for 语句将枚举类型变量当做整型变量使用。

程序如下：

```
#include "stdio.h"
enum color { black, green, red };          /* 定义枚举类型 color */
```

```
char name[][10] =
                    {
                        "black",
                        "green",
                        "red"
                    };

main()
{
    enum color  clr;                        /* 定义枚举类型变量 clx */

    for(clr=black; clr<=red; clr++)         /* 枚举变量作为整型变量 */
    {
        printf("%d  %s\n", clr, name[clr]);/* 输出枚举变量的值和相应的枚举常量 */
    }
    return;
}
```

程序的运行结果是：

```
0    black
1    green
2    red
```

【例 11-13】　输出 3 种颜色（black，green，red）的所有的不同排列顺序。

程序如下：

```
#include<stdio.h>
main()
{
    enum color
    {
        black,green,red
    };

    enum color i, j, k;
    char name[][10]={
                        "black",
                        "green",
                        "red"
                    };
    for(i=black;i<=red;i++)
        for(j=black;j<=red;j++)
            for(k=black;k<=red;k++)
            {
                if(i==j||j==k||k==i) continue;
                printf("%s\t %s\t %s\n",name[i],name[j],name[k]);
            }
    return;
}
```

程序的输出为：

```
black    green    red
black    red      green
green    black    red
green    red      black
red      black    green
```

```
red       green     black
```

【例 11-14】 十进制整数转换为八进制数或转换为十六进制数。设有枚举类型：

enum conversion{ octal, hexadecimal };

应用这个枚举类型编写程序。用户首先输入想要转换的十进制整数，然后输入 8 或 16，表示要求将十进制数转换为八进制数或十六进制数。

定义枚举型变量 oper，如果用户输入 8，表示要将输入的十进制数转换为八进制，于是执行赋值语句：

oper=octal;

若输入 16 则执行赋值语句：

oper=hexadecimal;

最后，程序用一个分支语句 switch，实现转换输出。程序如下：

```
#include <stdio.h>
enum conversion{ octal, hexadecimal } oper;              /* 定义枚举类型和变量 */
main()
{
    int x,op;

    printf("Enter a decimal integer=");
    scanf("%d",&x);                                       /* 输入十进制数 */
    printf("convert to 8 or 16:");
    scanf("%d", &op);                                     /* 输入 8 或 16 */

    if(op==8) oper=octal;                                 /* 枚举类型变量赋值 */
    if(op==16) oper=hexadecimal;                          /* 枚举类型变量赋值 */

    switch(oper)                                          /* 输出结果 */
    {
        case octal:         printf("decimal %d = octal %o\n",x,x);
                            brcak;
        case hexadecimal:        printf("decimal %d = hexadecimal %X\n",x,x);
                            break;
    }
    return;
}
```

程序输出有如下的形式：

Enter a decimal integer= 15
convert to 8 or 16: 16
decimal 15 = hexadecimal F

11.7 用户自定义数据类型名称

对于已经定义的数据类型（无论是系统定义的还是用户定义的），C 语言允许用户为这些数据类型再定义自己的名字。一旦用户定义了自己的数据类型名称，用户就可以用自己的数据类型名称来定义变量、数组、指针等。用户自定义数据类型名称的语句的一般格式是：

typedef 原数据类型名 新数据类型名;

为了区别于原数据类型名，用户自己的新数据类型名通常都用大写字母组成的标识符。

用户定义自己的数据类型名称的目的，主要是为了提高程序的可读性。

下面对不同数据类型的自定义分别加以说明。

1. 基本数据类型

对所有系统定义的基本数据类型，用户自定义数据类型名称的一般格式可写为：

typedef 基本数据类型　新数据类型名；

【**例 11-15**】　将基本数据类型 float 和 int 分别定义为 REAL 和 INTEGER，然后，用新数据类型名定义相应类型的变量 f 和 i。

```
typedef float  REAL;
typedef int INTEGER;
main()
{
    REAL f;
    INTEGER i;
    …
}
```

上面程序定义了单精度浮点型变量 f 和整型变量 i。

2. 数组类型

定义格式为：

typedef 类型说明符　新数据类型名[数组长度]；

【**例 11-16**】　自定义浮点型数组类型名 FARR[10]，然后，定义浮点型数组 f1 和 f2 并初始化。

```
typedef float FARR[10];
main()
{
    FARR f1, f2;
    …
}
```

3. 指针类型

定义格式为：

typedef 类型说明符　*新指针类名；

【**例 11-17**】　定义新整型指针类型名 I_POINTER，然后，定义整型指针变量 p1 和 p2。

```
typedef int *I_POINTER;
main()
{
    I_POINTER p1,p2;
    …
}
```

4. 结构型

定义格式为：

```
typedef  struct
    {
        类型说明符　成员名 1；
        类型说明符　成员名 2；
            …
    }新结构型名；
```

【**例 11-18**】　自定义结构型名 PERSON，然后，定义该结构型的变量 p1 和 p2[5]。

```
typedef  struct
{
    int number;
    char name[10];
} PERSON;
main()
{
    PERSON  p1,p2[5];
        ...
}
```

小　结

用户定义数据类型或称构造类型，是一类非常有用的数据类型。它是在基本数据类型和其他已定义数据类型的基础上，用户根据自己的需要，构造出来的。它能给用户的程序设计，带来很大的方便和好处。因而深受程序设计人员的欢迎。

用户定义数据类型，除了数组，有四种类型，它们是结构型、位域型、联合型和枚举型。

本章详细介绍了各种用户定义数据类型的定义格式，各种类型变量的定义和初始化，访问各类型变量成员的方法。重点介绍了结构型的定义、结构型变量的定义、结构型变量成员的引用、结构型变量指针的使用等。

对各种用户定义数据类型，都给出一些程序例子。它们对掌握上述内容是很有益处的。

本章最后介绍了用户自定义数据类型名称的方法。

习　题

11-1　说明结构型变量的定义和结构类型变量说明语句的格式。

11-2　说明结构类型成员的访问方法。

11-3　说明位域型的定义，位域型变量说明语句的格式。

11-4　说明访问位域型成员的格式。

11-5　说明联合型的定义，联合型变量说明语句的格式。

11-6　说明访问联合类型成员的形式。

11-7　说明枚举的定义，枚举类型变量说明语句的格式。

11-8　说明枚举类型成员的访问形式。

11-9　在本章例 11-8 中定义的位域型占用多大的内存空间？

11-10　写出下面程序的输出：

```
#include <stdio.h>
struct mystruct
{
    int a;
    float b;
};

void fun(struct mystruct);
```

```
main()
{
    struct mystruct s;

    s.a=2;
    s.b=1.5;

    fun(s);
    printf("s.a=%d  s.b=%f\n", s.a,s.b);

    return;
}
void fun(struct mystruct t)
{
    t.a=t.a+5;
    t.b=t.b/t.a;

    printf("t.a=%d  t.b=%f\n",t.a,t.b);

    return;
}
```

11-11 将上面习题 11-10 改为地址调用的程序。

11-12 编写程序，输入三个学生的学号、姓名、两门课程的成绩，求出总分最高的学生姓名并输出。

11-13 写出本章例 11-8 程序的输出。

11-14 将一个星期中七天的英文名称定义为一个枚举类型，编写程序，将各枚举项的数值输出来。

第12章
C 语言的预处理器

C 语言系统设置了丰富的编译预处理命令，称为预处理器。编译预处理命令不是 C 语言的语句，它的作用只是告诉（命令）编译系统，在编译源程序之前对源程序进行某种预加工，而后再进行编译。采用预处理命令的目的是增强和扩展语言编程的环境，为程序设计人员提供更为方便的编程手段。所有的编译预处理命令都是以符号"#"开头，末尾不加分号。我们一直使用的#include 就是编译预处理命令中的一个。预处理命令可以用在程序的任何地方。

本章主要介绍以下的 C 语言的编译预处理命令。

宏定义的命令：#define，#undef。

文件包含命令：#include。

条件编译命令：#if_#else_#endif；

#if_#elif_#endif；

#ifdef_#else_#endif；

#ifndef_#else_#endif。

12.1　宏定义和宏替换

宏分为不带参数的宏和带参数的宏两种。下面分别介绍如下。

12.1.1　不带参数的宏定义和引用

不带参数的宏定义的一般形式为：

#define 宏名　字符序列

其中 define 是定义宏的关键字。宏名是标识符，通常是由大写字母组成，以区别于其他类型的标识符。字符序列是由任意字符组成的一串字符。宏名的前后都要有空格，以便准确识别宏名。

宏定义的作用是在对源程序编译之前,将程序中出现的所有的宏名用对应的字符序列来代替。这种替换称宏替换或宏引用。

不带参数宏替换，通常的用途是，用宏名定义程序中的常量，如：

```
#define  FALSE  0
#define  WORDS  "Turbo C++"
```

其中第一行定义宏名(标识符)FALSE 代表常量 0,第二行定义宏名 WORDS 代表字符串常量"Turbo C++"。这里宏名的作用相当于常量。与一般常量不同的是，用符号表示常量。这样定义的常量又叫做符号常量。其应用与数字常量没有什么不同。

宏定义要求在一行内写完，并以回车符结束。如果不能在一行之内写完，需用串的续行符 "\" 将宏定义分为多行。例如，

```
#define  LONG_STRING  "This  is a how to handle a long string \
                       using #define statement."
```

这个宏定义的作用是，在源程序中用宏名 LONG_STRING 代替一个很长的字符串：

"This is a how to handle a long string using #define statement."

在程序中，使用宏替换的好处，是能给编写程序和维护程序带来方便。例如，某常量在程序中多处被引用。如果要修改这个常量就比较麻烦，甚至有可能被漏掉。在这种情况下，如果用宏名代替常量，当需要修改这个常量时，只须在一个地方（即宏定义处）修改就可以了。

通常把宏定义写在文件的开始部分，函数的外面，或写在包含文件（#include）中。这样定义的宏名的有效范围（作用域），是从定义命令处开始一直到源文件结束。

【例 12-1】 宏定义与宏替换应用。

程序定义了一个宏名：SIZE，用来定义数组 str 的容量。程序中还使用了系统定义的一个宏名 NULL（空字符），用于检查字符型数组中字符串的结束符。程序的功能是，将用户输入的字符串存入数组 str，然后，变成大写字母将其输出。

程序如下：

```
#include "stdio.h"
#define SIZE  80                        /* 宏定义 SIZE */
main()
{
    int i;
    char str[SIZE];                     /* 宏 SIZE 的引用 */


    printf("Enter a string: ");
    gets(str);

    for(i=0; str[i]!=NULL; i++)         /* 宏 NULL 的引用 */
        printf("%c", toupper(str[i]));
    printf("\n");
    return;
}
```

宏替换的另一个常见的应用，是语句串的替换。也就是用一个宏名代表一组 C 语句。编译时，凡是程序中遇到这个宏名，就用这些语句代替。这相当于调用无参数的函数。

【例 12-2】 求 1～num 之间的质数的程序。

程序中使用了如下的 C 语句宏定义：

```
#define PRIME    for(i=2; i<n; i++)\
                 if(n%i==0) prime=0;
```

程序如下：

```
#include "stdio.h"
#define PRIME  for(i=2; i<n; i++)\
                  if(n%i==0) prime=0;           /* 宏定义 */
main()
{
    int n, i, prime, num, k=0;

    printf("Enter a number:");
```

```
            scanf("%d", &num);

            for(n=2; n<num; n++)
            {
                    prime=1;
                    PRIME;                          /* 宏替换 */
                    if(prime)
                    {
                            printf("%4d", n);
                            if(!(++k%5)) printf("\n");
                    }
            }
            printf("\n");
            return 0;
        }
```

宏定义可以嵌套进行。也就是说，在定义宏时，可以引用已有定义的宏名，实现层层替换。例如：

```
#define  PI    3.14159
#define  S     PI*r*r
#define  L     2*S/r
```

其中定义 S 时，使用了已定义的 PI；定义 L 时，使用了已定义的 S。

【例 12-3】　应用上面嵌套结构的宏定义，计算圆的面积和周长。

程序如下：

```
#include"stdio.h"
#define PI 3.14159
#define S  PI*r*r
#define L  2*S/r
main()
{
    float r;

    printf("Enter r:");
    scanf("%f",&r);

    printf("r=%f\tS=%f\tL=%f\n",r,S,L);

    return;
}
```

程序输出举例（带下划线的数据是用户输入的）：

```
Enter r: 1
r=1.000000    S=3.141590    L=6.283180
```

需要注意的是，这个程序的语句

```
printf("r=%f\tS=%f\tL=%f\n",r,S,L);
```

中，两次出现 S 和 L：在格式字符串中出现了 S 和 L，在输出项列表中也出现了 S 和 L。C 语言规定，宏名出现在字符串中时，将不看作是宏名，因而也不做宏替换。所以才有如上所示的输出。

【例 12-4】　将宏用于输出语句中的例子。

```
#include"stdio.h"
#define PRN  printf                              /* 定义宏 */
#define D    "%d\n"
#define F    "%f\n"
#define S    "%s\n"
main()
```

```
{
    int i=10;
    float f=20.0;
    char ch[]="string.";

    PRN(D,i);
    PRN(F,f);
    PRN(S,ch);

    return;
}
```

程序的运行结果为：

```
10
20.000000
string.
```

12.1.2 带参数的宏定义和引用

宏名可以带参数。这时的宏替换，既进行字符串的替换，又进行参数的替换。带参数的宏名还可以像表达式一样，将其值赋给普通变量，就好像函数调用似的。

带参数的宏定义的一般形式为：

#define 宏名(形参表) 字符序列

其中形参表是用逗号分开的若干形式参数。字符序列中要包含宏名中使用的参数。程序中引用宏名时，要写入实参，就像函数调用那样。

定义了宏名后，编译系统在开始编译源程序前，把程序中引用的宏替换成相应的一串符号，然后进行编译。在替换过程中用实参代替形参。

下面是一个带参数的宏定义的例子：

```
#define MAX(a,b)    ((a)>(b))?(a):(b)
```

这里宏名 MAX(a, b)定义了一个字符序列((a)>(b))?(a):(b)，其中 a 和 b 是两个形式参数。不难看出，这个字符序列是我们很熟悉表达式，它的功能是求 a 和 b 中的较大者。

【例 12-5】 利用上面的带参数的宏定义，编写求两个数中的较大者的程序。

程序如下：

```
#include "stdio.h"
#define MAX(a,b)    ((a)>(b))?(a):(b)            /* 宏定义 */
main()
{
    int a, b, max;

    printf("Enter 2 numbers: ");
    scanf("%d%d", &a, &b);

    max = MAX(a,b);                              /* 宏替换 */
    printf("The maximum num = %d\n", max);

    return 0;
}
```

也可以将程序中的两个语句：

```
max = MAX(a,b);
printf("The maximum num = %d", max);
```

写成如下的一个语句：

```
printf("The maximum num = %d", MAX(a,b));
```

其效果是一样的。

我们看到，这种宏替换很像调用函数。例如：

```
max=MAX(a,b);
MAX(a,b);
```

但它们的工作的机理是完全不同的，在概念上更不要混淆。它们之间的不同，体现在以下四个方面。

（1）函数调用时，要计算实参并向形参传送。而宏中的参数，只需进行简单的替换。既没有向形参拷贝数据，也没有传送参数地址。

（2）函数中的实参和形参有确定的数据类型，并且两者是一一对应的。宏名没有数据类型。它只是个符号。其参数也只是个符号而已。引用时，代入指定的字符。宏定义的字符串可以是任何数据类型。

（3）宏是在编译时进行替换的，不分配内存空间。而函数调用是在程序运行时处理的，并分配相应的临时的内存空间。

（4）宏替换是不占用程序运行时间的，只占编译时间。但宏替换增加程序代码长度。宏替换的次数越多，程序代码长度越长。函数调用要消耗程序的运行时间，但不使程序变长。

灵活恰当地运用宏替换，可以使源程序显得简洁，增加源程序的可读性。

【例 12-6】　编写程序，将例 12-3 中无参数宏定义改为带参数 r 的宏定义：

```
#define S(r)  PI*(r)*(r)
#define L(r) 2*S(r)/(r)
```

程序如下：

```
#include"stdio.h"
#define PI 3.14159                    /* 定义不带参数的宏 */
#define S(r)  PI*(r)*(r)              /* 定义带参数 r 的宏 */
#define L(r) 2*S(r)/(r)               /* 定义带参数 r 的宏 */
main()
{
    float r;

    printf("Enter r:");
    scanf("%f",&r);

    printf("r=%f\tS=%f\tL=%f\n",r,S(r),L(r));   /* 宏的引用 */

    return;
}
```

在以上两个例子中，宏的形参都用圆括号括起来了。这不是绝对必要的。例如，例 12-5 中宏定义也可以写成下面的形式：

```
#define PI 3.14159
#define S(r)  PI*r*r
#define L(r) 2*S(r)/r
```

但是，对于实参为表达式的情况，上面参数不带括号宏定义，可能给出错误的计算结果。

设有　　r=3.0. a=1.0. b=2.0

根据上面的宏定义，则有：

```
S(r)=s(3)=28.27431,  L(r)=l(3)18.84954
```

而参数为表达式时，

    S(a+b)=S(3)=7.14159, L(a+b)=12.28318

显然结果是错的。后者因为实参没有括号，所以计算过程是：

    S(a+b)=3.14159×1+2×1+2=3.14159+2+2=7.14159

如果在宏定义里给参数 r 加上括号，则计算过程是：

    S(a+b)=3.14159×(1+2)×(1+2)=3.14159×3×3=28.27431

结果是正确的。

为了避免出现上述可能出现的错误，在定义带参数的宏时，最好给参数加上圆括号。

12.1.3　取消宏定义

#undef 命令用于取消先前已定义的宏名。其一般形式为：

#undef 宏名

在这个命令的作用下，该宏名的作用范围被终止，即该宏名的作用域结束。在这个命令之后不能再使用这个宏名，因为它已经没有定义。

12.2　文 件 包 含

所谓文件包含，是指一个源文件将另一个源文件包含到自己的文件之中。实现文件包含的预处理命令是#include。如我们经常用到的：

    #include<stdio.h>

文件包含命令有如下两种形式：

#include <文件名>

#include "文件名"

包含命令的功能是，在编译预处理时，用命令指定的文件名的文本内容来替代该命令，使包含文件的内容成为本程序的一部分。

包含命令中的文件名要用双引号或尖括号括起来。两种括号在寻找被包含文件上有所不同。

如果文件名用了双引号，则首先查找当前目录，若找不到该文件，则查找命令行定义的其他目录。如果仍找不到该文件，则查找系统定义的标准目录。

如果文件名使用了尖括号，则编译器首先查找命令行指定的目录；如果找不到该文件，则查找标准目录，不查找当前工作目录。

使用文件包含命令，可以节省程序设计中的重复劳动，从而提高软件开发的效率。包含系统头文件的情况已经多次使用，故不再举例。

在第 10 章讲到多文件程序的处理。用文件包含处理多文件的源程序也是很方便的。下面通过例题介绍用户如何使用自己的文件包含。

【例 12-7】　给定半径，计算圆的周长和圆面积。

为了展示利用文件包含命令处理多文件程序的设计方法，我们设计三个如下的包含文件，或称头文件：

头文件 1 名为 myin1.h。文件内容包含如下两条：

    #include<stdio.h>
    #define PI   3.14159   /* 宏定义 PI */

头文件 2 名为 myin2.h。其内容是函数 lr 的定义：

```
float lr(float r)                   /* 计算圆周长的函数 */
{
     return 2*sr(r)/r;
}
```

头文件 3 名为 myin3.h。文件内容是函数 sr 的定义。

```
float sr(float r)                   /* 计算圆面积的函数 */
{
     return PI*r*r;
}
```

设计一个含有上述三个头文件和主函数程序如下：

```
#include"myin1.h"
#include"myin3.h"
#include"myin2.h"
main()
{
        float x=3.0;
        printf("L=%f\n",lr(x));
        printf("S=%f\n",sr(x));
}
```

这里在文件 myin3.h 和文件 myin2.h 中定义的两个函数是嵌套的。即函数 lr() 的定义中引用着函数 sr()。函数 sr() 定义中还引用着头文件 myin1.h 中的宏定义 PI。因此，在主函数文件中，3 个包含命令的文件书写顺序，必须是先 myin1.h，然后 myin3.h，最后是 myin2.h。

使用包含文件的结果，本例的源程序由 4 个文件组成：3 个头文件和 1 个主程序文件。经过编译预处理后，3 个头文件被"包含"到主程序文件中，成为程序的组成部分。图 12-1 给出本例文件包含处理的情形。

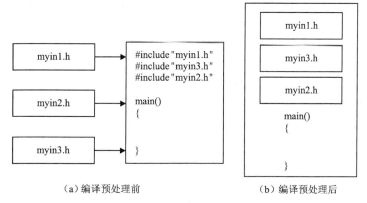

（a）编译预处理前　　　　　　　（b）编译预处理后

图 12-1　例 12-7 文件包含处理示意图

12.3　条　件　编　译

一般情况下，对源程序要整个地进行编译。但也有时需要根据具体条件和需要编译源程序的某些部分。这种编译称为条件编译。C 语言的条件编译预处理命令就是用于有选择的编译源程序中某些部分的。

条件编译主要用于调试程序；另一个用途是，可以用源程序产生不同版本。

有两种类型的条件编译命令：一种是根据给定表达式值的真假决定编译某一部分和不编译某一部分程序的命令；另一种是根据给定标识符是否被定义决定编译某一部分和不编译某一部分程序的命令。下面分别介绍。

12.3.1 #if_#endif 类型的条件编译命令

#if_#endif 类型的条件编译命令是根据表达式的值进行条件编译的命令。该条件编译命令有以下三种不同形式。

1. #if_#endif

#if_#endif 命令的一般形式为：

```
#if 常数表达式
       程序段
#endif
```

其作用是，如果常数表达式为真，则编译从#if 到#endif 之间的程序段（语句块）；否则就不编译，跳过这段程序。

2. #if_#else_#endif

#if_#else_#endif 命令的一般形式为：

```
#if 常量表达式
       程序段 1
#else
       程序段 2
#endif
```

其作用是，如果常量表达式为真，编译程序段 1 的代码段；否则，编译程序段 2 的代码段。

【例 12-8】　用户给定一整数 MAX。当 MAX 大于或等于 100 时，编译语句：

```
printf("MAX >=100");
```

否则，编译语句：

```
printf("MAX<100");
```

程序如下：

```
#include <stdio.h>
#define MAX   120
main()
{
    #if MAX>=100
        printf(" MAX >=100\n");
    #else
        printf("MAX<100\n");
    #endif

    printf("MAX=%d\n",MAX);
    return 0;
}
```

3. #if_#elif_#endif

#if_#elif_#endif 是用于多路选择的编译命令。它的一般形式为：

```
#if 常量表达式 1
       程序段 1
```

```
#elif 常量表达式 2
        程序段 2
        ......
#elif 常量表达式 n
        程序段 n
#endif
```

其作用是，如果常量表达式 1 为真，则编译程序段 1；否则，如果常量表达式 2 为真，则编译程序段 2；否则，如果常量表达式 3 为真，则编译程序段 3；直到最后，如果常量表达式 n 为真，则编译程序段 n。

12.3.2　#ifdef 和#ifndef 类型的条件编译命令

#ifdef 和#ifndef 类型的条件编译命令是根据标识符的定义与否进行条件编译的命令。标识符是用宏定义命令实现的。因此，也可以说，这种条件编译是根据宏名是否被定义决定某程序段是否进行编译。这种条件编译预处理命令有两种格式。

1. #ifdef_#endif 类型条件编译命令

#ifdef_#endif 种类型的命令有以下两种格式：

第一种格式为：

```
#ifdef 宏名
        程序段
#endif
```

它的作用是，如果宏名在此前的#define 中已经定义，则编译#ifdef 后边的程序段（语句块）。否则不编译，跳过此程序段。

第二种格式为：

```
#ifdef 宏名
        程序段 1
#else
        程序段 2
#endif
```

它的作用是，如果宏名在此前的#define 中已经定义，则编译程序段 1；否则编译程序段 2。

【例 12-9】　应用#ifdef 条件编译命令的简单演示。

```
#include <stdio.h>
#define VALUE 1
main()
{
    #ifdef VALUE
        printf("VALUE is defined. ");
        printf("VALUE=%d\n", VALUE);
    #else
        printf("VALUE  is not defined.");
    #endif
    return;
}
```

程序的输出为：

```
VALUE is defined. VALUE=1
```

2. #ifndef_#endif 类型条件编译命令

#ifndef_#endif 类型的命令也有两种格式。第一种格式为：

```
#ifndef 宏名
        程序段 1
#endif
```

其功能是，如果宏名尚未用#define 定义，则编译程序段 1；否则，编译#endif 后面的程序。

第二种格式为：

```
#ifndef 宏名
        程序段 1
#else
        程序段 2
#endif
```

这个条编译命令的作用是，如果宏名尚未用#define 定义，则编译程序段 1；否则，编译程序段 2。

小　　结

C 语言的编译预处理器，在程序设计中起着重要的作用。灵活地运用预处理命令，会给程序的设计带来很大的益处。像 # include 就是几乎每个程序都要用到。本章介绍了三种预处理命令：宏定义，文件包含和条件编译。其中重点介绍了宏的定义和使用，以及文件包含命令在多文件程序中的应用。

所有的预处理命令都是以符号"＃"开头的。

C 中还有其他一些预处理命令，因应用较少，本章没有提到。

习　　题

12-1　什么是宏定义？写出它的几种类型的格式。

12-2　文件包含的作用是什么？有哪几种书写格式?

12-3　有哪几种条件编译预处理命令？

12-4　说明下面预处理命令的功能：

```
#define XY(x,y)  int t;t=x;x=y; y=t;
```

并利用该宏编写程序。

12-5　设有宏定义：

```
#define N  3
#define Y(n)  ((N+1)*n)
```

执行下面语句后的 z 值是什么？

```
z=2*(N+Y(5+1));
```

12-6　应用上面习题 12-5 定义的预处理命令编写一程序。

12-7　输入两个浮点数，用带参数的宏求两个数的和。试编写程序。

12-8　应用包含文件的方法，设计本章例 12-2 的程序。

12-9　应用包含文件的方法，设计第 10 章例 10-7 的程序。

12-10　应用包含文件的方法，设计第 10 章例 10-6 的程序。

12-11　写出本章例 12-8 程序的输出。

第13章
磁盘文件操作（I/O 系统）

C 语言中的文件主要指存储在磁盘上的文件。磁盘文件操作的核心内容是读取文件中的数据和将数据写到文件中，就是文件的输入和输出操作（I/O 操作）。C 语言定义了内容丰富的用于处理磁盘文件操作的函数集。有两种不同的输入输出文件系统。它们是 ANSI 文件系统和 UNIX 文件系统。ANSI 文件系统也称格式化（formated）系统或缓冲的（buffered）文件系统。

本章主要介绍 ANSI 文件 I/O 系统，包括文件的概念、文件的打开和关闭、数据的读写等。C 语言中关于文件的各种操作都是靠系统函数实现的，因此，学习有关函数的使用就成为本章的主要内容。

13.1 文 件 概 述

13.1.1 C 语言文件的概念

文件（file）是存储在外部介质（如磁盘，磁带）上的、以唯一的名字作为标记的数据集合。操作系统是以文件为单位对数据进行管理的。与主机相连的输入/输出设备，其作用也是从设备上读取数据和将数据写到设备上。所以，将输入输出设备看作是文件。例如，键盘是文件，是一种输入文件。打印机，显示器也是文件，是输出文件。

为了区分磁盘上的不同文件，必须给每个文件起一个名字。完整的磁盘文件名的组成如下：

盘符：路径\（基本）文件名.扩展名

操作系统支持对文件的各项管理，文件的命名应符合操作系统的规定。

文件操作的主要有两个，一是从文件取出数据存入内存变量中，即文件的读操作。二是将内存变量中的数据存放到文件中，即文件写操作。统称为文件的 I/O 操作。

由于文件是受操作系统管理的，应用程序使用某一文件时，需要向操作系统提出建立与文件的联系；使用结束时，通知操作系统切断与文件的联系。这是两个过程，前者称为打开文件，后者称为关闭文件。

在 C 语言中，文件的打开与关闭，文件的读操作与写操作，都是由 C 语言提供的系统函数完成的。

13.1.2 二进制文件和文本文件

文件数据的存储一般有两种形式。一种是以 ASCII 码的形式按字节存储，这样的文件叫做文本文件（text file），又叫 ASCII 文件。另一种是以在内存中的二进制数形式存储的文件，称为二进制文件。

二进制文件存储的数据一般要比文本文件的存储紧凑，占用内存少。读写数据时，由于没有格式的转换，因而速度较快。而用文本格式存储的数据可以直接输入/输出，用户可以直接阅读文件内容。

例如，有十进制整数 10000，它以二进制文件格式存储时，其形式为：

0010 0111 0001 0000

占用 2 个字节的内存。当用文本文件格式存储时，其形式为：

00110001 00110000 00110000 00110000 00110000

占用 5 个字节的内存。数字 0 的 ASCII 值为 48（00110000），数字 1 的 ASCII 值为 49（00110001）。

13.1.3　顺序文件和随机文件

按照文件内数据处理方式的不同，文件又分为顺序文件和随机文件。

顺序文件是按照数据存储的顺序连续地处理（读或写）每一个数据。为了处理文件中某个数据，必须从文件的第一个数据开始，顺序取完指定数据前所有的数据，才能处理该数据。

随机文件处理数据时，可以在文件中任意指定的位置读写数据。

本章的前部分介绍顺序文件的操作，后部分介绍随机文件的操作。

13.1.4　缓冲文件系统和非缓冲文件系统

按系统对文件的支持方式的不同，分为缓冲文件系统和非缓冲文件系统。C 语言支持这两种文件系统。

所谓缓冲文件系统（buffered file system）是指在进行 I/O 操作时，系统自动为每个打开的文件开辟一个内存缓冲区。数据的输入和输出都是通过缓冲区去进行。也就是说，输出数据时，数据先送到内存缓冲区，缓冲区装满或文件关闭时，才将缓冲区的数据送到磁盘。输入数据时，则将一批数据从磁盘送到缓冲区，用时再从缓冲区读取数据。如果缓冲区没有要读取的数据时，就到磁盘上再读一批数据送到缓冲区。采用缓冲区的目的：匹配快速的 CPU 和慢速的磁盘操作，提高 CPU 的工作效率，减少访问磁盘的次数。图 13-1 所示给出缓冲文件系统的示意图。

图 13-1　数据通过缓冲区读取示意图

所谓非缓冲文件系统（unbuffered file system）是指系统不自动开辟内存缓冲区，而是由程序自己为每个文件设定缓冲区。

1983 年 ANSI C 标准中不采用非缓冲文件系统。虽然一些 C 和 C++系统支持两种系统，但本章只介绍程序设计中主要使用的缓冲文件系统。

13.1.5　文件型指针

在 ANSI 文件 I/O 系统中，每个被使用的文件都在内存开辟一个区，用于存放与文件相关的信息，如文件号（文件在操作系统中被管理的代号）、文件的读写状态、文件缓冲区的地址，以及当前的读写缓冲区数据的位置等。这些信息存放在一个结构型变量中。这个结构类型是系统定义的，并通过 typedef 将该结构型起名为 FILE。FILE 结构型定义在 stdio.h 文件中。其定义如下：

```
typedef struct
{
    int _fd;
    int _cleft;
    int _mode;
    char *nextc;
    char *buff;
}FILE;
```

程序使用文件，首先必须定义一个 FILE 型结构的指针变量。这个指向 FILE 结构型的指针称为文件型指针，通过这个指针可以实现对文件的操作。定义文件指针变量的一般形式为：

FILE *文件型指针名；

可以同时定义多个文件型指针。例如，程序中同时要操作两个文件，就需要为它们各定义一个文件指针变量，如：

```
FILE *fptr1, *fptr2 ;
```

两个文件的输入输出操作将通过相应的文件指针进行。指针 fptr1 和 fptr2 就如同是所操作的文件的代表。文件型指针的赋值，可由系统提供的相应文件操作函数来做。

13.2 打开文件和关闭文件

操作文件的第一步是打开文件。打开文件的意思是使定义的文件型指针指向要打开的文件，包括为文件型变量分配内存空间，在内存为文件建立缓冲区，将文件和缓冲区的相关信息写入文件型变量的各成员中。为通过缓冲区进行文件的输入和输出操作做好准备。

文件使用完后，系统将缓冲区中的数据做相应的处理（如将数据写入文件等），然后，释放缓冲区。这个过程叫做关闭文件。文件关闭的结果，将使应用程序不能再对该文件进行输入输出操作。

这样，文件操作的总流程可以归结为：

打开文件→操作文件→关闭文件

文件的打开和关闭操作是分别由系统函数 fopen() 和 fclose() 完成的。

13.2.1 打开文件函数

打开文件函数 fopen() 的格式为：

FILE *fopen(char *filename, char *mode)

其中参数 filename 是字符型指针，它指向的字符串是要打开的文件名。参数 mode 也是字符型指针，它指向的字符串是文件的使用方式，称为打开模式。

这两个参数的实参可以是字符串常量，可以是指向字符串的指针，也可以是字符数组的首地址。

文件的使用方式字符串共有 12 个，其中 6 个是用于文本文件的，6 个用于二进制文件的。这些字符串及其功能如表 13-1 所示。

表 13-1

Mode	功　　能
r	打开一个已存在的文本文件，只能读取（输入）数据
w	打开一个文本文件，只能写入（输出）数据
a	打开一个已存在的文本文件，向文件尾追加（写）数据
r+	打开一个已存在的文本文件，既可以读也可以写
w+	打开一个文本文件，既可以读也可以写
a+	打开一个已存在的文本文件，可读数据，也可向文件尾写数据
rb	打开一个已存在的二进制文件，只能读取数据
wb	打开一个二进制文件，只能写入数据
ab	打开一个已存在的二进制文件，向文件尾写数据
rb+或(r+b)	打开一个已存在的二进制文件，既可以读也可以写
wb+或(w+b)	打开一个二进制文件，既可以读也可以写
ab+或(a+b)	打开一个已存在的二进制文件，可读数据，也可向文件尾写数据

用"r"模式打开的文件，只能用于从文件向计算机输入数据（读文件），不能向该文件输出数据（写文件）。此模式要求所需打开的文件必须是已经存在的，否则在执行打开时出错。

用"w"模式打开的文件，只能用于向文件写数据，不能用来向计算机输入数据。如果原来不存在所要打开的文件，则在打开文件时建立指定名字的新文件。如果原来已经存在这个指定文件，则在打开时将该文件删除，同时建立一个相同名字的新文件。

用"w+"模式打开的文件，可以从文件读取数据，也可以向文件写数据。如果原来不存在所要打开的文件，则在打开文件时建立指定名字的新文件。如果原来已经存在这个指定文件，则在打开时将该文件删除，同时建立一个相同名字的新文件。

用"a"模式打开的文件，可以向文件的末尾添加数据。此模式要求文件必须存在，打开时不删除文件的原有数据。

用"r+"和"a+"打开的文件，既可以用作写数据也可以用作读数据。相应的其他功能不变。以这种读/写方式打开文件时，若文件存在，其内容不会被清除；若文件不存在，就将建立这个文件。

对于二进制文件也是一样，只是在上述字符串后加字母"b"。

在文本方式下，输入回车换行将转换成新行符；输出时进行相反的转换。在二进制文件中则没有这种转换。

fopen()函数的功能是，以 mode 方式打开 filename 指定的文件，自动为该文件分配一个内存缓冲区。

如果正确打开文件，函数返回一个指向文件型变量的地址。用户可以用自己定义的文件型指针接受这个地址。此后，便可利用这个文件型指针对文件进行读写操作。

如果打开文件操作不成功（出错），函数返回空指针（"NULL"），其值为 0。因此，打开文件时，一般要对返回值进行判断，以便知道文件是否被成功打开。如果没打开，就不能使用这个文件。

例如，下面的语句可用来以"wb"模式打开文件"myfile"，文件型指针 fp 接收函数 fopen

的返回值，并判断文件是否成功打开：

```
if((fp=fopen("myfile", "wb"))==NULL)
```

函数 fopen()定义在头文件 stdio.h。

13.2.2　关闭文件函数

关闭文件函数 fclose()的格式是：

int fclose(FILE *fp)

这里形式参数文件型指针变量 fp 是调用函数 fopen()打开文件时返回的文件型指针。函数的功能是：关闭 fp 指向的文件，释放分配给文件的内存缓冲区。当文件打开用于写时，关闭时把暂存在缓冲区的内容写到文件中去，然后，释放文件的缓冲区。

当正确关闭指定的文件时，函数返回 0；否则返回非 0。

操作文件首先是打开文件，否则不能进行对文件的任何操作。因此，程序设计人员是不会忘记打开文件的。但是，使用完文件后，初学者往往忘记关闭文件的操作。这是应该注意的。当向文件写数据时，数据是存放在缓冲区中，还没有写入文件。关闭文件时，才将缓冲区中装的数据真正写入到文件。不关闭文件就有可能丢失数据。

【例 13-1】　打开文件和关闭文件函数的使用。

下面的程序将二进制文件"mydata.dat"以写方式打开，然后关闭该文件。

```
#include<stdio.h>
main()
{
    FILE *fp;                                   /* 定义文件型指针变量 */

    if((fp=fopen("mydata.dat","wb"))==NULL)     /* 打开文件并判断文件是否正确打开 */
    {
        printf("file can't open!\n");
        exit(1);
    }

    fclose(fp);                                 /* 关闭打开的文件 */
}
```

在程序中调用了系统函数 exit()。该函数的功能是使程序立即终止运行。在退出执行之前，关闭所有文件并将缓冲区中的数据输出（写）到文件。

此函数也定义在头文件 stdio.h 中。

13.2.3　标准设备文件

系统规定，标准输入设备为键盘，标准输出设备为显示器。因为在软件技术中，输入输出设备也看作是文件，所以，也称键盘和显示器为标准设备文件。

当程序运行时，系统自动打开标准设备文件，分配文件号。当程序运行结束时，系统又自动将这些标准设备文件关闭。因此，应用程序使用标准设备文件时，无需再执行打开和关闭文件的操作。

程序运行时，系统共打开五个标准设备文件，表 13-2 列出来这些标准设备文件的文件名，文件号和文件指针。用户程序可以像使用一般文件指针那样直接使用这些设备的指针，而不需要打开和关闭操作。

表 13-2

文件号	文 件 指 针	标准文件名称	文件号	文 件 指 针	标准文件名称
0	stdin	标准输入	3	stdaux	标准辅助（辅助设备端口）
1	stdout	标准输出	4	stdprn	标准打印
2	stderr	标准错误（指显示器）			

13.3　文件的读和写

成功地打开文件后，就可以对文件进行读、写操作了。对文件的读写是用一系列函数实现的。C 语言提供了四组文件读写函数：

（1）字符文件读写函数 fgetc()和 fputc()；

（2）数据块文件读写函数 fread()和 fwrite()；

（3）格式文件读写函数 fscanf()和 fprintf()；

（4）字符串文件读写函数 fgets()和 fputs()。

除此以外，为配合文件的读写操作，还提供有文件测试函数和文件随机定位函数等。所有关于读写的系统函数均定义在头文件"stdio.h"中。

本节将详细介绍这些常用的文件读写函数及其应用。

13.3.1　字符文件读写函数

1. 写字符文件函数 fputc()

fputc()函数的功能是，将字符 ch 写到文件指针 fp 所指向文件的当前写指针的位置。函数的格式为：

int fputc (int ch, File *fp)

其中参数 fp 为文件指针，它的值是执行函数 fopen()打开文件时获得的。ch 为字符变量，其值即为所要写进文件的字符。它虽然被定义为整型数，但仅用其低八位。在正常调用情况下，函数返回读取字符的 ASCII 码值。出错时，返回 EOF（−1）。EOF 是在头文件 stdio.h 中定义的宏。当正确写入一个字符或一个字节的数据后，文件内部写指针会自动后移一个字节的位置。

【例 13-2】　将从键盘输入的一个字符串存入磁盘文件 test 中。

程序如下：

```
#include <stdio.h>
main()
{
    int i;
    char str[80];
    FILE *fp;                        /* 定义文件指针 */

    if((fp = fopen("test", "w")) == NULL)   /* 以写方式打开文件
    {                                          并判断是否正确打开 */
        printf("cannot open file .");
        exit(1);
```

```
        }
    gets(str);                              /* 从键盘输入字符串 */
    for(i=0;str[i];i++)
            fputc(str[i],fp);               /* 将字符串中字符逐个写入文件 */

    fclose(fp);                             /* 关闭文件 */
    return 0;
}
```

整个程序由以下几个部分构成：

（1）定义一个文件指针 fp；

（2）用写模式打开（建立）文件 test，并检查是否确实打开；

（3）将从键盘读入的字符串用 fputc()函数写入（输出）到文件 tset；

（4）关闭文件。

2. 读字符文件函数 fgetc()

fgetc()函数的格式为：

int fgetc(FILE *fp)

其中 fp 为文件指针，它的值是通过 fopen()打开文件时获得的。函数的功能是从 fp 所指向的文件当前读指针位置读取一个字符。正常调用情况下，函数返回所写的字符码值。出错时或文件当前位置是文件尾时，返回 EOF（−1）。

【例 13-3】　将在例 13-2 中建立的磁盘文件 test 读出并显示在屏幕上。

程序如下：

```
#include <stdio.h>
main()
{
    char ch;
    FILE *fp;                              /* 定义文件指针 */

    if((fp = fopen("test", "r")) == NULL)  /* 以读方式打开文件并测试是否成功打开 */
    {
        printf("cannot open file .");
        exit(1);
    }

    ch = fgetc(fp);                        /* 从文件读取字符 */
    while(ch!=EOF)
    {
        putchar(ch);                       /* 显示读出的字符 */
        ch = fgetc(fp);                    /* 从文件读取下一个字符 */
    }

    fclose(fp);                            /* 关闭文件 */
    return 0;
}
```

这个程序的结构与上一个程序基本相同：打开文件，读文件，关闭文件。

程序中用了一个 while 循环语句读字符：

```
while(ch!=EOF) {      }
```

作用是，每读一个字符都要检查，是否读到文件尾。如果不是文件尾，则输出读出的字符；如果读到的是文件尾，则停止输出字符，退出循环。

13.3.2　文件尾测试函数、错误测试函数和文件头定位函数

为配合文件的读写操作，还要用到一些其他有关函数。这里主要介绍三个函数。

1. 文件尾测试函数 feof()

feof()函数的格式为：

```
int feof(FILE *fp)
```

函数 feof()的功能是：测试 fp 所指向文件的最后一次操作时，是否已到文件尾。如果已到文件尾，函数返回一个真值；否则返回 0。

通常在读文件中的数据时，可用这个函数来判断是否已经到达文件尾，即内部文件读指针指到文件最后一个数据之后，不是文件尾，则继续读取数据；是文件尾，则不能读取数据。

应用函数 feof()时，例 13-3 程序中的 while 语句可改写为：

```
while(!feof(fp))
{
    ch = fgetc(fp);
    …
}
```

其效果是一样的。

当以输入方式打开一个二进制文件时，可能读到与 EOF 等价的整数值。如果仍用测试 EOF 的方法，可能实际上未达到文件尾就以为文件结束了。因此，在读二进制文件时，必须用函数 feof() 测试文件尾。

2. 文件错误测试函数 ferror()

文件错误测试函数的格式为：

```
int ferror(FILE *fp)
```

函数 ferror()的功能是测试文件指针 fp 所指向文件，在最后一次操作中是否发生错误。如果发生了错误，函数返回非 0 值（错误代码）。因此，可以用 ferror()函数确定每次输入或输出操作后是否发生了错误。如能在每个文件操作之后，都立即调用此函数，可及时发现问题，否则错误有可能被丢失。

【例 13-4】　应用函数 ferror 和 feof()的例子。

程序的功能是复制任意类型的文件，即读入一个文件 f1，然后，将其写入另一个文件 f2。

整个程序分为以下几个部分：

（1）打开文件 f1（"rb" 模式）；

（2）打开文件 f2（"wb" 模式）；

（3）读文件 f1，测试操作是否有错误；

（4）写文件 f2，测试操作是否有错误；

（5）关闭两个被打开的文件。

程序的流程如图 13-2 所示。

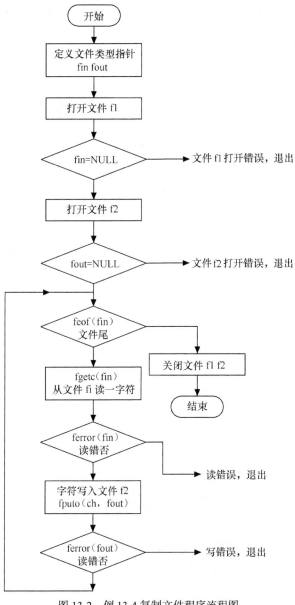

图 13-2 例 13-4 复制文件程序流程图

程序如下：

```
#include <stdio.h>
main()
{
    FILE *fin, *fout;                    /* 定义文件指针 */
    char ch;

    if((fin=fopen("f1", "rb")) == NULL)     /* rb 模式打开文件 f1 */
    {
        printf("can not open source file\n");
        exit(1);
    }
```

```
        if((fout=fopen("f2", "wb"))  == NULL)           /* wb 模式打开文件 f2 */
        {
            printf("cannot open destination file\n");
            exit(1);
        }

        while(!feof(fin))                                /* 判断文件尾 */
        {
          ch = fgetc(fin);                               /* 读数据 */
          if(ferror(fin))                                /* 检查错误 */
          {
                printf("erroe reading file.\n");
                break;
          }

          fputc(ch, fout);                               /* 复制（写）数据 */
          if(ferror(fout))                               /* 检查错误 */
          {
                printf("error writing file.\n");
                break;
          }
        }

        fclose(fin);                                     /* 关闭文件 */
        fclose(fout);                                    /* 关闭文件 */
        return 0;
}
```

3. 文件头定位函数 rewind()

rewind()函数格式为：

void rewind(FILE *fp)

rewind()函数的功能是将文件内部指针置于 fp 所指文件的开头。

当文件中若干或全部数据被读过后，又要从头读数据时，就需要将内部指针定位到文件的开头。在后面的例子中将看到这个函数的具体应用。

13.3.3 字符串文件读写函数

1. 写字符串文件函数 fputs()

fputs()函数格式为：

char fputs(char *str, FILE *fp)

其中参数 str 是字符型指针，可以是字符串常量，或存放字符串的数组首地址。fp 是文件型指针，通过打开文件函数 fopen()获得的。

函数 fputs()的功能是，将参数 str 指向的字符串（舍掉结束标记'\0'）写入 fp 指向的文件。文件内部指针自动后移一个字符串的位置。

fputs()函数正确执行时，返回最后写入的字符，错误时，返回 EOF（−1）。

2. 读字符串文件函数 fgets()

函数 fgets()的格式为：

char *fgets(char *str,int length, FILE *fp)

其中参数 str 为字符串指针，可以是存放字符串的字符型数组首地址，也可以是指向某个存放字符串的内存区域的指针；length 为字符串长度，可以是整型常量，变量或表达式；fp 为 FILE 型文件指针变量。

函数 fgets 的功能是，从 fp 所指文件当前位置读取（length-1）个字符，在其后加上一个字符串结束标记 '\0'，组成字符串，存入 str 指定的内存区。如果在读够（length-1）个字符之前遇回车符，则读到回车符为止。补上字符串结束标记 '\0'，组成字符串（含回车符），回车符后面的字符不再读取。如果读到前（length-1）个字符遇到文件尾，不再读，在读取字符的后面补充上串结束标记 '\0' 后组成字符串。

【例 13-5】　将一字符串写入文件"strfile.dat"，然后，从文件读出并显示到屏幕。
程序如下：

```c
#include<stdio.h>
main()
{
    char str[80]="I/O system.";          /* 字符串常量存入字符数组 */
    char str1[80];
    FILE *fp;                             /* 定义文件指针 fp */


    if((fp=fopen("strfile.dat","w"))==NULL)/* 打开文件，写模式 */
    {
        printf("Can't open the file strfile.dat\n");
        exit(0);
    }

    fputs(str,fp);                        /* 将字符串写入文件 */
    fclose(fp);                           /* 关闭文件 */

    if((fp=fopen("strfile.dat","r"))==NULL)/* 打开文件，读模式 */
    {
        printf("Can't open thc file strfile.dat\n");
        exit(0);
    }

    fgets(str1,12,fp);                    /* 从文件读一字符串存入数组 str1 */
    printf("%s\n",str1);                  /* 输出数组 str1 中的字符串 */
    fclose(fp);                           /* 关闭文件 */

    return;
}
```

13.3.4　数据块文件读写函数

数据块文件读写函数用于二进制文件的读和写。

1. 数据块文件写函数 fwrite()

函数 fwrite() 的格式为：

unsigned fwrite(void *buffer, unsigned num_bytes, unsigned count, FILE *fp)

其中参数 buffer 是指向将要写到文件中的数据块指针，可以是存放数据的变量地址或数组首地址。num_bytes 是无符号整型，可以是常量、变量或表达式。它是写入文件的每个数据的所占用的字节数。count 是无符号整型，可以是常量、变量或表达式。它是写入文件的数据个数。fp 是指向预先打开的文件的指针。

fwrite()函数的功能是，将 buffer 指向的 count 个数据（每个数据 num_bytes 字节）写入 fp 指向的文件。fwrite()函数一次写入文件的字节数为：

```
count×num_bytes
```

当正确地写入 count 个数据后，内部指针自动后移 count×num_bytes 个字节。函数返回 count 值；如果发生写错误，则返回 NULL（0）。

【例 13-6】 用函数 fwrite()以二进制文件方式将一组 10 个浮点数写到磁盘文件。

程序首先将要写入文件的数据赋给数组 fnum[]。其次，以二进制文件写方式（wb）打开文件 fn。最后，用函数 fwrite()将数组 fnum[]中的数据写入磁盘文件 fn 中。

我们用一个循环语句，将 10 个实型数据赋值给数组 fnum 的各元素；

```
for(i=0; i<10; i++)   fnum[i]=i/2.0;
```

在本程序中，函数 fwrite()的第一个参数为数组首地址 fnum，第二个参数为数据的字节总数可用下面的表达式计算：

```
sizeof(fnum)
```

在我们的例子中表达式的值等于 $4×10=40$，这时第三个参数，写入文件的数据个数为 1。第四个参数是文件指针，本例中定义为 fp。于是我们有如下的 fwrite()语句：

```
fwrite(fn, sizeof(fnum), 1, fp);
```

程序如下：

```
#include <stdio.h>
main()
{
    FILE *fp;                          /* 定义文件型指针 fp */
    float fnum[10];
    int i;

for(i=0; i<10; i++)   fnum[i]=i/2.0;           /* 数组 fnum 中的 10 个数据 */

    if((fp=fopen("fn", "wb"))==NULL)          /* 打开文件，二进制写模式 */
    {
        printf("cannot open file.");
        exit(1);
    }

    fwrite(fnum, sizeof(fnum), 1, fp);       /* 将数组 fnum 中的数据写入文件 */

    fclose(fp);                              /* 关闭文件 */
    return 0;
}
```

在本例中，函数 fwrite 的第二个参数，数据的字节数，也可以取一个实数的字节数。这时，第三个参数，数据个数则为 10。于是，本程序中的 fwrite 语句还可以写成下面的形式：

```
fwrite(fnum, sizeof(float), 10, fp);
```

如果将上面语句中的第二个参数，数据的字节数，写成 sizeof(float)*10，则第三个参数，数据的个数为 1。于是，上面的 fwrite 语句又可写为：

```
fwrite(fnum, sizeof(float)*10, 1, fp);
```

以上所举的 fwrite 语句的例子，都是一次写入 40 个字节的数据。如果一次写入一个实数数据，那么可以用一个循环 10 次的循环语句, 同样实现本例题的将 10 个数据写入文件的任务。语句如下：

```
for(i=0; i<10;i++) fwrite(fnum+i, sizeof(float), 1,fp);
```

读者自己不难写出, 每次写入 5 个实数, 两次写完 10 个实数数据的 fwrite 语句。

为了判断 fwrite 语句确实写入了参数规定的数据个数, 可将程序中的 fwrite 语句改写成如下的形式：

```
if(fwrite(fnum, sizeof(fnum), 1, fp)!=1)
{
        printf("File write error.");
        exit(0);
}
```

因为在正确执行后, 函数 fwrite() 的返回值等于写入数据的个数, 在本例句中是 1。如果返回值不等于 1, 则说明写入有错。

2. 数据块文件读函数 fread()

函数 fread() 的格式为：

unsigned fread(void *buffer, unsigned num_bytes, unsigned count, FILE *fp)

其中参数 buffer 是存放数据的变量地址或数组首地址。num_bytes 是无符号整型, 可以是常量、变量或表达式, 代表写读取文件每个数据的所占用的字节总数。count 是无符号整型, 可以是常量、变量或表达式, 代表读取文件的数据的个数。fp 是指向预先打开的文件的指针。

fread() 函数的功能是从 fp 所指向的文件的当前位置读取 count 个数据, 每个数据的字节数为 num_bytes, 存入 buffer 指定的内存区。

fread() 函数正确执行后, 内部指针自动后移 count×num_bytes 个字节, 返回 count 值；错误, 则返回 NULL（0）。

【例 13-7】　把例 13-6 的程序所建立的磁盘文件读出并显示在显示器屏幕上。

程序首先以二进制文件读模式打开文件 fn。而后再用 fread() 函数读文件 fn 中的数据。然后, 用 printf() 语句将从文件读出的数据显示在显示器的屏幕上。最后, 关闭的文件 fn。

程序如下：

```
#include <stdio.h>
main()
{
    float fnum1[10];
    FILE *fp;                            /* 定义文件指针 */
    int i;

    if((fp=fopen("fn","rb"))==NULL)      /* 打开文件, 二进制读模式 */
    {
        printf("cannot open file");
        exit(1);
    }
    fread(fnum1, sizeof(float)*10, 1, fp);  /* 从文件读取数据 */
    printf("\n");
    for(i=0; i<10; i++)                  /* 显示数据 */
        printf("%g  ",fnum1[i]);

    fclose(fp);                          /* 关闭文件 */
    return 0;
}
```

程序的输出为：

```
0  0.5  1  1.5  2  2.5  3  3.5  4  4.5
```

注意，在上面的程序中，fread（ ）语句有如下的形式：

```
fread(fnum1, sizeof(float)*10, 1, fp);
```

与 fwrite()语句类似，本例中的 fread()语句还可以有下面的一些写法：

```
fread(fnum1, sizeof(float), 10, fp);
fread(fnum1, sizeof(fnum1), 1, fp);
for(i=0; i<10; i++) fread(fnum1+i, sizeof(float), 1, fp);
```

前两个语句都是一次读入 10 个数据，最后一个语句是一次读入一个数据。

因为在正确读出后 fread()函数的返回值是所读数据的个数，所以，为了测试 fread()函数是否正确读入，可以用下面的程序段：

```
if(fread(fnumx, sizeof(float)*10, 1, fp)!=1)
  {
        printf("read file error.");
        exit(0);
  }
```

【例 13-8】 编写程序。定义一个含有三个成员（int i，float f，char c）的结构型 x。将两个结构型数据写入磁盘文件 fnum，然后，从文件中读出数据并输出到显示器。

写文件和读文件可用如下的语句：

```
fwrite(a,sizeof(struct x),2,p);
fread(a1,sizeof(struct x),2,p);
```

结构型数据事先存放在数组 a 中，写进文件的字节总数为：

```
sizeof(struct x) ×2
```

从文件中读出的数据存放在结构型数组 a1 中。P 为文件型指针。

程序先以二进制写模式打开文件 fnum，将数组 a 中的数据写入文件，然后关闭文件。然后再以二进制读模式打开文件 fnum，将数据从文件 fnum 读到数组 a1，关闭文件 fnum。最后显示数组 a1 中的数据。

程序如下：

```
#include<stdio.h>
main()
{
    struct x                              /* 定义结构型 x */
    {
      int i;
      float f;
      char c;
    }a1[2],a[2]={{1,1.1,'a'},{2,2.2,'b'}}; /* 定义结构型变量并初始化 */

    FILE *p;                              /* 定义文件型指针 */
    int k;

    if((p=fopen("funm","wb"))==NULL)      /* 打开文件，二进制写模式 */
    {   printf(" open file fnum error\n");
        exit(1);
    }

    fwrite(a,sizeof(struct x),2,p);       /* 数据写入文件 */
```

```
    fclose(p);                              /* 关闭文件 */

    if((p=fopen("funm","rb"))==NULL)        /* 打开文件，二进制读模式 */
    {   printf(" open error\n");
        exit(1);
    }

    fread(a1,sizeof(struct x),2,p);         /* 从文件中读取数据并存入结构变量 a1 */
    fclose(p);                              /* 关闭文件 */

    for(k=0;k<2;k++)                        /* 输出数据 */
        printf("%d  %f  %c\n",a1[k].i,a1[k].f,a1[k].c);
}
```

这个程序的输出如下：

```
1 1.100000 a
2 2.200000 b
```

在上面的程序中，两次打开文件，两次关闭文件。如果我们以"wb+"模式（二进制可写可读模式），则只需打开一次、关闭一次即可。文件打开后先进行写文件操作，然后进行读文件操作。最后关闭文件。但是，这里有个问题必须考虑到。当程序完成写操作后，内部读写文件指针已经指向文件尾。这时如果对该文件进行读操作，是不能读到正确的数据的。为了能够读到正确的数据，必须令这个内部指针指向文件的头。系统函数

```
void rewind(FILE *fp)
```

可以将文件内部指针定位在文件头。因此，在执行写语句之后，执行读语句之前，必须加上语句：

```
rewind(p);
```

下面给出完整的程序：

```
#include<stdio.h>
main()
{
    struct x
    {
        int i;
        float f;
        char c;
    }a1[2],a[2]={{1,1.1,'a'},{2,2.2,'b'}};

    FILE *p;
    int k;

    if((p=fopen("funm","wb+"))==NULL)
    {   printf(" open error\n");
        exit(1);
    }
    fwrite(a,sizeof(struct x),2,p);

    rewind(p);

    fread(a1,sizeof(struct x),2,p);
    fclose(p);

    for(k=0;k<2;k++)
        printf("%d %f %c\n",a1[k].i,a1[k].f,a1[k].c);
```

```
        return;
    }
```

13.3.5 格式化读写文件函数

1. 格式化写函数 fprintf()

函数 fprintf()的格式为：

int fprintf(FILE *fp, char *control_string, e1,e2,...,en)

其中参数 fp 是文件型指针；control_string 是存放格式字符串的字符常量，或者是存放格式字符串的数组首地址，或者是指向格式字符串的指针变量；e1,e2,...,en 是要写入文件的各个数据，也可以是表达式。本函数使用的格式字符串与 printf()中使用的完全一样。

fprintf()函数的功能是，计算表各达式 e1,e2,...,en 的值，按照 control_string 指定的格式，写入 fp 指向的文件。如果写操作正确，则返回写入文件的表达式数目；错误，则返回 EOF（−1）。

当写入数据后，内部指针自动移到下一个要写的数据的位置。

2. 格式化读函数 fscanf()

函数 fscanf()的格式为：

int fscanf() (FILE *fp, char *control_string, e1,e2,...,en)

其中参数 fp 是文件型指针；control_string 是存放格式字符串的字符常量，或者是存放格式字符串的数组首地址，或者是指向格式字符串的指针变量；e1,e2,...,en 是与格式字符串匹配的变量地址或数组首地址。本函数使用的格式字符串与 scanf()中使用的完全一样。

fscanf()函数的功能是，从 fp 指向的文件中，按照 control_string 规定的格式，读取 n 个数据，依次存入 e1,e2,...,en 地址中。如果读操作正确，则返回所读数据的数目；错误，则返回 EOF（−1）。

当读取数据后，内部指针自动移到下一个未读数据的位置。

【例 13-9】 从键盘输入三个数据（分别为字符串，浮点数和整型数），然后，将它们存入磁盘文件 "data"。

程序把键盘看作是一标准输入文件。标准输入文件是自动打开的，用户无须用 open（）语句打开它。因此，函数 fscanf()读取键盘时，第一个参数，标准输入文件的文件型指针为 stdin。第二个参数，格式控制字符串，与函数 fscanf（）一样，应该是"%s %g %d"。第三个参数是存储三个输入数据的变量的地址，设分别为&str, &fval, &k。于是我们有如下的格式化输入语句：

```
    fscanf(stdin, "%s%g%d", &str, &fval, &k);
```

写入磁盘文件是通过函数 fprintd()完成的。这个函数也有类似的 3 个参数。第一个参数，文件指针，定义为 fp。第二个参数，格式控制字符串为"%s %g %d"。第三个参数，3 个写入数据的变量 str, fval, k。于是有如下语句：

```
    fprintf(fp, "%s   %g   %d", str, fval, k);
```

整个程序的结构为：

（1）建立文件指针；

（2）打开文件并获得文件指针；

（3）读键盘文件；

（4）将读到的数据写入磁盘文件；

（5）关闭文件。

程序如下：

```
#include <stdio.h>
main()
{
    FILE *fp;                                  /* 定义文件指针 */
    char str[10];
    float fval;
    int k;

    if((fp=fopen("data","w"))==NULL)           /* 打开文件 */
    {
        printf("cannot open file");
        exit(1);
    }

    printf("Enter a string, float, int: ");
    fscanf(stdin, "%s%g%d", &str, &fval, &k);  /* 从键盘读取数据 */
    fprintf(fp, "%s   %g   %d", str, fval, k); /* 将数据写入文件 */

    fclose(fp);                                /* 关闭文件 */
    return 0;
}
```

【例 13-10】　编写程序，将例 13-9 中建立的文件"data"读出并输出到打印机。打印机作为标准输出设备文件。

这个例题与例 13-9 一致的地方，仍是用格式化读函数 fscanf()输入数据，用格式化写函数 fprintf()将读入的数据写入文件。不同的是，读数据是从普通文件，而不是从标准设备文件；写数据是写到标准设备文件，而不是普通文件。标准输出设备（打印机）文件的文件型指针 stdprn。两个相应的语句为：

```
fscanf(fp, "%s%g%d", &str, &fval, &k);
fprintf(stdprn, "%s   %g   %d\n", str, fval, k);
```

程序如下：

```
#include <stdio.h>
main()
{
    FILE *fp;                                    /* 定义文件指针 */
    char str[10];
    float fval;
    int k;

    if((fp=fopen("data","r"))==NULL)             /* 以 r 模式打开文件 */
    {
        printf("cannot open file");
        exit(1);
    }

    fscanf(fp, "%s%g%d", &str, &fval, &k);       /* 读入文件数据 */
    fprintf(stdprn, "%s   %g   %d\n", str, fval, k); /* 输出到打印机 */

    fclose(fp);
    return 0;
}
```

13.4　文件的定位与文件的随机存取

前面讲的文件 I/O 操作，都是从文件的头开始顺序进行的。这样的 I/O 操作称为顺序存取。相应的文件叫做顺序文件。将一个数据写到文件中任意指定的位置或读文件中任意指定位置的数据，这样的 I/O 操作叫做随机存取操作，相应的文件叫做随机文件。

我们知道，I/O 系统在文件中设置有一个内部位置指针（内部指针），用来指向当前的读写位置。对于顺序存取的文件，每读写一个数据，位置指针就自动指向下一个数据。如果想要改变这种顺序存取模式，就需人为地改变位置指针所指向的位置。这个操作叫做文件的读写定位。文件的读写定位可通过调用文件随机定位系统函数实现。

13.4.1　文件随机定位函数

文件随机定位函数 fseek()的格式为：

```
int fseek(FILE *fp, long offset_bytes, int origin)
```

其中参数 fp 是 fopen()打开文件时返回的文件指针；offset_bytes 是一个长整型数，表示从 origin 为起始位置的偏移字节数，简称为偏移量；origin 是确定起始位置的参数，其含义、取值和宏名如表 13-3 所示。这些宏名定义在文件 sstdio.h 中。在函数中既可以使用宏名也可以使用宏名的值作为参数。

函数的功能是，根据偏移量（offset_bytes）和起始位置（origin）设置 fp 所指文件当前的读写位置（内部位置指针的位置）。当偏移量为正数时，将内部指针从 origin 位置向文件尾方向移动 offset_bytes 个字节；当偏移量为负时，将内部指针从 origin 位置向文件头方向移动 number_bytes 个字节。偏移量（offset_bytes）可用函数 sizeof()确定。

函数调用成功时,返回值为 0；调用失败时，则返回非零。

表 13-3

origin	origin 宏名	宏名对应值
文件头	SEEK_SET	0
当前位置	SEEK_CUR	1
文件尾	SEEK_END	2

例如：

fseek(fp, 10L,SEEL_CUR)　　　　表示将内部位置指针从当前位置向后移 10 个字节；

fseek(fp, −2L, 2)　　　　　　　表示将内部位置指针从文件尾向前移两个字节。

函数 fseek()是为实现随机读写而设置的。

随机文件一般都是二进制文件，因为二进制文件中的数据元素是等长的，例如，一个整型数总是占 2 个字节，所以数据的存储位置很容易计算出来。而对于文本文件，数据元素长度是不等的（与数据的位数有关），因而不容易确定某数据的存储位置。所以，文本格式的随机文件应用较少。

13.4.2　随机读写文件举例

【例 13-11】　在文件 fdata 有 6 个结构类型数据（结构包含一个整型变量 a，一个浮点型变量

b，一个字符型变量 c）。要求将用户指定的数据输出到屏幕显示。

　　首先，用下面的程序制作一个 fdata 文件。程序第一步定义结构类型并进行初始化；第二步用函数 fopen() 以 "wb" 模式建立文件 fdata；最后，用函数 write() 将结构类型数据写入文件，随后关闭文件。程序如下：

```
#include<stdio.h>
main()
{
    struct data                        /* 定义结构型 data */
    {
        int a;
        float b;
        char c;

    };

    FILE *fp;                          /* 定义文件指针 fp */
    int i;

    struct data d[6]=                  /* 定义结构型变量 a[ ]并初始化 */
    {
        { 1,1.1,'a'},{2,2.2,'b'},{3,3.3,'c'},
        {4,4.4,'d'},{5,5.5,'e'},{6,6.6,'f'}
    };

    if((fp=fopen("fdata","wb"))= =NULL)    /* 打开文件 fdata，二进制写模式 */
    {
        printf("Cnnot open file.\n");
        exit(0);
    }

    for(i-0;i<=5;i++)                  /* 数据写入文件 */
        fwrite(&d[i],sizeof(struct data),1,fp);

    fclose(fp);                        /* 关闭文件 */

    return;
    }
```

　　下面的程序对文件 fdata 进行随机读取。首先，通过键盘输入所要读的数据的序号（0～5）；第二步根据输入的数据设置函数 fseek() 的参数，使内部文件位置指针指向所要操作的数据；第三步用函数 fread() 读文件中指定的数据；第四步将读出的数据显示到显示器屏幕。

```
#include<stdio.h>
main()
{
    struct data                        /* 定义结构型 data */
    {
        int a;
        float b;
        char c;

    }d[6];
```

```
        FILE *fp;                                /* 定义文件指针 */
        int i;

        if((fp=fopen("fdata","rb"))==NULL)       /* 二进制读模式打开文件 */
        {
            printf("Cnnot open file.\n");
            exit(0);
        }

        printf("Enter a number(0-5):");          /* 给定读数据的位置 */
        scanf("%d",&i);

        fseek(fp,i*sizeof(struct data),0);       /* 定位读取数据的位置 */
        fread(&d[i],sizeof(struct data),1,fp);   /* 读文件中的数据 */

        printf("%d, %f, %c\n",d[i].a,d[i].b,d[i].c);
        fclose(fp);                              /* 关闭文件 */

        return;
    }
```

【例 13-12】 有文本文件 "strfile.txt",存储着字符串:

```
"abcdefghijkl"
```

要求将文件中字符串第 4 个字符 d 和第 7 个 g 改为相应的大写字母。然后输出从 D 开始的 7 个字符，也就是程序的输出应该是:

```
DefGhij
```

如果将这个文件作为随机文件处理，问题解决起来非常方便。这个文件的基本元素是字符，所有字符都是等长的（一个字节）。

首先用函数 fseek()令内部指针指向字母 d:

```
fseek(fp,3,SEEK_SET);
```

然后用函数 fputc()将大写字母 D 写入文件指针当前位置，以代替 d:

```
fputc('D',fp);
```

同样的方法可以处理字母 g。再将内部指针移动到指向 D，输出所要求长度的字符串。

程序如下:

```
#include<stdio.h>
main()
{

    char str1[80];
    FILE *fp;

    if((fp=fopen("strfile.txt","r+"))==NULL)     /* 打开文件 */
    {
        printf("Can't open the file strfile.dat\n");
        exit(0);
    }

    fseek(fp,3,SEEK_SET);              /* 文件内部指针从头向后移 3 个字节,指向 d */
    fputc('D',fp);                     /* 写入字符'D' */
```

```
        fseek(fp,2,SEEK_CUR);              /* 文件内部指针由当前位置向后移 2 个字节，指向 g */
        fputc('G',fp);                     /* 写入字符 G */

        fgets(str1,8,fp);                  /* 从文件读字符串 */

        printf("%s\n",str1);               /* 输出字符串 */

        fclose(fp);                        /* 关闭文件 */
        return;
    }
```

通过这个程序，要很好理解和掌握随机定位函数的使用。

13.4.3　当前位置函数 ftell()

在程序运行中，随着对文件的操作，文件的内部指针位置不断变动。有时可能需要知道当前指针所指的位置。函数 ftell() 的作用是获取文件当前的操作（读或写）的位置。函数 ftell() 的原型为：

long ftell(FILE *fp)

它的返回值是 fp 所指向的文件中的读或写的位置。如果返回值为 -1，表示出错。例如：

```
    i=ftell(fp);
```

则变量 i 的值为位置指针当前位置。又如：

```
    if(i==-1L) printf("error.\n");
```

则表明函数调用出错。变量 i 中存放的不是文件的当前读写位置。

小　　结

本章详细地介绍了 C 语言的缓冲型文件输入/输出系统（ANSI I/O 系统）及其应用。首先介绍了文件的概念、文件指针的概念和文件打开与关闭的概念。它们是了解和掌握文件系统的基础。

本章涉及的输入输出函数比较多，但归纳起来，不外乎是文件的打开，文件的关闭，文件的读写操作以及配合读写操作的文件尾测试函数、错误测试函数和内部指针定位函数等一些函数。归纳如下。

打开文件与关闭函数：
　　打开文件函数 fopen()；
　　关闭文件函数 fclose()。
读写文件函数：
　　字符读写函数 fgetc() 和 fputc()；
　　数据块读写函数 fread() 和 fwrite()；
　　格式读写函数 fscanf() 和 fprintf()；
　　字符串读写函数 fgets() 和 fputs()。
文件测试函数：
　　错误测试函数 ferror()；
　　文件尾测试函数 feof()。

文件定位函数：

　　文件头定位函数 rewind()；

　　随机定位函数 fseek()；

　　当前位置函数 ftell()。

读者通过学习本章的例题，可以很好地理解和掌握这些函数，以达到能够应用的目的。

习　　题

13-1　什么是缓冲文件系统，什么非缓冲文件系统？

13-2　什么是文件型指针？

13-3　文件打开和文件关闭的含义是什么？

13-4　编写程序，将从键盘（文件）输入的字符串，存入名为 myfile.dat 的磁盘文件中。

13-5　编写程序，将习题 13-4 中建立的文件读入并输出到显示器屏幕。

13-6　编写程序，将习题 13-4 中建立的文件读入并用函数 fprintf()输出到打印机。

13-7　编写程序，复制习题 13-4 中建立的文件。

13-8　编写程序，将由 10 个整数组成的一组数据存入二进制磁盘文件。

13-9　编写程序，将习题 13-8 建立的文件中第偶数个的数据读入并显示。

第二篇
C++面向对象程序设计

在第 1 篇中介绍了 C 语言，这些内容在 C++中仍然适用，或者说是 C++与 C 相同的部分。因此，C 语言是学习 C++面向对象程序设计的基础。从第 14 章开始讲述 C++所独有的，支持面向对象程序设计的特性。

C++面向对象程序设计方面的内容很多。本篇只介绍其基本的精华的部分：C++的基本特性，类和类的应用，类的继承和多态以及 C++的 I/O 文件系统。

第14章
C++概述

作为独立的 C 语言和 C++的基础，本书的前 13 章介绍了 C 语言程序设计。C++是一种面向对象的程序设计语言。因为 C++是 C 的超集，因此已学过的 C 语言的任何内容，都适用于 C++。

本章介绍面向对象程序设计中的一些重要概念和 C++支持面向对象方面的基本特性。其中包括：

什么是面向对象的程序设计？它与传统的程序设计方法有什么不同？

什么是对象，什么是类？

了解面向对象程序的基本特征，如封闭性，继承性，多态性等。

本章涉及较多的新概念，可能不是一下就彻底掌握了。本章只是建立起一些初步的概念。通过后续章节的学习，对这些概念的理解将逐步加深。

14.1 面向对象的程序设计

14.1.1 传统的程序设计方法

计算机问世以来，程序设计语言有了很大的进展。最早人们用二进制的机器指令编制程序。那时的程序比较小，这种方法还是可行的。随着程序规模的扩大，编程的难度迅速增加。为了减小编程的困难和提高编程的效率，出现了汇编语言。软件的进一步发展，又产生了高级程序设计语言。这时程序设计人员就能编写出相当复杂的程序。首先得到广泛使用的高级程序设计语言就是 FORTRAN。随后又出现了许多通用的程序设计语言和专用的程序设计语言，如 BASIC，PASCAL 等。

程序设计方法也在随着程序设计语言的进步而向前发展。在 20 世纪 60 年代诞生了结构化的程序设计方法。现代的 BASIC，PASCAL 和 C 等都是结构化的程序设计语言。结构化的程序设计方法，将程序归纳成三种基本结构，即顺序结构，选择结构和重复结构。提出了以过程为中心和模块化的设计原则。结构化和模块化程序设计思想的实质，就是将一个复杂的问题拆分为一系列小的功能块，使之较为容易理解和实现。结构化的语言和模块化的方法，使中等复杂的程序设计变得较为容易。

上述传统的程序设计方法是面向过程的设计方法。在这种程序设计方法中，模块中的数据处于功能实现的从属地位。也就是说，程序是对数据进行的一系列操作。数据与操作是分开的。而模块之间有较大的耦合力。但当程序达到一定的规模时，程序的复杂性超过了结构化程序设计技术所能管理的限度，它就变得难以处理和控制。

　　传统的程序设计方法的另一个问题是，函数或过程的实现与数据结构有关。一个数据结构发生变化，可能产生较大面积的影响，许多函数和过程将不得不重写。随着软件规模和复杂性的增长，这种缺陷也日益明显。

　　为解决面临的高度复杂的软件设计问题，就产生了新的程序设计方法，即面向对象的程序设计方法。

14.1.2　面向对象的程序设计

　　面向对象的程序设计（Object-Oriented Programming，OOP）是在结构化程序设计基础上的进一步发展。这种方法使程序设计人员能够更好地理解和管理庞大而复杂的程序。

　　"面向对象"方法起源于 Smalltalk 语言。该语言是 1972 年美国 Xerox 公司 Palo Alto 研究中心，为快速处理各种信息，而在 Alto 个人机上研制的软件，并于 1983 年正式发行 Smalltalk V2.0。Smalltalk 所开创的面向对象的程序设计方法把结构化程序设计的抽象层次提高了一步。继Smalltalk 之后，相继诞生了许多面向对象的程序设计语言。

　　面向对象的程序设计在结构化的基础上，引进了一些全新的概念。正是这些概念，开创了程序设计工作的新天地。传统的程序设计方法主要是利用函数或过程来产生软件。新的程序设计方法则是把一个大问题分解成多个子组。每个子组就是一个为数据与代码建立的内存区域，并以此来提供模块化的程序设计。这些模块或子组可以被看作为样板，在需要时建立其拷贝。OOP 方法的新意就在于它将数据和过程统一为一个整体：对象，一个具有特定特性的自完备实体。在 OOP出现之前，数据总是以文件的形式存在，并与过程（程序）相分离。

　　面向对象方法的基本特点可归纳为三点：封闭性、继承性、多态性。这些特点，将是本章的重点学习内容。

14.2　面向对象方法的基本特征

14.2.1　对象

　　对象（Object）是 OOP 技术中的一个重要概念。对象是对客观世界的事物的描述，是数据和对这些数据进行操作的代码所构成的实体。数据可看作是对象的属性，用来描述对象的静态特征。例如，学生张三是系统中的一个实体，年龄、身高、成绩等数据就是张三的静态属性。

　　操作代码也称为方法（method），是对象所具有的功能，或者服务。方法或服务表现对象的行为能力或它所能提供的服务。每个对象可能有若干方法，每个方法有对应的代码。例如，学生张三有增加学分的功能或方法。可见，方法或功能是描述对象动态特征的一种操作。

　　归纳起来，对象是系统中用来描述客观事物的一个实体，它是构成系统的一个基本单元。一个对象由一组数据（属性）和方法（操作或功能）组成。

　　一个对象的方法和数据，可以是这个对象私有的，外界不能对它们直接访问。这表明，对象具有保护和防止无关的外界偶然地使用对象中不允许它使用的内容。有些对象的属性则可以是对外开放的。为了反映对象属性这方面的特征，面向对象语言把对象的属性分为三种：公有的（public）、保护的（protected）和私有的（private）。

在面向对象的方法中，数据与操作数据的方法是结合在一起的。这种结合称为封装（encapsulation）。对象属性和方法的对外不可访问性，称为数据隐藏（data hiding）。封装的含义在于，一是数据和操作是不可分割的整体；二是它的隐藏性。所谓数据隐藏，就是对象只保留有限的对外接口，而隐藏对象内部的细节。

封装和数据隐藏的概念，与集成电路芯片的封装很是相似。芯片的内部电路是不可见的，用户只须了解引脚的电气参数和功能，并且只能通过引脚了解和使用芯片。封装后的对象就如同一个"软集成块"。面向对象方法中的上述特性称为封闭性。

访问一个对象的过程，就是向对象发送一个消息（message）。对象的工作靠消息来激发，对象之间通过消息发生关系。对象会根据消息和它的方法做出不同的响应。

图 14-1 给出了对象的示意图。

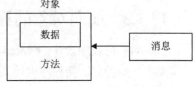

图 14-1　对象的示意图

14.2.2　类

类是对一组对象的抽象。或者说，类是对一组对象的相同数据和方法的定义或描述。这样对象就成为类的一个实例（instance）。例如，学生张三是一个对象，学生李四也是一个对象，他们有共同的属性。于是，就可以将所有的学生抽象为一个"类"，如学生类。那么，对象张三就是学生类的一个实例。

根据类的这种概念，类实质上是一种新的数据类型，就像我们熟悉的整型、浮点型等数据类型一样。不过类的数据结构比较复杂。一个对象（object）被说明为某一个类的变量，也就是某个类的实例。类中定义的基本数据，描述对象的属性或状态；类中定义的方法，描述对象的行为和功能。同一个类的不同对象或实例，其状态可能是不同的，但功能都一样。类体现了数据与功能抽象的统一。

对一个类的每个对象，在内存都有自己的空间，用来保存各自对象的状态。而一个类的所有对象的操作（方法），都使用共同的代码。

用户定义一个类，也就是定义了一个新的数据类型。

14.2.3　继承（inheritance）

继承是面向对象方法的又一特征。所谓继承就是由一个类获得另一个新类的过程，在这个新类中包含（继承）了前一个类的某些特性，增加了某些自己特有的特性。使用继承的概念后，大多数的知识都可通过继承来获得。这意味着，开发一个程序，可以不是一切从头开始。

例如，食品是一个类，苹果是食品的一种，具有食品的一般特性。因此，可通过继承食品类的某些特性的方式，产生出一个新的苹果类，而无须完全重新定义一个新类。

继承使得程序设计人员可以在一个较一般的类的基础上快捷地建立一个新类，而不必从头开始设计每个类。因此，继承机制是一个强有力的编程工具，它大大降低了软件开发的复杂性、时间和费用，并使软件非常易于扩充。

高层的类通常定义较为一般化的概念，称为基类（base class）或父类。由它产生出来的类称为子类或派生类（derived class）。派生类从基类继承各种行为和状态，并引入自己的特征。派生类还能将自己的及从基类继承的特征传递下去。

图 14-2 给出类的继承结构图。

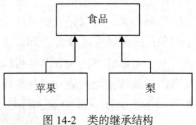

图 14-2　类的继承结构

14.2.4　多态性（polymorphism）

多态性是面向对象程序设计中的又一重要特征。多态性的意义就在于，类的对象能各以不同的方式响应同一消息，即所谓的"同一接口，多种方式"。多态性使得程序发出一个消息后，不同的消息接受者执行不同的响应。

例如，定义了一个描述堆栈的类，和派生的三个不同数据类型的类：整型，浮点型和长整型的堆栈。这些类都需要入栈和出栈功能，但是具体的实现方法是不同的。根据多态性的原理，就可以为三种堆栈建立三套相同名字的入栈函数 push() 和出栈函数 pop()。虽然函数的名字一样，但各对象能以自己的方式响应这同一消息。

多态性在程序上通过所谓的联编来实现。按照进行联编阶段的不同，分为静态联编和动态联编。静态联编下的多态性是在编译阶段解决的。这种多态性也叫做编译时的多态性。动态联编是在程序的运行阶段解决多态性问题。这种多态性也叫做运行时的多态性。这两种多态性的具体实现将分别在第 16 章和第 17 章中详细介绍。

继承机制与多态性相结合，使面向对象方法发挥出更强大的优越性。

14.3　C++对 C 语法的扩充

C++是在 C 语言基础上，为支持面向对象的程序设计而开发的。C++保留了 C 语言的全部功能，使得 C++与 C 之间具有兼容性。按 C 语言编写的程序，都可以在 C++上运行。因此，也可以说 C++是 C 的超集。

C++编译器，如 Turbo C++既能编译 C++源程序，也能编译 C 源程序。通常 C++源程序文件的默认扩展名为 cpp，编译器作为 C++程序编译。C 源程序文件的默认扩展名为 c，编译器按 C 程序进行编译。不使用默认扩展名时，则须在集成开发环境中修改相应缺省设置。这个设置在 option 菜单下的 compiler 菜单中的选择项中进行。

在 C++中，除了为满足面向对象技术的需要而做的扩充外，也对 C 的一些语法做了扩充。有关面向对象技术方面的内容将从下章开始重点讲述。本节只对 C 的一些语法变化和增强作一简单介绍。

14.3.1　变量的定义

1．简单变量定义

在 C 语言中，变量定义语句都要写在程序的头部，如函数的开始部分，语句块的头部。但是，在 C++中，变量的定义可以跟在任何其他语句的后面，只要遵守"先定义后使用"的原则即可。例如：在 C 中，应该这样写：

```
int i;
for(i=0;i<10;i++)
```

而在 C++中，则可以写为：

```
for(int i=0;i<10;i++)
```

在 C++中，变量的定义可在程序的任意位置，非常灵活。

2．结构变量的定义

在 C 中是这样定义结构变量的：

```
struct exs
```

```
{
        int x;
        float y;
};
struct exs a;
```

而在 C++中，结构除了使用同样的方法外，还可以这样定义结构变量：

```
exs a;
```

14.3.2　C++的函数原型

在 C 语言的源程序中，如果在函数定义前引用该函数时，应该事先用其函数原型进行说明。但是返回值为整型的函数例外。在 C++程序中，对此规定更为严格。C++中规定，任何一个定义在后调用在前的函数，必须先用函数原型进行说明，返回值为整型的函数也不例外。

14.3.3　常数说明

1. const 修饰符定义常量

在 C 中，说明符 const 用来说明变量的值在程序中不能被改变。变量的值在初始化时给定。在 C++中，扩展了 const 的功能。

在 C++中被说明为 const 的变量，是作为真正的常数看待。例如：

```
const int a=100;    （相当于 C 中的 #define a  100;）
```

a 在程序中是不能改变的。例如，

```
a=50;
```

是错误的。如下的使用是正确的：

```
char str[a];
```

2. const 指针

在 C++中，在指针定义语句的类型前加 const，就定义了指向常量的指针，表示指向的对象是常量。指针变量可以指向不同的常量，但它所指的内容（常量）本身不能改变。其格式为：

const　数据类型符　*指针变量名;

例如，有下面的定义语句：

```
const int a=10;
const int *pa;
int b=30;
```

下面的语句是正确的，因为指针本身不是常量：

```
pa=&a;     pa=&b;
```

但下面的语句是错误的，因为指针 pa 是指向常量的，而常量是不能修改的：

```
a=20;                            /* 常量不能修改 */
pa=40;                     /* 指针指向的是常量,不能修改 */
```

const 说明符还常用在函数的参数中，如：

```
int sum(const int *a);
```

使函数的指针参数的内容不被改变。而下面的形式：

```
int *const abc;
```

定义一个整型指针常量 abc。

在 C++中还可以定义指针常量，其格式为：

数据类型符 *const 指针变量名=初值;

这样定义的指针变量，指针值不能修改，但可以对它所指向的对象的值进行修改。定义时必须初始化。

例如，下面的定义是正确的：

```
int a=10,b=20;
int *const p=&a;
```

下面的语句是错的，因为企图令指针指向另一个地址：

```
p=&b;
```

但可以改变指针 p 所指向的数据，例如：

```
*p=20;
```

C++中第三种 const 指针是定义指向常量的指针常量，其格式为：

const 数据类型符 *const 指针变量名=初值;

用这种方法定义的变量，既不能改变指针变量的值，也不能改变该指针所指对象的值。定义时必须初始化。

设有如下的定义：

```
const int a=10;
int b=15;
const int *const p=&a;
```

则下面的应用都是错误的：

```
p=&b;                          /* 不能改变指针 p 的地址 */
*p=20;                         /* 不能改变指针 p 指向的地址的内容 */
```

14.3.4　C++的注释语句

C 中注释语句在 C++中仍然可以使用，但 C++提供了自己的注释语句。因此，在 C++程序中，同时可以使用两种注释语句：

第一种方法是传统 C 中使用的方法，即：

/* 注释内容 */

第二种方法是 C++所特有的，其格式为：

// 注释内容

需要注意的是，C++的注释只适用于单行注释。这种注释语句在行结束处注释自然结束。因此，在该行的后面不能再有其他语句。如果注释内容一行内容纳不下，可以另起一行，但必须仍然以"//"开头。

14.3.5　C++的标准 I/O 操作

在 C++程序中，虽然可以使用 C 中的标准 I/O 函数，如 printf()，scanf()等，但 C++定义了自己的使用更为方便的标准 I/O 操作。

1. 数据输出

在 C++中，数据的输出是由系统提供的输出流对象 cout 完成的。对象 cout 定义在头文件"iostream.h"中。所以，程序中使用时，要包含有头文件：

```
#include<iostream.h>
```

这个头文件与 C 中的"stdio.h"相对应，但不能互相代替。输出语句的一般格式为：

cout<<数据 1<<数据 2<<…<<数据 n;

其中"<<"为输出操作符。在 C++中，输出操作定义为插入过程，所以，符号"<<"又称为插入符。语句的功能是向标准输出设备上输出数据。数据可以是常量、变量或表达式。

例如：

```
cout<<"the value of a:"<<a;
```

表示输出字符串和变量 a 的值。

但要注意，在一个语句中多个要输出的数据写在一个 cout 语句中时，是按从右向左的顺序计算各输出项的值，然后，再按从左向右的顺序输出各项的值。在这一点上是与函数 printf() 一样的。例如：

```
int a=10;
cout<<a<<","<<a++;
```

语句的输出为：11, 10。

一个 cout 语句也可以拆成若干行来写，其效果和写成一行是一样的。例如：

```
cout<<"the value of a:"
    <<a;
```

为实现输出回车换行功能，除了仍然可以使用转意义字符 "\n" 外，C++还定义有行结束的流操作符 "endl"。例如：

```
cout<<"the value of a:"<<a<<endl;
```

当需要输出八进制整数时，可使用格式控制符 "oct"；输出十六进制数时，可使用格式控制符 "hex"。例如：

```
cout<<oct<<x;
```

2. 数据输入

数据的输入是使用系统提供的输入流对象 cin 完成的，输入操作定义为提取过程，其提取符为 ">>"。输入语句的一般格式为：

cin>>变量名 1>>变量名 2>>…>>变量名 n；

语句的功能是：当执行该语句时，程序等待用户从键盘输入相应数目的数据，用户以回车结束输入。cin 从输入流提取数据并传送给相应的变量。在输入多个数据的情况下，各数据之间可用空格隔开。每输入一个数据按一个回车键也可以。

输入语句中的变量是整型时，用户可以输入十进制数、八进制数或十六进制数。只需要遵守相应的书写格式。如八进制数要以 0 开头，十六进制数以 0x 开头。对于实型变量，用户可直接按小数点格式或指数格式输入。对于字符型变量，用户可直接输入相应字符，而无需引号。

关于格式化的输入与输出，将在以后的章节介绍。

下面通过一个程序例子来观察一下一个简单 C++程序的风格，特别是它的输入和输出语句。

【例 14-1】　程序的功能是，提示用户输入一个十进制整数；然后，程序以八进制输出从 0 开始到给定数目的所有自然数。

程序如下：

```
#include <iostream.h>
int main(void)
{
    cout<< "i = ";                          // 输出
    int i;                                   // 定义变量 i
    cin >>i;                                 // 提示输入 i
    cout<<"your number is " <<i<<endl;       // 输出 i

    for(int k=0; k<i; k++)
        cout<<oct<<k<<"   ";                 // 输出八进制数
```

```
        cout<<endl;

        return 0;
}
```

下面是程序输出的实例：

```
i=12      （12 是用户由键盘输入）
your number is 12
0 1 2 3 4 5 6 7 10 11
```

14.3.6　作用域区分符

在 C 语言中讲述了变量作用域的概念。我们知道，同一个变量名，由于它们的作用域不同，它们表示的是不同的对象。全局变量 x 进入局部变量 x 的作用域时，全局变量 x 是不可见的，因而不能引用。C++引入了一个作用域区分符 "::"，指示所要引用的变量是全局变量，使得同名全局变量可以在局部变量的作用域内也能被访问。它的使用形式为：

::变量

例如，::a，表示访问外部变量 a。

【例 14-2】　应用 C++作用域区分符的例子。

程序中定义有全局变量 a 和局部变量 a，并分别赋值为 10 和 20。我们知道，在局部变量 a 的作用域内，同名全局变量 a 是不可见的。但利用作用域区分符仍能访问或输出全局变量 a 的值。

程序如下：

```
#include<iostream.h>

int a;                                 // 定义全局变量 a
void main()
{
        a=10;                          // 为全局变量 a 赋值
        int a=20;                      // 定义局部变量 a

        cout<<"a in main = "<< a<<endl;     // 输出局部变量 a

        ::a=20*::a;                    // 运算全局变量
        cout<<"::a="<<::a<<endl;       // 输出全局变量

        return;
}
```

程序的输出如下：

```
a in main = 20
::a=200
```

14.3.7　函数参数的缺省

在 C++中，函数的参数可以有缺省值。当调用有缺省参数的函数时，如果没有给出相应的实参，则自动用相应的缺省参数值作为其实参。函数的缺省参数值，是在函数原型中给定的。例如：

```
int sum(int i=-1, int j=-2);
```

说明整型函数 sum 有两个形参 i 和 j，它们都有缺省值。参数 i 的缺省值为-1，j 的缺省值为-2。函数也可以是部分参数有缺省值，部分参数没有缺省值。

可有下列几种调用函数 sum()的情况：

```
sum(1,2)            // 不用缺省参数值
sum(2)              // 参数 j 的值取缺省值-2，即 sum(2, -2)
sum()               // 参数用缺省值，即 sum(-1, -2)
```

【例 14-3】 程序定义了一个函数 sum，它含有两个整型参数。函数的参数有缺省值。此函数的功能，是计算并返回两个数的和。

由于函数 sum()的参数有缺省值，在其他函数调用此函数时，就可以不给实参或给部分实参。函数会自动地用相应参数的缺省值作为实参。

程序如下：

```
#include <iostream.h>
int sum(int i=-1, int j=-2);                    // 函数 sum()的原型说明

void main(void)
{
    cout << "sum = " << sum(1,2)<< "\n";
    cout << "sum = " << sum(2) << "\n";
    cout << "sum = " << sum() <<endl;

    return;
 }
 int sum(int i, int j)
{
    return i+j;
}
```

此程序的输出为：

```
sum = 3
sum = 0
sum = -3
```

第一次调用函数 sum()，传递的实参是 i=1，j=2。因此，输出的结果是 3。

第二次调用函数 sum()，传递的实参是 i=2，j=-2（缺省值），所以，输出的结果是 0。

第三次调用函数 sum()，因为没有给实参，取缺省值（i=-1，j=-2），故输出的结果为-3。

14.3.8 引用型变量

C++增加了一个引用型变量。其一般应用形式为：

数据类型 &标识符=变量;

其中的符号"&"是定义引用型变量的标识符，不是取地址运算符。语句的功能是定义标识符为"="右边变量的别名。它们占用同一个物理空间，存储的内容也是同一个。任何对该引用变量的赋值，就是对变量的赋值。例如：

```
int  &a=x;   a=10;
```

说明 a 是变量 x 的引用变量。执行对 a 的赋值的结果，变量 x 的值也是 10。

引用型变量主要应用于函数传递。其作用相当于 C 中函数参数的地址传递。但 C++的引用更方便、简洁。

【例 14-4】 C++的函数引用调用与 C 的函数地址调用的比较。

下面的函数 swap()的功能是两个数据的交换。使用的是 C 的地址传递方式。

```
void swap(char *x, char *y)
```

```
{
    char ch;
    ch = *x;
    *x = *y;
    *y = ch;
}
```

如果应用 C++的引用调用，函数的参数将说明为引用变量：&x 和&y。于是函数 swap()可以这样改写：

```
void swap(char &x,char &y)
{
    char ch;

    ch=x;
    x=y;
    y=ch;

    return;
}
```

不难看出，与 C 的地址调用相比，C++的引用调用程序简洁，可读性好。

在 C++中，引用调用参数的函数形式也很简单：

```
swap(ch1, ch2);
```

下面给出完整的程序：

```
#include <iostream.h>
void swap(char &, char &);                          // 函数原型，引用形参
main()
{
    char ch1='a', ch2 = 'b';
    cout<<"ch1 = "<<ch1<<"   "<<"ch2="<<ch2<<endl;   // 输出交换前的数据

    swap(ch1, ch2);                                  // 引用调用
    cout<<"ch1 = "<<ch1<<"   "<<"ch2="<<ch2<<endl;   // 输出交换后的数据
 }

void swap(char &x,char &y)                           // 函数 swap()定义
{
    char ch;

    ch=x;
    x=y;
    y=ch;

    return;
}
```

由于形参 x 和 y 是定义为引用型，所以，x 就是实参 ch1 的引用，y 就是实参 ch2 的引用。而任何对形参 x 和 y 的操作，实际上就是对实参的操作。

14.3.9　内联函数

我们知道，调用函数时系统要付出一定的开销，用于信息入栈出栈和参数传递等。特别是对于那些函数体较小但调用又较为频繁的函数，计算机的开销相对就比较可观。在 C 语言中，用宏

替换，可解决这个问题。例如，有如下的函数：

```
add(int x,int y)
{
    return x+y;
}
```

用宏替换时，上面的函数功能可写为：

```
#define add(x,y) (x)+(y)
```

这里宏替换与调用函数不同，它只是在编译源程序时，在有宏的地方用(x)+(y)替换 add(x,y)。从而节省了调用函数所需要的系统开销。当然这势必增加了程序代码的长度。

宏替换实质上是文字替换。C++引进了内联函数（inline function）的概念。内联函数在语法上与一般函数完全一样。只是在定义函数时，在函数名前面加上说明符"inline"。内联函数的一般形式是：

> **inline 数据类型 函数名（形参）**
> {
>   **函数体**
> }

调用内联函数的方式与一般函数调用也没有什么不同。

内联函数与一般函数不同的是，在进行程序的编译时，编译器将内联函数的目标代码作拷贝并将其插入到调用内联函数的地方。这一点上很像是宏替换。

【例 14-5】 内联函数的应用。

程序定义了一个内联函数 add()。其功能是计算两个整型数的和，并将其返回主函数。调用内联函数 add()时，系统将函数 add()的代码插入到调用处。

程序如下：

```
#include<iostream.h>

inline int add(int x,int y)                          // 定义内联函数
{
    return x+y;
}

main()
{
    int a=1,b=2,c;

    c=add(a,b);                                      // 调用内联函数
    cout<<"c="<<c<<endl;
    return 0;
}
```

显然，内联函数会增加整个程序的目标代码长度，但减小了系统的开销。内联函数适合用于函数简单，函数体语句很少和调用较多的场合。

使用 inline 定义的内联函数，不一定保证它一定当作内联函数处理。这有点像用 register 定义变量，说明为 register 的变量不一定能按 register 变量处理。如果内联函数体中有复杂结构控制语句，如 switch，while 等语句，或含有静态变量等情况时，编译器将像处理一般函数那样处理内联函数。

14.3.10　动态内存的分配

作为对 C 语言中 malloc 和 free 的替换，C++引进了 new 和 delete 运算符。它们的功能是实现内存的动态分配和释放。

动态分配 new 一般有如下的三种形式：

指针变量=new 数据类型；

指针变量=new 数据类型（初始值）；

指针变量=new 数据类型[数量]；

例如：

```
int *a，*b;
fload *c;
a=new int;
b=new int(10);
c=float[5];
```

其中第一个 new 语句，完成分配一个整型数内存空间并返回一个指向这个空间的指针赋给指针变量 a。第二个 new 语句，完成分配一个整型数内存空间，并初始化内存（将数 10 存入），返回一个指向这个空间的指针赋给指针变量 b。第三个 new 语句，完成分配五个浮点型数内存空间并返回一个指向这个空间的指针赋给指针变量 c。

释放由 new 动态分配的内存时，用 delete 操作。它的一般形式是：

delete 指针变量；

对于数组类型的情况，delete 有如下的形式：

delete [数量]指针变量；

例如，释放上面例子中分配的内存空间：

```
delete a;
delete b;
delete [5]c;
```

与 C 的内存动态分配和释放操作（malloc 和 free）相比，C++提供的动态分配有以下优点。

（1）new 和 delete 操作自动计算需要分配和释放类型的长度。这不但省去了用 sizeof 计算长度的步骤，更主要的是避免了内存分配和释放时因长度出错带来的严重后果。

（2）new 操作自动返回需分配类型的指针，无需使用强制类型转换。

（3）new 操作能初始化所分配的类型变量。

【例 14-6】　浮点数组的内存分配和释放。

为浮点类型的数组申请动态内存。申请内存成功后，进行数组的赋值和输出。最后，释放所申请的内存单元。

程序如下：

```
#include <iostream.h>
main()
{
    float *ptr;
    ptr = new float[2];                    // 申请内存空间
    if(!ptr)
    {
        cout<<"allocation failure\n";
        return 1;
    }

    ptr[0]=1.1;                            // 赋值
    ptr[1]=2.2;
```

```
    cout<<ptr[0]<<endl;                          // 输出
    cout<<*(ptr+1)<<endl;

    delete [2]ptr;                               // 释放内存空间
    return 0;
}
```
程序的输出如下：
```
1.1
2.2
```
为数组动态分配内存时，不能对数组进行初始化。

小　结

本章的主要内容，是帮助读者初步了解，什么是面向对象的程序设计。对面向对象程序的特点有一个粗浅的概念。为此目的，本章首先介绍了如下一些内容。

（1）传统程序设计方法与面向对象的程序设计方法的不同。

（2）面向对象方法的主要特点。

（3）面向对象技术的一些基本概念：类与对象；封闭性；继承性；多态性等。

在建立了面向对象方法的基本概念之后，本章详细介绍了 C++在语法上对 C 的一些扩充。其中包括：变量的定义，作用域和引用，函数原型，函数参数的缺省，内联函数，输入与输出，内存的动态分配与释放等。

Turbo C++对 C 程序和 C++程序都能编译。编译系统对两种程序一般是通过其文件扩展名.c 和.cpp 来区分的。如果不使用这样的扩展名，则需要对集成环境进行必要的设置。

习　题

14-1　面向对象程序设计方法有什么优点？传统的程序设计方法有什么缺点？

14-2　说明类与对象的含义。

14-3　试说明关于面向对象程序中下列名词的意义：封闭性、继承性和多态性。

14-4　应用 C++的输入/输出流，编写程序，令其接收键盘输入数据：

`10, 11.1 和 "string"`

然后，将这些数据输出。

14-5　内联函数与一般函数有什么不同？与宏替换有什么不同？

14-6　编写程序，其功能是应用内联函数找出两个数中较小者。

14-7　说明 C++中的引用的概念。

14-8　应用 C++中的引用概念，编写一函数，计算矩形面积。

第 **15** 章
类

类是 C++中面向对象方法的重要概念之一，也是面向对象程序设计的基础。因此，本章要详细讨论类的构成、对象的创建和使用、对象成员的访问等问题。

上述类与对象的概念和应用，是面向对象程序设计的第一步。因此，本章的内容是后续章节的基础。

15.1　类　的　结　构

从形式上看，类是 C++对 C 中结构型的扩展。C 语言中的 struct 是数据成员的集合，而 C++中的类，则是数据成员（属性）和成员函数（服务）的集合。然而类的意义远不这样简单。定义类的目的是为了把现实世界中的事物分类研究，以更接近人类认识客观世界的方式描述所研究的问题，进行程序设计。类是对事物的抽象描述。类的实体是对象。

本节的讨论将围绕类与对象展开。

15.1.1　类的定义

定义类的一般形式为：

```
class 类名
{
    private:
            数据成员和成员函数
    protected:
            数据成员和成员函数
    public:
            数据成员和成员函数
};
```

其中 class 是定义类的关键字。类名是用户为类起的名字，是 C++的合法标识符。类名后花括号内是类的说明部分，包括类的数据成员（属性）和成员函数（服务，行为或功能）。有三种不同性质的数据成员和成员函数。它们分别是 private（私有的）、protected（保护的）和 public（公有的）数据成员和成员函数。private，protected 和 public 称为访问控制字。类的私有成员只能被本类定义的成员函数所访问。类的公有成员可以被外部，不属于该类的程序代码访问。公有成员多为成员函数，用来提供与外界的接口。外界只能通过这个接口访问私有成员。私有成员多为数据成员。保护成员的意义留在后面介绍。

从类的定义不难看出，类是封装的手段，它通过成员的访问控制字，实现对成员有限制地使用。显然，为了能够使用类，类中必须有 public 的成员函数。通过这样的函数来直接访问类的 private 成员。

如果在类的定义中，没有用访问控制字对成员进行说明，即在缺省（访问控制字）情况下，类成员默认为 private 的。定义类时，不要求同时包含所有三种成员。

【例 15-1】 定义一个名为 counter 的类。用它来描述一个抽象的计数器。它能正向和反向计数，能对计数器初始化。

具有这样功能的类可这样定义：

```
class counter
{
    private:
        unsigned int value;
    public:
        void init_counter(void);
        void inc(void);
        void dec(void);
        int getvalue(void);
};
```

让我们来仔细分析这个类的内容，看一看它有些什么功能。

connter 是为类起的名字。

这个类包含有私有部分和公有部分。

关键字 private 后面的成员被说明为私有的。如例中的变量 value。它不能被本类以外的程序代码直接访问。关键字 public 后面的成员是类的公有成员。在公有部分定义的变量和函数可被程序中的其他部分访问，它们是这个类的对外的接口。

通常公有部分不定义变量。变量通常定义为私有的。这样，类以外的代码就不能直接访问类的私有数据了。这是一种实现封装的办法。封装可以严格控制对数据的访问。

上述类的公有部分中，说明了四个函数。它们是类的功能或服务。这四个函数及其功能如下：

```
void init_counter(void)          对 counter 进行初始化；
void inc(void)                   对 counter 进行加一操作；
void dec(void)                   对 counter 进行减一操作；
int getvalue(void)               获取 counter 的值。
```

这些类的成员函数，也称为类的方法。前者是 C++的术语，后者是面向对象方法中的术语。

我们看到，在类的定义中，可以只给出成员函数的原型。函数的具体定义，可以在类的定义之内给出，也可以在类定义之外给出。

在完成了类的定义之后，就等于建立了一个新的数据类型。

15.1.2 类成员函数的定义

类成员函数的定义既可以在类定义的内部完成，就是在定义类的同时给出成员函数的定义，也可以在类之外进行。

在类定义中说明成员函数的同时定义成员函数，与一般的定义函数没有什么区别。

【例 15-2】 在对例 15-1 中类进行定义的同时，对类的成员函数进行定义。

```
class counter
{
    private:
        unsigned int value;
```

```
public:
    void init_counter(void){ value=0; }
    void inc(void){ value++; }
    void dec(void){ value--; }
    int getvalue(void)
    {
        return value;
    }
};
```

如果是在类定义之外定义成员函数，由于不同类的成员函数可能有相同的名字，因此，在定义成员函数时，要指明该函数是属于哪个类的。说明的方法是，在函数名与类名之间插入一个作用域区分符 "::"。

成员函数定义的一般形式为：

函数类型 类名::函数名(参数)
{
　　　　函数体
}

【例 15-3】　在例 15-1 类 counter 定义之外，定义类的成员函数。

```
void counter::init_counter(void)
{
        value = 0;
}
void counter::inc(void)
{
        value++;
}
void counter::dec(void)
{
        value--;
}
int counter::getvalue(void)
{
        return value;
}
```

15.1.3　类的对象的定义与访问

1. 定义对象

类是对象的抽象描述，对象是类的具体实例（Instance）。因此，在定义了类之后，就可以像定义 int，float 等类型变量那样去建立类的对象。可以使用以下两种定义对象的方法。

第一种方法是在定义了类之后，使用下面形式的语句：

class 类名 对象名；

或

类名 对象名；

定义类的对象。

例如，下面的语句说明了类 counter 的两个对象 counter1 和 counter2：

```
counter counter1, counter2;
```

或

```
class counter counter1, counter2;
```

第二种方法是将对象名写在类定义的右花括号之后：

class 类名

{

    类数据成员和成员函数

}对象名；

例如：

```
class counter
{
    private:
        unsigned int value;
    public:
        void init_counter(void);
        void inc(void);
        void dec(void);
        int getvalue(void);
}counter1,counter2;
```

2. 定义对象数组

可以像定义其他数据类型一样，定义对象数组。例如，建立 class counter 的有 10 个元素的对象数组如下：

```
counter  counter a [10];
```

3. 访问对象成员

当定义了一个类的对象后，就可以访问对象的成员了。访问对象成员可用成员选择符 "."。访问对象的数据成员时，其形式为：

对象名.数据成员

对象名.成员函数；

例如，访问类 counter 的对象 counter1 的数据成员 value，写为：

```
counter1.value
```

对象的工作是靠消息激活的。向对象发消息的方法就是调用成员函数。例如，下面的语句的作用是对对象 counter1 进行初始化：

```
counter1.init_counter();
```

下面是一个应用类的简单程序。

【例 15-4】 程序定义了类 counter 的两个对象：对象 counter1 和 counter2 。程序通过类的成员函数 init_counter()对两个对象进行初始化；然后，通过成员函数 inc()和 dec()分别对两个对象进行操作；最后，运用成员函数 get_value() 获取两个对象数据成员 value 的值。

程序如下：

```
#include <iostream.h>

class counter                                    // 定义类
{
    private:
        unsigned int value;
    public:
        void init_counter(void);
        void inc(void);
        void dec(void);
        int getvalue(void);
};
```

```
 void counter::init_counter(void)                    // 定义类的成员函数
  {
        value = 0;
  }
void counter::inc(void)
  {
        value++;
  }
void counter::dec(void)
  {
         value--;
  }
int counter::getvalue(void)
 {
            return value;
}

int main(void)
{
     counter counter1, counter2;                      // 定义类的对象

     counter1.init_counter();                         // 调用成员函数: 对象初始化
     counter2.init_counter();

     counter1.inc();counter1.inc();                   // 调用成员函数
     counter2.dec();counter2.dec();

     cout<<"The value of counter1="<<counter1.getvalue()<<"\n";
     cout<<"The value of counter2="<<counter2.getvalue()<<"\n";

     return 0;
}
```

程序的运行结果如下:

```
The value of counter1=2
The value of counter2=-2
```

【例 15-5】 应用对象数组的例子。

在这例子中,定义了一个类 num。它的私有部分的数据成员是两个整型变量 i 和 j。它的公有部分有两个成员函数。其中函数 set_ij() 的功能是给数据成员 i 和 j 赋值;函数 out_ij() 的功能是输出 i 和 j 的值。

程序中说明了类 num 的两个对象数组 a1 和 a2。程序通过类的成员函数,给对象数组赋值,然后,再将对象 a2 的数据成员(i 和 j)的值输出。

程序如下:

```
#include <iostream.h>

class num                                            // 定义类 num
{
    private:
        int i,j;
    public:
        void set_ij(int x) { i = x;j=x+1; }
```

```
        void out_i() { cout<<i; }
        void out_j() { cout<<j; }
} ;

int main(void)
{
    num a1[5], a2[5];                   // 定义对象数组
    for(int k=0;  k<5; k++)
        a1[k].set_ij(k);                // 调用成员函数：给对象赋值

    for(k=0; k<5; k++ )
    {
        a2[k] = a1[k];                  // 输出对象 a[2]的数据
        cout<<"a2["<<k<<"].i=";
        a2[k].out_i();
        cout<<"  ";
        cout<<"a2["<<k<<"].j=";
        a2[k].out_j();
        cout<<endl;
    }
    return 0;
}
```

上述程序的输出为：

```
a2[0].i=0   a2[0].j=1
a2[1].i=1   a2[1].j=2
a2[2].i=2   a2[2].j=3
a2[3].i=3   a2[3].j=4
a2[4].i=4   a2[4].j=5
```

15.2 类中的内联函数

在上一章介绍了有关内联函数的知识。这一节要说明内联函数在类定义中是如何应用的。有两种方法建立类的内联函数，现分述如下。

15.2.1 用修饰符 inline 说明成员函数

可以将“inline”写在相应成员函数名的前面。这里有两种情况：或者是在类定义中成员函数名前；或者写在类定义外定义函数时的函数名前。前一种情况，如下面的例子：

```
class sample
{
    private:
        int value;
    public:
        inline void put_value(int i);       // 定义内联函数在类定义内
        int get_value(void);
};
```

后一种情况，如下面的例子所示：

```
inline void sample::put_value(int i)        // 定义内联函数在类定义外
{
```

```
    value = i;
  }
```

15.2.2　隐式内联函数

在类定义内，直接定义成员函数时，成员函数就自动地转换为内联函数。因此，无需修饰符 inline。这样定义的成员函数就是隐式内联函数。

【例 15-6】　在类 sample 中有两个成员函数：

```
void put_value(int i)
int get_value(void)
```

将成员函数定义为隐式内联函数。在主程序中，对类的两个对象 a 和 b 赋值，然后，输出对象数据成员的值。

程序如下：

```
#include <iostream.h>
class sample
{
    private:
        int value;
    public:
        void put_value(int i) {value = i; }            // 隐式内联函数
        int get_value(void) { return value;}           // 隐式内联函数
};

main()
{
        sample a, b;                                    // 定义类的对象

        a.put_value(10);                                // 对象赋值
        b.put_value(100);
                                                        // 对象输出
        cout<<"Value of object a is "<<a.get_value()<<"\n";
        cout<<"Value of object b is "<<b.get_value()<<"\n";

        return 0;
}
```

程序的输出为：

```
Value of object a is  10
Value of object b is  100
```

15.3　类的友元成员

虽然通过类将数据和代码封装起来，给程序带来很大好处，但是，由于绝对不允许类外的函数访问类的私有数据，有时也会带来一些不便。这种限制给两个或多个类要共享同一函数或数据带来困难。例如，两个类 x 和 y 是有联系的。但是，它们的对象之间，不能对对方的私有数据进行访问。如 x 类的对象 a 不能访问类 y 的对象的 b 的私有数据。

为了解决这个问题，引入了友元成员的概念。通过友元成员达到外部函数直接访问类的私有

数据的目的。友元成员把原来没有联系的类或函数联系起来。友元成员用关键字 friend 声明，友元成员可以声明在类的任何地方：私有部分或公有部分。

一个函数可以是多个类的友元函数，但需要在各类中分别声明。而友元函数的定义既可以在类的内部，也可以在类的外部。

友元函数访问类的成员时，需要在参数中给出所要访问的对象。

友元成员有三种：友元函数、友元成员函数和友元类。

15.3.1　定义友元函数

如果把一个独立的非成员函数说明为类的友元，则该函数称为友元函数。这个函数能够访问该类的私有部分。这种友元函数虽然是在类内声明或定义的，但它不是类的成员，它不属于任何类，它是普通函数。

在类中声明友元函数的形式为：

friend 函数原型声明；

【例 15-7】　友元函数的定义和使用。程序定义类 A。友元函数 square() 的功能是计算类 A 的私有数据成员 a 的平方。

```
#include<iostream.h>
class A                                    // 定义类 A
{
    private:
            int a;
    public:
            void set_a(int x) { a=x; }
            int get_a() { return a; }
            friend void square(A &y);      // 声明友元函数 square()
};

void square(A &m)                          // 定义友元函数
{
    cout<<m.a*m.a<<endl;
}

void main()
{
    A obj_a;                               // 定义类 A 的对象 a
    obj_a.set_a(10);
    square(obj_a);                         // 调用友元函数，访问类的私有数据成员
    cout<<obj_a.get_a();
}
```

友元函数的意义就在于，它增加了类与外部的接口。因为它可以直接访问对象的私有成员，节省了调用类成员函数的开销。

15.3.2　定义友元成员函数

如果一个类的成员函数声明为另一个类的友元，则称这个成员函数为友元成员函数。这样就可以使两个类进行某种联系，相互配合工作。定义友元成员函数的一般形式为：

friend　返回值类型 类名::函数名（参数）；

【例 15-8】 本例有两个类：x1 和 x2。在类 x2 中，成员函数 prin()被说明为类 x1 友员：

```
friend void x1:: prin(x2 a);
```

函数 prin()成为类 x1 的友元成员：

```
class x1
{
    public:
        void prin(x2 a);
}
```

这样，类 x1 的对象通过友元成员函数就能够访问类 x2 对象的私有数据成员了。友元成员函数使两个类联系起来，进行两个类的私有数据间的运算。

程序如下：

```
#include<iostream.h>
class x2;
class x1
{
    private:
        int i;
        float f;
    public:
        void set_value(int i,float f);
        void prin(x2 a);                    // 友元成员函数
};

class x2
{
    private:
        int k;
        float p;
    public:
        void set_value(int k, float p);
        friend void x1:: prin(x2 a);        // 类 x2 的成员函数 prin()声明为类 x1 的友元
};

void x1::set_value(int x,float y)
{
    i=x;
    f=y;
    return;
}
void x2::set_value(int z,float w)
{
    k=z;
    p=w;
    return;
}

void x1::prin(x2 a)                         // 定义友元成员函数
{
    i=a.k*2+i;
    f=a.p*2+f;
    cout<<"i="<<i<<"  "<<"f="<<f<<endl;
    return;
```

```
}

void main()
{
    x1 x1_a;
    x2 x2_a;

    x1_a.set_value(1,1.5);
    x2_a.set_value(10,10.5);

    x1_a.prin(x2_a);                    // 类 x1 的对象使用友元函数访问类 x2 的对象的私有数据成员
}
```

程序的输出为：
```
i=21  f=22.5
```

15.3.3　定义友元类

一个类也可以声明为另一个类的友元类。其目的也是为了将两个类联系起来。定义友元类的一般形式是：

friend class 类名；

当一个类 x1 声明为另一个类 x2 的友元类后，x2 类的对象就可以访问类 x1 的私有数据了。

【例 15-9】　将例 15-8 的程序改为应用友元类。令类 x2 可以访问类 x1 的数据。

程序如下：
```
#include<iostream.h>

class x1
{
    friend class x2;                   // 声明类 x1 为类 x2 友元类
    private:
        int i;
        float f;

    public:
        void set_value(int i,float f);
        void prin();

};

class x2
{
    private:
        int k;
        float p;
    public:
        void set_value(int k, float p);
        void prin(x1 s, x2 w);          // 允许类 x2 访问类 x1
};

void x1::set_value(int x, float y)
{
    i=x;
    f=y;
```

```
        return;
    }
void x2::set_value(int z,float w)
{
    k=z;
    p=w;
    return;
}
void x2::prin(x1 s,x2 w)                // 类 x2 的成员函数访问类 x1 的私有数据成员
{
  s.i=w.k*2+s.i;
  s.f=w.p*2+s.f;
  cout<<"i="<<s.i<<"  "<<"f="<<s.f<<endl;
  return;
 }
void x1::prin()
{
  cout<<"i="<<i<<"  "<<"f="<<f<<endl;
}

void main()
{
    x1 x1_a;                           // 定义类 x1 的对象
    x2 x2_b;                           // 定义类 x2 的对象

    x1_a.set_value(1,1.5);             // 为对象赋值
    x2_b.set_value(10,10.5);

    x1_a.prin();                       // 输出类 x1 对象的数据
    x2_b.prin(x1_a, x2_b);             // 类 x2 的对象访问类 x1 对象并输出
}
```

最后还要指出两点。一是类之间的友元关系是不能传递的。意思是说，你是我的朋友，他是你的朋友，但他不一定是我的朋友。二是友元关系是不可逆的。也就是说，A 是 B 的友元，但这不意味着 B 是 A 的友元。

15.4　类的静态成员

在 C++的类中引入了静态数据成员和静态成员函数的概念。静态成员用 static 说明。其一般形式为：

static 数据成员；
static 成员函数；

当说明一个类的对象时，就为该对象产生所有成员数据的拷贝，并为之分配内存。但当成员数据被说明为静态成员后，无论生成多少个类的对象，仅产生一个拷贝，并且第一个对象生成时，就将所有的静态数据初始化为 0。这个类的所有对象共享该静态成员。

15.4.1　静态数据成员

不管一个类的对象有多少个，其静态数据成员却只有一个，由这些对象共享。而普通数据成

员是属于每个对象的，分配有各自的存储空间。

【例 15-10】 下面的类 counter 含有一个静态数据成员 count。同时又说明了四个对象 c1、c2、c3 和 c4。

类 counter 的定义如下：

```
class counter
{
    private:
        static int count;                           // 静态数据成员
        char counter_ID;
    public:
        void inc_counter() { count++; }
        void set_counter_ID(char ch) { counter_ID=ch; }
        void show_counter()
        {
            cout<<counter_ID<<": "<<count<<endl;
        }
} c1, c2, c3, c4;
```

图 15-1 所示为四个对象 c1、c2、c3 和 c4 共享静态成员 count 的情形。

【例 15-11】 使用例 15-10 定义的类 counter，编写主函数，对对象 c1 和 c2 的数据成员 counter_ID 赋值，对数据成员 count 进行运算（计数）。观察程序输出的结果。

程序如下：

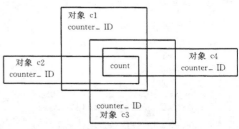

图 15-1 四个对象共享静态成员 count（例 15-10）

```
#include <iostream.h>
class counter
{
    private:
        static int count;                    // 静态数据成员
        char counter_ID;
    public:
        void inc_counter() { count++; }
        void set_counter_ID(char ch) { counter_ID=ch; }
        void show_counter()
        {
            cout<<counter_ID<<": "<<count<<endl;
        }
} c1,c2;

    main()
    {
        c1.set_counter_ID('A');
        c2.set_counter_ID('B');

        c1.show_counter();
        c2.show_counter();

        c1.inc_counter();
        c2.inc_counter();
```

```
        c1.show_counter();
        c2.show_counter();

        return 0;
    }
```

我们观察一下这个程序的输出。由于成员数据 count 是静态变量，在赋值之前，它们都被置成 0。因为对象 c1 和 c2 各对共享的数据 count 进行了一次加一操作，因此，对象 c1 和 c2 的 count 的值是一样的，均等于 2。下面给出程序的运行结果证明了我们的上述分析：

```
A:0
B:0
A:2
B:2
```

如果要令静态数据成员的初始值为任意指定的数，则这个初始值应该在类定义之外给定，即在所有函数的外部进行初始化。例如，设上例中静态数据成员 count 的初始值为 100，在函数外应这样写：

```
int counter::count=100;
```

15.4.2　静态成员函数

当一个成员函数定义为静态函数时，它就不能访问非静态数据，也不能调用非静态成员函数。静态成员函数只能访问所有静态成员。也就是说，静态函数只能访问其他静态函数或数据。

因为静态成员函数不与类的对象相联系，所以，访问静态成员函数时可以不需要对象（也可以通过对象调用），但需在函数名前加类名和作用域符"::"。

【例 15-12】　静态成员函数的使用。类 counter 设置有一个静态数据成员和一个静态成员函数。

```
#include <iostream.h>

class  counter
{
    private:
        static int num;                 // 静态数据成员
    public:
        static int get(){ return num;}  // 静态成员函数
        void inc(){num++;};
};
int counter::num=10;                    // 静态数据成员初始化

void main()
{
    counter a,b;
    cout<<counter::get()<<endl;        // 通过"::"调用静态成员函数
    a.inc();
    cout<<counter::get()<<endl;
    b.inc();
    cout<<a.get()<<endl;               // 通过对象调用静态成员函数
    cout<<counter::get()<<endl;        // 调用静态成员函数
}
```

程序的输出为：

```
10
11
```

```
12
12
```

15.5　对象作为函数的参数

同其他数据类型一样，对象也可以作为函数的参数在函数间传递。传递对象给函数，既可以是值传递，地址（指针）传递，也可以是引用传递。由于引用传递比地址传递更为简单，所以，在 C++中通常以引用传递代替指针传递。

15.5.1　值传递

用值调用方法将对象传递给函数，就是把对象的拷贝（而不是把对象本身）传递给函数。因此，函数中对对象的任何修改，均不影响对象本身原来的值。

【例 15-13】　以对象为参数调用函数的例子。

程序定义类 A 和类 A 的对象 test。在主程序中，对象的成员数据 i 的值被置为 50，并作为函数的实参传递给函数 fun_op，该变量在这个函数中又被置为 100。这里要特别注意的是对象作为函数参数的函数原型说明和调用的形式：

```
void func_op(A y);                       // 原型说明
func_op(test);                           // 调用
```

程序如下：

```cpp
#include <iostream.h>
class A;
void func_op(A y);                       // 函数说明，参数为对象
class A {
      private:
          int i;
      public:
          void set_i(int x) { i = x; }
          void out_i() { cout<<i<<"\n"; }
};

int main(void)
{
    A test;

    test.set_i(50);
    func_op(test);                       // 函数调用，实参为 test
    cout<<"in main i= ";
    test.out_i();

    return 0;
}
void func_op(A y)
{
    y.set_i(100);
    cout<<"in fun_op i= ";
    y.out_i();
```

```
        return;
    }
```
程序的输出如下：
```
in fun_op i= 100
in main i= 50
```
我们看到，在值调用的情况下，数据成员在函数调用后，没有被改变。

15.5.2 引用传递

函数参数的引用传递方法，是通过在函数说明的参数表中的参数名前加 "&" 运算符，以此告诉编译器进行引用调用。引用调用的结果，将影响对象本身的值。

【例 15-14】 仍用例 15-13 定义的类 A。定义两个对象 a1 和 a2。利用下面用引用调用定义的函数 swap()，完成两个对象 a1 和 a2 的数据进行数据交换的过程。

程序如下：
```
#include <iostream.h>
class A;
void swap(A &y, A &x);                   // 引用传递参数的函数原型

class A {
    private:
            int i;
    public:
            void set_i(int x) { i = x; }
            void out_i() { cout<<i<<" "; }
} ;

int main(void)
{
     A a1, a2;

     a1.set_i(50);
     a2.set_i(100);

     cout<<"a1.i=";
     a1.out_i();
     cout<<"a2.i=";
     a2.out_i();
     cout<<endl;

     swap(a1, a2);                       // 引用调用

     cout<<"a1.i=";
     a1.out_i();
     cout<<"a2.i=";
     a2.out_i();
     cout<<endl;

     return 0;
}
void swap(A &y, A &x)                     // 引用传递的函数定义
```

```
{
    A temp;

    temp = y;
    y = x;
    x = temp;

    return;
}
```

程序的输出为：

```
a1.i=50  a2.i=100
a1.i=100  a2.i=50
```

15.6 类 的 指 针

到目前为止，我们一直是用直接引用的方法访问对象。在直接访问对象的情况下，是用成员选择符"."来访问对象的成员的。指向类的指针的使用方法与对结构的指针相似，使用指向符"->"。

15.6.1 对象指针

【例 15-15】 应用对象指针访问对象的例子。

在本例中定义了一个非常简单的类 ptr_sam。它有一个私有数据成员 num。公有部分由两个成员函数组成。函数 set_num() 为数据成员 num 赋值；函数 out_num( )输出数据成员 num 的值。用对象的指针 ptr 访问对象 obj。

程序如下：

```
#include <iostream.h>

class ptr_samp
{
    private:
        int num;
    public:
        void set_num(int x) {num = x;}
        void out_num() { cout<<num<<endl;}
};

main(void)
{
    ptr_samp obj, *ptr;            // 定义类指针 ptr
    ptr = &obj;                    // 指针指向对象
    ptr->set_num(100);             // 访问类成员
    ptr->out_num();
    return 0;
}
```

和其他数据类型数组一样，对象数组也可以使用指针。对于对象数组来说，指针的加一和减一就自动地指向相邻的对象。

【例 15-16】 定义一个类 ptr_samp，作为私有部分，它有两个数据成员：整型数 num 和字符型 ch。公有部分包含两个方法：为数据成员赋值和输出数据。

程序中说明一个数组对象 obj[5]。通过对象指针给对象赋值和输出数据。这个程序清楚地表明，对象数组指针的加一运算，实际上是指向下一个对象。

程序如下：

```
#include <iostream.h>
class ptr_samp
{
    private:
        int num;
        char ch;
    public:
        void set_data(int x,char y) { num = x; ch=y; }
        void out_data();
} ;
void ptr_samp:: out_data()
{
        cout<<num<<"  "<<ch<<"\n";
}


main(void)
{
    ptr_samp obj[3], *ptr;
    ptr = &obj[0];
    char c='a';

    for(int i=0; i<3; i++)
    {
        ptr->set_data(10*(i+1),c);
        ptr->out_data();
        ptr++;
        c++;
    }
    return 0;
}
```

程序的输出是：

```
10  a
20  b
30  c
```

15.6.2 this 指针

每一个类的成员函数都有一个隐藏定义的常量指针，称为 this 指针。this 指针的类型就是成员函数所属的类的类型。每当调用成员函数时，它被初始化为被调函数所在类的对象的地址。也就是自动地将对象的指针传给它。用这个 this 指针就可以访问相关的对象。因此，this 指针的作用是指向调用成员函数的对象本身。通常不需要显式地使用 this 指针，当成员函数被调用时，这个指针自动地传给了成员函数。它对所有成员函数来说都是隐含参数。但如果有必要，如需要返回一个指向当前对象的指针，也可以显式使用。

我们知道，成员函数可以访问自己类的私有数据。例如，在例 15-15 中成员函数：

```
void set_num(int x) { num = x; }
```

给私有数据变量 num 赋值：

```
num = x;
```

实际上，它是下面语句的缩写：

```
this->num =x;
```

【例 15-17】 演示 this 指针作用的程序。

程序中定义了一个类 num。它有一个整型的私有数据 x 和两个公有的成员函数：assign_value()和 get_value()。前一个函数给变量 x 赋值，后一个函数输出数据 x 的值。两个函数对 x 的访问，都是通过指针 this 进行的。相应的表达式是：

```
this->x
```

程序如下：

```
#include <iostream.h>
class num
{
      int x;
   public:
      void assign_val(int val) { this->x = val;  }
      int get_val() { return this->x;  }
} ;
void main(void)
{
      num a;
      a.assin_val(31);
      cout<< "Assigned value is: " <<a.get_val();
   return;
}
```

程序中的两个成员函数：

```
void assign_val(int val) { this->x = val;  }
int get_val() { return this->x;  }
```

与下面的两个函数是一样的：

```
void assign_val(int val) { x = val;  }
int get_val() { return x;  }
```

下面的例子要求显式地使用 this 指针。

【例 15-18】 this 指针的应用。

程序中定义了类 POINT 和它的对象 loc。该类有两个私有数据成员 x 和 y（坐标）。程序通过成员函数 set_xy()为数据成员赋初值。然后，调用成员函数 change()改变数据成员的值。最后，用成员函数 get_xy()输出数据成员改变后的值。

在下面的程序中，要特别注意成员函数 change()中的语句：

```
*this=new_loc;
```

这个语句的作用是通过 this 指针，把数据成员的新值 new_loc 传递给对象。

程序如下：

```
#include<iostream.h>
class POINT
{
    private:
        int x;
        int y;
    public:
        void change(int,int);
        void get_xy();
```

```
        void set_xy(int a,int b){ x=a;y=b;}
};

void POINT::get_xy()
{
    cout<<"x and y: "<<x<<","<<y<<endl;
}
void POINT::change(int a,int b)
{
    POINT new_loc;
    new_loc.set_xy(a,b);
    *this=new_loc;                        // 应用 this 指针
}

    void main()
{
    POINT loc;                            // 定义对象 loc
    loc.set_xy(10,10);                    // 给对象 loc 赋值
    cout<<"loc ";                         // 输出对象当前值
    loc.get_xy();
    loc.change(30,40);
    cout<<"loc after change ";
    loc.get_xy();
    return;
}
```

程序的输出是：

```
loc x and y: 10,10
loc after change x and y: 30,40
```

小　结

本章对类和对象的概念及简单应用作了较深入的讨论。本章所涉及的内容，是关于面向对象程序设计的基础问题。

本章的主要内容有：

（1）类和类的对象的定义；

（2）类的内联函数；

（3）友元函数的意义和应用；

（4）类的静态成员及其应用；

（5）对象作为函数的参数的应用；

（6）指针 this 的意义与使用。

习　题

15-1　写出类定义的一般形式。说明类成员的类型。

15-2　如何定义类的对象？

15-3　写出本章例 15-7 程序的输出。

15-4　设计一个求两个数据的平均值的类。类的功能包括：接收从键盘输入的数据，求平均值，输出两个数据的总和及平均值。

15-5　什么是内联函数？建立内联函数的方法有哪些？

15-6　什么是类的静态成员？怎样定义静态成员？静态数据成员和静态成员函数的作用是什么？

15-7　什么是友元函数？什么是友元成员函数？什么是友元类？它们的作用是什么？如何定义？

15-8　写出下面程序的运行结果：

```cpp
#include <iostream.h>
class person
{
        public:
                int get_age(){ return age;};
                void set_age(int x){ age=x;};
        private:
                int age;
};
void main()
{
        person zhang;
        zhang.set_age(20);
        cout<<"zhang is "<<zhang.get_age()<< " years old."<<endl;
}
```

15-9　写出本章例 15-9 程序的输出。

第 16 章
类的工具

C++提供了一些工具，帮助用户较容易地使用类进行编程，而不必了解计算机内部的工作过程。在这些工具中，最为重要的是构造函数和析构函数，函数重载和运算符重载，这是本章介绍的重点内容。本章最后还将介绍对象的动态存储管理。

16.1　构造函数和析构函数

当我们建立了一个类并说明了这个类的对象后，对象的初始状态，即对象数据成员的初始值，是不确定的。在上一章的许多例子中，我们是用成员函数为数据成员赋值的，例如，成员函数 init_counter()等。

C++提供了一个工具，用来自动完成类的对象的初始化工作。这个工具叫做构造函数（constructor）。构造函数是一个特殊的成员函数，它的作用是创建并初始化对象，主要是对数据成员初始化。

构造函数的函数名与类名相同。它不需要函数类型说明，它也没有返回值。构造函数不像一般成员函数那样被显式地调用，它在对象创建时被自动调用，并对对象进行初始化。

如果在类定义的成员函数中，没有说明构造函数，系统将提供一个构造函数，称为默认构造函数。它是不带参数的构造函数。其功能就如同说明了一个不带参数而且函数体为空的构造函数，不作任何操作。如果作为类的成员函数，显式地说明了一个构造函数，系统就不再提供构造函数，而是自动调用用户定义的构造函数。每个类最好是定义一个构造函数，以确保对象数据的合理和正确。

析构函数（destructor）是系统提供另一个特殊成员函数，它在对象消失时被自动调用，释放为该对象动态分配的内存空间。可见，析构函数的作用正好与构造函数相反。析构函数的函数名是在类名前加一个"～"号。

析构函数也不需要类型说明，也没有返回值。如果在类的成员函数中显式地说明析构函数，则系统不再提供析构函数，而是自动调用用户定义的析构函数。

用户定义的构造函数可以是带参数的，也可以是不带参数的。

16.1.1　不带参数的构造函数

不带参数的构造函数的一般形式为：

类名　对象名(){ 函数体 }

每当创建一个对象时，构造函数就自动地被调用，对数据成员初始化。例如，有类 counter，则其构造函数可以定义如下：

```
counter(void)
{
    value = 0;
};
```

于是，在创建类 counter 对象时，自动调用这个构造函数，将数据成员 value 初始化为 0。

16.1.2　析构函数

一个对象进入其代码块时才建立，离开它的代码块时，就被撤销。在很多情况下，一个对象被撤销时，也要执行一些操作，如释放它所占用的内存单元。析构函数就是用来自动（隐式地）做这项工作的。所以，析构函数的主要功能是对类中动态分配的内存进行释放。通常不需显式地调用析构函数，它在对象消失时自动调用。

析构函数作为类的一个特殊的成员函数，没有返回类型，也没有参数。如果在定义类时没有提供析构函数，系统会自动创建一个析构函数，其形式为：

　　～类名(){　}

如果在类的对象中分配有动态内存，则应定义析构函数。以完成释放内存的工作。这时析构函数有如下的形式：

类名 对象名()
{
　　delete 指针;
}

或

类名 对象名()
{
　　delete[]数组名;
}

一个类中可以有多个构造函数，但析构函数只能有一个。对象被析构的顺序，与其建立时的顺序相反，即后构造的对象先析构。

下面一个例子，用来说明构造函数和析构函数的工作。

【例 16-1】　为第 15 章例 15-4 定义的类 counter 加入构造函数，初始化数据成员 value 为 0。加入析构函数处理释放对象的工作。

由于使用了构造函数，函数 init_counter()就不需要了。

程序如下：

```
#include <iostream.h>
class counter                          // 定义类 counter
{
    private:
    int value;
public:
    counter(void);                     // 构造函数
    ～counter(void);                    // 析构函数
    void inc(void);
    void dec(void);
    int getvalue(void);
```

```
    };

    counter::counter(void)                    // 定义构造函数
    {
        value = 0;
        cout << "counter initialized\n";
    }
    counter::~counter(void)                    // 定义析构函数
    {
        cout << "counter destroyed\n";
    }
    void counter::inc(void)
    {
        value++;
    }
    void counter::dec(void)
    {
        value--;
    }
    int counter::getvalue(void)
    {
        return value;
    }

    int main(void)
    {
    counter counter1, counter2;                // 创建对象, 自动调用构造函数, 初始化

        counter1.inc();
        counter2.dec();

        cout<<"the value of counter1="<<counter1.getvalue()<<"\n";
        cout<<"the value of counter2="<<counter2.getvalue()<<"\n";

        return 0;
    }
```

程序的输出如下:

```
counter initialized                           // 创建对象 counter1 时调用构造函数
counter initialized                           // 创建对象 counter2 时调用构造函数
the value of counter1=1
the value of counter2=-1
counter destroyed                             // 撤销 counter2 时调用析构函数
counter destroyed                             // 撤销 counter1 时调用析构函数
```

由以上程序的输出可以看出, 执行程序时, 首先为两个对象各调用一次构造函数, 对变量 value 进行初始化。这表现在输出的前两行。

程序执行完对对象的操作后, 在退出它们的代码段之前, 为各对象又分别调用了析构函数, 以撤销所建立的两对象。这表现在程序输出的最后两行。

上述程序的构造函数和析构函数中, 都有一个输出字符串的语句:

```
"counter initialized\n"
"counter destroyed\n"
```

它们是为了演示而安排的。实际上, 这些字符串的输出不是必要的。

16.1.3　带参数的构造函数

不带参数的构造函数，只能以固定不变的值初始化对象。带参数构造函数的初始化要灵活得多。因为通过传递给构造函数的参数，可以赋予对象不同的初始值。

带参数的构造函数的一般形式为：

构造函数名（形参表）；

为使构造函数按用户提供的参数初始化对象，在程序中创建对象时，用户需要提供构造函数的参数。其一般形式为：

类名　对象名(实参表)；

以例 16-1 中类 counter 为例。将它的构造函数改写成如下的带参数的构造函数时，构造函数的形式为：

```
counter(int start_value);
```

构造函数的定义可写为：

```
counter:: counter(int start_value)
    {
            value = start_value;
    }
```

要想令对象 counter1 的初始值为 100，可以这样建立对象 counter1：

```
counter counter1(100);
```

一般情况下，构造函数可以带多个参数。

【例 16-2】　定义一个学生类 Student，它的私有数据成员是姓名和分数。公有成员函数为带参数构造函数、析构函数和数据输出函数。

在本例中，构造函数需要为对象动态分配内存。因此，必须显式地定义析构函数，以便完成释放动态内存的工作。

程序如下：

```
#include<iostream.h>
#include<string.h>

class Student                                    // 定义类
{
    private:
        char *name;
        int  score;
    public:
        Student(char *n, int s);                 // 构造函数原型
        ~Student();                              // 析构函数原型
        void show();
};

void Student::show()
{
        cout<<"name:"<<name<<"  score:"<<score<<endl;
}
Student::Student(char *n, int s)                 // 定义构造函数
{
        name=new char[strlen(n)+1];
```

```
            strcpy(name, n);
            score=s;
            cout<<"Object intialized."<<endl;
    }
    Student::~Student()                              // 定义析构函数
    {
            delete name;
            cout<<"Object destroyed."<<endl;
    }

    void main()
    {
            Student st1("zhangyi",89);
            st1.show();
    }
```

下面是程序的输出：

```
Object initialized.
Name:zhangyi    score:89
Object destroyed.
```

16.1.4　构造函数参数的缺省值

构造函数的参数可以有缺省值。当定义对象时，如果不给出参数，就自动把相应的缺省参数值赋给对象。缺省构造函数的形式为：

　　构造函数名(参数=缺省值，参数=缺省值,…);

在程序中创建对象时，用户需要提供构造函数的全部或部分参数，因此，可能有下列几种形式：

　　类名　对象名(全部实参);

　　类名　对象名(前部分实参);

　　类名　对象名();

【例 16-3】　定义类 point。其私有数据成员为整型数 x 和 y（点的坐标）。类的构造函数具有缺省参数如下：

```
    point(int a=1,int b=1);
```

如果程序定义如下对象：

```
    point point1;
```

由于没有给构造函数传送实参，对象 point1 自动取参数缺省值。

　　程序如下：

```
#include<iostream.h>

class point                                          // 定义类 point
{
    private:
        int x;
        int y;
    public:
        point(int,int);                              // 构造函数原型
        ~point(void);                                // 析构函数原型
        void change_point(int,int);
        void display_point(void);
};
```

```
point::point(int a=1,int b=1 )                    // 定义具有缺省参数构造函数
{
        x=a;y=b;
        cout<<"point1 initialized: ";

}
point::~point(void)                               // 定义析构函数
{
     cout<<"point1  destroyed."<<endl;
}
void point::change_point(int a,int b)
{
     x=a;
     y=b;
}
void point::display_point(void)
{
     cout<<"("<<x<<","<<y<<")"<<endl;
}

int main()
{
     point point1(10);                            // 定义对象，使用缺省参数
     point1.display_point();

     point1.change_point(15,15);
     cout<<"point1 changed: ";
     point1.display_point();

return 0;
}
```

程序有如下的输出：

```
point1 initialized: (10,1)
point1 changed: (15,15)
point1 destroyed.
```

16.2　函　数　重　载

在 C++中，两个或两个以上的函数可以重名，只要求函数的参数说明不同，如参数的类型不同，参数的数目不等。这种共享同名函数称为函数重载。重载函数的意义就在于，可以用同一个函数名字访问多个相关的函数，完成不同的操作。编译器能够根据参数的具体情况决定由哪个函数执行操作。函数重载有助于解决复杂的问题。是类的重要工具之一。

下面将函数的重载问题分为一般函数重载、构造函数重载和成员函数重载 3 个方面来谈。

16.2.1　一般函数的重载

通过下面的例子可以对函数重载和它的意义有一个感性认识。

【例 16-4】　本程序定义一个重载函数 disp_num()，用于输出整数、浮点数和字符串 3 种不

同类型的数据。

由于函数的参数类型不同，因此，可以对函数 disp_num() 进行重载如下：

```
disp_num(int)
disp_num(float)
disp_num(char)
```

程序如下：

```
#include <iostream.h>

void disp_num(int x);                   // 重载函数原型
void disp_num(float x);                 // 重载函数原型
void disp_num(char x[]);                // 重载函数原型

main()
{
    int i=123;
    float f=12.3;
    char str[10]="abcdes";

    disp_num(i);                        // 调用重载函数
    disp_num(f);                        // 调用重载函数
    disp_num(str);                      // 调用重载函数

    return 0;
}

void disp_num(int x)                    // 定义重载函数
{
   cout<<"integer: "<< x<<"\n";
}
void disp_num(float x)                  // 定义重载函数
{
   cout<<"float : "<< x<<"\n";
}
void disp_num(char strx[])              // 定义重载函数
{
   cout<<"string: "<<strx<<"\n";
}
```

程序的输出如下：

```
integer: 123
float: 12.3
string: abedes
```

从这个例子可以清楚地看到，尽管三个函数的函数名完全一样，但系统根据调用时参数类型的不同，会正确地调用合适的函数。

16.2.2　构造函数重载

构造函数是类的一个特殊的成员函数，但它也同样可以重载。这意味着，一个类可以定义若干个构造函数。当重载某个类的构造函数时，只需说明它可能采用的各种参数形式，定义出与这些参数形式相应的操作。

【例 16-5 】 定义一个叫做 seconds 的类。要求它能够按一个给定整数秒计数，也能够按给定分和秒两个整数计算秒数，也能按给定的时、分和秒整数计算秒数。

这种情况就用得上构造函数重载。例如，重载函数：

```
seconds(int sec);
seconds(float min, int sec);
seconds(float h, float min, int sec);
```

根据例题的要求，可以定义如下的类 seconds：

```
class seconds
{
    private:
        int sec;
    public:
        seconds(float h, float m, int s) { sec=h*3600+60*m+s; }
        seconds(float m, int s) { sec = m*60+s; }
        seconds(int s) { sec = s; }
        void out_sec(void){ cout<<sec<<endl; }
};
```

下面是完整的程序：

```
#include <iostream.h>
class seconds
{
    private:
        int sec;
    public:
        seconds(float h, float m, int s)          // 定义重载函数 seconds()
                { sec=h*3600+60*m+s; }
        seconds(float m, int s)                    // 定义重载函数 seconds()
                { sec = m*60+s; }
        seconds(int s) { sec = s; }                // 定义重载函数 seconds()
        void out_sec(void){ cout<<sec<<endl; }
};
int main()
{
    seconds c1(5);                                 // 调用重载函数 seconds()
    seconds c2(1.0, 5);                            // 调用重载函数 seconds()
    seconds c3(1.0, 1.0, 5);                       // 调用重载函数 seconds()

    c1.out_sec();                                  // 输出各对象的数据
    c2.out_sec();
    c3.out_sec();

    return 0;
}
```

程序输出对象 c1,c2,c3 的 sec 的值分别为：

```
5
65
3665
```

16.2.3 重载类成员函数

与重载构造函数的情况一样，类的成员函数也可以进行重载。系统会根据函数参数类型的不同，选择相应的成员函数进行运算。

【例 16-6】 通过重载类的成员函数，实现整数除运算和浮点数除运算。

程序中定义了如下重载的成员函数：

```
int fidiv(int,int);                          // 两整数除
float fidiv(float,float);                     // 两浮点数除
int fidiv();                                  // 两初始整数除
```

作为例子，程序进行 10÷3 的运算。先进行整数除，后进行浮点数除。

程序如下：

```
#include<iostream.h>

class coump                                   // 定义类 coump
{
    private:
        int x;
        int y;
    public:
        coump(int a,int b){ x=a;y=b; }        // 构造函数
        int getx(){ return x; }
        int gety(){ return y; }
        int fidiv() { return x/y; }           // 重载函数原型
        int fidiv(int,int);                   // 重载函数原型
        float fidiv(float,float);             // 重载函数原型
};
int coump::fidiv(int a,int b)                 // 重载函数定义
{
    return a/b;
}
 float coump::fidiv(float a,float b)          // 重载函数定义
 {
    return a/b;
 }
int main()
{
    int xp,yp;
    float fxp,fyp;

    coump c(10,3);                            // 定义对象并赋值

    cout<<c.fidiv()<<endl;                    // 调用重载成员函数
    xp=c.getx()+7;
    yp=c.gety()-1;
    cout<<c.fidiv(xp,yp)<<endl;               // 调用重载成员函数

    fxp=float(xp);
    fyp=float(yp);
    cout<<c.fidiv(fxp,fyp)<<endl;             // 调用重载成员函数

    return 0;
}
```

程序的输出为：

```
3
8
8.5
```

16.2.4　构造函数的动态初始化

所谓构造函数的动态初始化，就是根据程序运行时获得的数据，创建适当的对象和进行适当的初始化。

【例 16-7】　用动态初始化构造函数的方法来修改例 16-5 中的程序。

程序根据用户在程序运行中输入的数据：s,m,或 h，建立对象和动态地初始化。

在修改后的程序中，h,m,s 的初始值，是程序运行后，由用户从键盘输入的。根据用户输入的数据类型的不同，系统对对象进行相应动态的初始化。

程序如下：

```cpp
#include <iostream.h>

class seconds
{
    private:
        int sec;
    public:
        seconds(float h, float m, int s)
            {sec=h*3600+60*m+s;}
        seconds(float m, int s)
            { sec = m*60+s; }
        seconds(int s) { sec = s; }
        void out_sec(void){cout<<sec<<endl;}
};

int main()
{
    cout<<"enter number of seconds: ";
    int s;
    cin>>s;
    seconds c1(s);                        // 动态初始化构造函数
    c1.out_sec();

    cout<<"enter min and sec: ";
    float m;
    cin>>m>>s;
    seconds c2(m, s);                     // 动态初始化构造函数
    c2.out_sec();

    cout<<"enter hour,min and sec: ";
    float h;
    cin>>h>>m>>s;
    seconds c3(h,m,s);                    // 动态初始化构造函数
    c3.out_sec();

    return 0;
}
```

16.3 运算符重载

除了函数可以重载外，运算符也能进行重载。运算符的重载是 C++实现多态性的另一个手段。

运算符的重载是使一些运算符对于某个类含有特定的意义，同时不影响运算符原来的基本含义。例如，你可以给基本操作符赋予新的一种操作。可见，运算符重载进一步增强了 C++的可扩充性。可以进行重载的运算符如表 16-1 所示。

表 16-1

!	~	+	−	*	&	/	%
<<	>>	<	<=	>	>=	==	!=
^	|	&&	+=	−=	*=	/=	%=
&=	^=	!=	<<=	>>=	,	−>*	−>
()	[]	=	++	− −	new	delete	

例如，我们有某个类的对象 a1 和 a2，通过操作符重载，使我们有可能进行如下的一些操作。

对象赋值：a1=a2;

加一运算：a++;

等。

为了实现重载运算符，必须定义指定运算符在类中的具体操作的含义。因此，在类的成员函数中，必须定义一个叫做 operator 的运算符函数。此函数的一般形式为：

函数返回值类型 类名::operator 重载运算符(形式参数表)

```
{
        函数体          // 操作符定义
}
```

这里函数返回值类型，通常取与该类相同的类型。**operator** 为关键字。函数的参数，具有类的数据类型。重载操作符的新功能，由函数体的操作符定义代码规定。

事实上，C++语言中每个运算符都对应着一个运算符函数，在运算过程中系统将指定的运算符转化为调用相应的运算符函数，运算对象转化为函数的是实参。这个过程是在编译阶段完成的。例如，有变量 x 和 y，则表达式：

```
x+y
```

在编译时将调用如

```
operator+(x, y)
```

的运算符函数。

运算符函数既可以定义为类的成员函数，也可以定义为友元函数。下面分别介绍这两种情况下的运算符重载。

16.3.1 用成员函数重载运算符

下面我们通过具体例子来了解怎样用成员函数实现运算符的重载。

【例 16-8】 重载运算符 "+" 使之能直接进行对象之间的加运算。

设有类 X 和私有数据成员整型 x。定义 X 的对象 x1 和 x2。为计算 x1+x2 定义如下的重载运算符"+"的成员函数：

```
X X::operator+(X s)
{
    X temp;
    temp.x=x+s.x;
    return temp;
};
```

语句

"temp.x=x+s.x;"

中的两个操作数对象，一个是由函数参数给定的 s，另一个是操作数对象是隐含的，由指针 this 给定：this->x。原因是，当调用重载操作符函数 operator+时（如执行 x1+x2），将一个参数隐含指针 this 传递给函数，它指向加号左边的对象 x1。因此，只需显式传递一个参数（加号右边的对象）给函数就够了。

程序如下：

```
#include<iostream.h>
class X
{
    private:
        int x;
    public:
        X(int a=10){ x=a;}
        void show(){ cout<<x<<endl; }
        X operator+(X s);                    //* 重载运算符"+"成员函数
};

X X::operator+(X s)                          // 定义重载运算符"+"成员函数
{
        X temp;
        temp.x=x+s.x;
        return temp;
}

void main()
{
        X x1,x2(150),x3;                     // 定义对象：x1 和 x3 取缺省值，x2 为 150
        x3=x1+x2;                            // 计算两个对象之和
        x3.show();                           // 输出计算结果
}
```

下面再举一个重载单目（一个操作数）的运算符的例子。

根据前面提到的，由于 this 指针的作用，单目重载运算符的成员函数就不需传递任何参数了。

【例 16-9】 程序的功能是进行复数加一的运算。为此，需要定义一个重载运算符"++"函数：operator++()。设有复数类 complex，它的私有数据成员为 real（实数部）和 imag（虚数部）。

由于重载的运算符只需一个操作数，因此重载函数没有参数。唯一的操作数由指针 this 给定。运算符重载函数定义如下：

```
complex complex::operator++()
{
```

```
        real++;
        imag++;
        return *this;
}
```

在这个函数中显式地使用了指针 this 来送返回值。如果不使用这个指针，函数可改写为：

```
complex complex::operator++()
{
        complex t;
        t.real=real++;
        t.imag=imag++;
        return t;
}
```

下面的程序对复数进行加 1 的运算：

```
#include <iostream.h>
class complex
{
        private:
                float real;
                float imag;
        public:
                complex operator++();           // 作为成员函数的重载运算符函数
                void show(void);                // 输出复数
                void assign(float r, float i);  // 为对象的数据成员赋值
};

complex complex::operator++()                   // 重载运算符函数的定义
{
                real++;
                imag++;
                return *this;
}
void complex::show(void)
{
                cout<<real<<"+i"<<imag<<"\n";
}
void complex::assign(float r, float i)
{
        real = r;
        imag = i;
}

main()
{
        complex a;
        a.assign(1.0,2.0) ;
        a++;                                    // 复数加一运算
        a.show();
        return 0;
}
```

原始数据为 1.0+i2.0，程序的输出为：

```
2.0  +i3.0
```

重载运算符的应用也有一些限制，如不能改变运算符的优先级，不能改变运算符的操作数目

等。除此以外，下列运算符不能重载：

::   .*   ?:

16.3.2   用友元函数重载运算符

友元函数也可以作为运算符函数。由于友元函数没有隐含的参数 this 指针，因此，重载二元（双目）运算符时，两个操作数都必须显式地传递给函数；重载一元函数时，也不能省略唯一的操作数。

不能使用友元函数重载的运算符有：=，()，[]和->。

【例 16-10】   用友元函数来实现的复数加法的运算符重载。

用友元函数重载运算符"+"进行复数加法运算的运算符函数定义如下：

```
complex operator+( complex &a, complex b&)
{
    complex temp ;
    temp.real = a.real + b.real;
    temp.imag = a.imag + b.imag;
    return temp;
}
```

下面给出完整的程序：

```
#include <iostream.h>
class complex
{
    private:
        float real;
        float imag;
    public:
        friend complex operator+(complex &a, complex &b);     // 重载运算符
        void show(void);
        void assign(float r, float i);
};

complex operator+( complex &a, complex &b)                    // 重载运算符函数定义
{
        complex temp ;
        temp.real = a.real + b.real;
        temp.imag = a.imag + b.imag;
        return temp;
}
void complex::show(void)
{
    cout<<real<<"+i"<<imag<<"\n";
}

void complex::assign(float r, float i)
{
        real = r;
        imag = i;
}

main()

{
```

```
        complex c1, c2, c ;

        c1.assign(1.0,2.0);
        c2.assign(3.0,4.0);

        c = c1 + c2;
        c.show();
        return 0;
    }
```

在许多情况下，用友元函数代替成员函数重载运算符并没有多大意义，但有一种情况，必须使用友元函数。我们知道，调用成员运算符函数时，指向对象的指针传给了 this。在二元运算时，运算符的友元调用该函数，这不会有问题，如下面的语句是完全正确的（A 是一对象）：

```
        A = A + 1;
```

然而，下面的语句是不正确的：

```
        A = 1 + A;
```

因为运算符的友元是一个整数，是一个内部数据类型。

如果用友元函数来重载运算符函数"+"，就能解决由于内部数据类型是运算符"+"的友元带来的问题。

解决的方法是如下这样修改友元重载运算符函数：

```
complex operator+(float x, complex b)
{
    complex temp ;
    temp.real = x + b.real;
    temp.imag = b.imag;
    return temp;
}
```

【例 16-11】　用上面定义的友元重载运算符函数，实现如下的复数运算：

```
x=x+a
```

式中 x 为一浮点数，a 为一类的对象（复数数据成员）。

程序如下：

```
#include <iostream.h>

class complex
{
    private:
        float real;
        float imag;
    public:
        friend complex operator+(float x, complex b);    // 说明友元函数
        void show(void);
        void assign(float r, float i);
};

complex operator+(float x, complex b)                    // 定义重载运算符函数
{
    complex temp ;

    temp.real = x + b.real;
    temp.imag = b.imag;
```

```
        return temp;
    }

    void complex::show(void)
    {
        cout<<real<<"+i"<<imag<<"\n";
    }

    void complex::assign(float r, float i)
    {
        real = r;
        imag = i;
    }

    main()
    {
        complex c1, c ;
        float f=11.1;

        c1.assign(1.0,2.0);
        c = f + c1;                              // 复数对象与浮点数相加
        c.show();
        return 0;
    }
```

16.4　对象的动态存储管理

在第 14 章的 14.3.10 节，对 C++的动态存储管理已经作了介绍。这一节再介绍 C++动态存储管理在类方面的应用。即对象的内存分配（new）和释放（delete）的问题。

为对象申请内存和释放的一般格式为：

obj_pointer=new class_name(init_list);

delete obj_pointer;

其中 obj_pointer 为用户定义的对象指针，class_name 为用户定义的类名。(init_list)为对象的初始值，初始化部分是任选的。

【例 16-12】 定义一个对象 A，它有两个整型的私有数据成员 a 和 b；一个公有成员函数 show()用于输出数据。程序完成如下的工作：

（1）主函数为对象申请内存并检查申请是否成功；

（2）存入数据；

（3）显示对象的两个数据；

（4）释放内存。

程序如下：

```
#include <iostream.h>
class A                                          // 定义类
{
    private:
            int a, b;
    public:
```

```
              A(int x,int y);
              ~A();
              void show() { cout<<a<<" "<<b<<"\n"; }
};

A::A(int x, int y)                          // 定义构造函数
{
      cout<<"constructing\n";
      a = x;
      b = y;
}
~A::A()                                     // 定义析构函数
{
      cout<<"destructing."<<endl;
}

void main()
{
      A *ptr;
      ptr = new A(11,12);                   // 为对象动态分配内存并赋值
       if(!ptr)
       {
       cout<<"allocating failure\n";
       return ;
       }
      ptr->show();                          // 输出对象的数据成员
      delete ptr;                           // 释放内存
      return;
}
```

程序的输出如下：

```
constructing
11  12
destructing
```

如果在类中为对象动态分配内存，通常是在构造函数进行内存的动态分配并初始化。在这种情况下，要为该类提供相应的析构函数，以便完成释放内存的工作。

【例 16-13】　定义一个类 Text，它的私有数据成员为一字符型指针，用以存储字符串。构造函数为对象动态分配字符串的内存空间并初始化对象。析构函数释放为字符串动态分配的存储空间。

程序如下：

```
#include<iostream.h>
#include<string.h>

class Text                                  // 定义类 Text
{
    private:
        char *str;
    public:
        Text(char *ch);
        ~Text();
        void show();
};
```

```
Text::Text(char *ch)                              // 定义构造函数
{
        str=new char[strlen(ch)+1];               // 动态分配内存空间
        strcpy(str,ch);                           // 初始化
        cout<<" Object initialized "<<endl;
}
Text::~Text()                                     // 定义析构函数
{
        delete [strlen(str)+1]str;                // 释放内存空间
        cout<<"Object destroyed"<<endl;
}
void Text::show()
{
        cout<<str<<endl;
}
void main()
{
        Text string("wxvz");                      // 创建对象 string 并初始化
        string.show();
        return;
}
```

程序输出如下：

```
Object initialized
wxyz
Object destroyed
```

小　　结

本章介绍了 C++面向对象程序设计中的很重要的一些工具：构造函数和析构函数；操作符重载和函数的重载，以及对象动态内存的管理问题。

关于构造函数和析构函数，要掌握以下几个问题：

（1）构造函数和析构函数的作用；

（2）构造函数和析构函数的格式；

（3）构造函数的参数的使用。

关于函数的重载，要掌握下面四个问题：

（1）一般函数重载的方法；

（2）构造函数重载的方法；

（3）构造函数的动态初始化；

（4）类成员函数的重载。

关于操作符的重载，要掌握 3 个方面的问题：

（1）operator 重载运算符函数的定义格式；

（2）成员函数的运算符重载；

（3）友元函数的运算符重载。

还应掌握对象的动态内存分配和释放。

习　　题

16-1　构造函数的作用是什么？写出它的格式。

16-2　析构函数的作用是什么？写出它的格式。

16-3　举例说明什么是函数重载？有何意义？

16-4　什么是运算符重载？有何意义？

16-5　应用本章定义的类 complex，重载运算符"*"，编写计算复数乘法的程序。

16-6　写出本章例 16-11 程序的输出。

16-7　分析下面程序的执行结果：

```
#include<iostream.h>
class two
{
      private:
          int a;
          int b;
      public:
          two(){ a=0;b=0; }
          two(int x){ a=x;b=1; }
          two(int x,int y){ a=x;b=y; }
          void show() {cout<<"a="<<a<<",  b="<<b<<endl;}
};

void main()
{
      two two1,two2(10),two3(100,200);
      two1.show();
      two2.show();
      two3.show();
}
```

16-8　设计一个学生类，对学生的姓名、学号和成绩进行输入输出管理。

16-9　设计一个三角形类 triangle，私有数据成员为高和底。要求定义重载运算符">"，以比较两个三角形面积的大小。

16-10　写出下面程序的结果：

```
#include<iostream.h>
class plus
{
      private:
          int x;
      public:
          plus(int a=0){ x=a;}
          void show() { cout<<x<<endl; }
          plus operator+(plus s);
};
plus plus::operator+(plus s)
{
      return plus(x+s.x);
}
```

```
main()
{
        plus plus0,plus1(10),plus2(20);
        plus0=plus1+plus2;
        plus0.show();
}
```

16-11 用带参数的构造函数修改本章例 16-1 的程序。

16-12 重载运算符"-"，使之能计算两个复数对象的减。应用重载成员函数的方法。

第17章
类的继承

继承性是面向对象程序设计的又一重要特性。

面向对象的程序设计方法提供了这样一种机制，即一个类可以从另一个类获得部分或全部属性。把这种机制称为继承（inheritance）。前者称为子类（child class）或派生类（derived class），后者称为父类（parent class）或基类（base class）。

面向对象技术的这个重要机制，为程序代码的重用提供了一个有效的手段，并且使程序更易于维护和扩充。

本章详细地讨论继承和派生类的概念及应用，虚基类的概念和应用以及类的多重继承。

17.1 继 承

17.1.1 继承与派生类

在软件的设计中，人们会发现，许多数据结构，如类，有相似甚至相同的东西，也含有不同的成分。如果要为每一种数据结构都从头定义，无疑会浪费时间。面向对象技术提供了一种机制，使程序设计人员能够重用其他类的定义，构成自己的特有的类。在这个新的类中继承了被重用类的特性，又含有自己的特性。

例如，定义了一个"哺乳动物"类。类中描述的是哺乳动物的特性。如果想要定义一个"狗"类，就不必重复定义所有哺乳动物的特性，因为一些必要的特性可以从类"哺乳动物"通过继承机制得到。在"狗"的类中只需补充狗所独有的特性。通过继承产生的新类就叫派生类或子类。被继承的类就叫基类或父类。

类的继承与派生概念反映了客观世界中事物一般与特殊的关系，上下的层次关系，抽象与具体的关系。基类是派生类的抽象描述，派生类是基类的特例。从编程技术的角度看，继承机制提供了代码重用的手段。一旦声明为派生类，就可以直接使用（访问）基类的公有和保护性质的数据成员与成员函数。

一个派生类既可以从一个基类派生，也可以从多个基类派生。从一个基类派生叫做单继承，从多个基类派生叫做多重继承。本节将介绍单继承。

从已有的类（基类）派生出一个新类（派生类）的定义格式是：

```
class 派生类名：继承方式 基类名
{
```

```
        private:
            派生类新成员
        protected:
            派生类新成员
        public:
            派生类新成员
    };
```

继承方式用于规定基类成员在派生类中的访问权限，因此继承方式又称为访问控制或访问方式。继承方式可使用关键字 public 或 private 说明。

访问控制使用关键字 public 说明时，称为公有继承或公有派生。访问控制使用关键字 private 说明时，称为私有继承或私有派生。如果继承方式说明被省略，则隐含为 private，即私有继承。

引入继承与派生的概念后，在类的成员中，出现了一种新的类成员：protected 成员，称为保护成员。我们知道，在类中被指定为 public 的成员，能被程序的其他部分访问。被指定为 private 的成员，只能被该类的成员函数或友元函数访问。而被指定为 protected 的成员，也是只能被该类的成员函数或友元函数访问（相当于 private 成员），但在继承方面有所不同。派生类也是不能访问基类的私有成员。但是，可以访问基类的 protected 成员。所以，在基类说明为保护的成员，可继承为派生类的成员。

无论是公有派生还是私有派生，基类的私有成员在派生类都是不能访问的。继承方式只是影响基类的公有成员和保护成员。下面分别讨论公有派生和私有派生。

17.1.2　公有派生

公有派生也称为公有继承。在公有派生的情况下，派生类可以访问基类中的公有和保护成员，不能访问基类的私有成员。也就是说，基类的 public 成员和 protected 成员分别继承为派生类的 public 成员和 protected 成员。派生类的成员可以直接访问它们。在派生类的外部只能通过派生类的对象访问基类的 public 成员。

下面首先通过一个例子来看一看公有派生的继承是怎样具体工作的。

【例 17-1】　从类 point（点）公有派生类 circle（圆）。

首先，定义一个类 point，它有两个私有数据成员：点的横坐标 x 和纵坐标 y。三个公有的成员函数，用于操作数据成员 x 和 y。类 point 的定义如下：

```
class point
{
    private:
        int x;
        int y;
    public:
        void set_point(int a,int b);
        int get_x(void);
        int get_y(void);
    };
```

我们用这个类派生出一个类 circle。其数据成员为圆的半径。因为，圆除了半径还需要一个点作为自己的圆心，而类 "point" 中已经有了这方面内容，所以，可以把类 "point" 作为基类，加以继承。于是定义类 circle（圆）如下：

```
class circle : public point
{
```

```
    private:
        int radius;
    public:
        int get_radius(void);
        void set_radius(int num);
        void show(void);
};
```

这个例子选用 public 方式派生，所以，基类的所有 public 成员，就好像在 circle 类中说明过一样。当然，派生类中的成员函数不能访问基类的私有部分。如果把类 point 中的 private 改为 protected，则派生类就能访问它们了。这就是说，protected 成员可以被继承。

现在利用上面定义的基类 point 和派生类 circle，编写主程序，实现定义和输出一个圆的功能。程序利用基类 point 的数据作为圆的圆心。派生类 circle 定义圆的半径。

程序如下：

```
#include<iostream.h>
class point                                        // 定义基类 point
{
    private:
            int x;
            int y;
    public:
            void set_point(int a,int b) {  x=a; y=b; }
            int get_x(void) {  return x; }
            int get_y(void) {  return y; }
};

class circle :public point                         // 定义公有派生类 circle
{
    private:
            int radius;
    public:
            void set_radius(int num) { radius=num; }
            int get_r(void) { return radius; }
            void show_circle(int a,int b,int c;
};

void show_circle(int a,int b,int c)
{
    cout<<"The center of a circle: ("<<a<<","<<b<<") "<<endl;
    cout<<"The radius of a circle: "<<c<<endl;
}

main()
{
    class circle c;                                // 定义派生类对象 c
    c.set_point(10,10);                            // 对象 c 访问继承基类的成员函数
     c.set_radius(5);                              // 为对象 c 的半径赋值
    c.show_circle(c.get_x(),c.get_y(),c.get_r());  // 输出对象 c
    return 0;
}
```

17.1.3 私有派生

当派生类采用私有继承方式（关键字为 private）时，即为私有派生。这时，基类的所有 public 成员和 protected 成员被继承为派生类的 private 成员。派生类的成员可以把它们作为自己私有成员来访问。在派生类之外无法通过派生类的对象访问它们。在基类被说明为 private 的成员，派生类的成员不能访问它们。也就是说，派生类不能继承基类的 private 成员。

经过私有继承后，基类的公有成员和保护成员都成为派生类的 private 成员。由此可以推论，进一步继承的话，基类的成员再也不能在以后的派生类中起作用了，等于终止了基类功能的继续派生。

【例 17-2】 将例 17-1 程序的公有继承改为私有继承。

将例 17-1 程序的公有继承改为私有继承后，原来主函数中的语句：

```
c.set_point(10,10);
c.show_circle(c.get_x(),c.get_y(),c.get_r());
```

都是不合法的了。因此，对例 17-1 的程序应作以下几点修改：

（1）将基类的私有数据成员改为 protected 成员；

（2）在派生类中增加访问基类数据的功能：函数 set_xy()；

（3）修改派生类的成员函数 show_circle()以及主函数的相应修改。

程序如下：

```
#include<iostream.h>
class point                                    // 定义基类 point
{
    protected:
            int x;
            int y;
    public:
            void set_point(int a,int b){ x=a;  y=b; }
            int get_x(void){return x; }
            int get_y(void){ return y; }
};

class circle :private point                    // 定义私有继承派生类 circle
{
    private:
            int radius;
    public:
            void set_radius(int num)
            {
                    radius=num;
            }
            int get_r(void)
            {
                    return radius;
            }
            void set_xy(int a,int b) { x=a;y=b;}
            void show_circle(int c)
            {
             cout<<"The center of a circle: ("
```

```
            <<get_x()<<","<<get_y()<<")"<<endl;
            cout<<"The radius of a circle: "<<c<<endl;
        }
};

main()
{
    class circle c;
    c.set_xy(20,20);
    c.set_radius(15);
    c.show_circle(c.get_r());
    return 0;
}
```

现将不同继承方式下派生类的访问权限归纳如表 17-1 所示。

表 17-1

基 类 成 员	继 承 方 式	派生类对基类的可访问性
public	公有继承	public
private		不可访问
protected		protected
public	私有继承	private
private		不可访问
protected		private

17.2　继承机制中的初始化

由于派生类继承了基类中的成员，这就产生一个问题，如何和何时对基类的数据初始化，派生类如何初始化。上述问题是通过基类和派生类的构造函数来解决的。

基类的构造函数和析构函数是不能继承的。如果对从基类派生来的成员初始化，还必须由基类的构造函数来完成。所以，派生类的构造函数，一方面负责自己成员的初始化；另一方面还要负责调用基类的构造函数，向基类构造函数传送为初始化所必要的参数。

基类和派生类构造函数执行的顺序是，系统首先调用基类的构造函数，然后，调用派生类的构造函数。系统执行析构函数的次序正好相反。

下面分别讨论带参数的基类构造函数和不带参数的基类构造函数两种情况。

17.2.1　不带参数的基类构造函数

在基类构造函数不带参数的情况下，问题比较简单。下面通过一个简单的例子和它的输出来观察初始化的实现过程。

【例 17-3】　继承机制中初始化数据成员例子。

有基类 A 和公有派生类 B。派生类 B 访问基类 A 的数据 i 和 j 并进行加法运算。两个类中，都给出了构造函数和析构函数，以便观察它们的调用过程。基类的构造函数将数据成员初始化为：i=1；j=2。

程序如下：

```
#include <iostream.h>

class A                                    // 定义基类 A
{
    protected:
        int i, j;
    public:
        A(void);
        ~A(void){ cout<<"destroyed A"<<endl; }
};

class B:public A                           // 定义公有继承的派生类 B
{
    private:
            int b;
    public:
        int get_sum(void);
        B(void);
        ~B(void){ cout<<"destroyed B"<<endl;  }
};

A::A(void)                                 // 基类构造函数
{
    i=1;
    j=2;
    cout<<"created A\n";
}
B::B(void)                                 // 派生类构造函数
{
    b=5;
    cout<<"created B\n";
}
int B::get_sum(void)
{
    return i+j+a;
}
main()
{
    B b;                                   // 定义派生类对象，调用构造函数
    cout<<b.get_sum()<<"\n";               // 计算并输出数据成员的和
    return 0;
}
```

程序的输出为：

```
created A
created B
8
destroyed B
destroyed A
```

如果在基类中没有定义构造函数，系统将调用基类的默认的构造函数。

我们看到，在执行派生类的构造函数前，先要执行基类的构造函数，然后，执行派生类的构造函数。析构函数执行的顺序则相反。

17.2.2　带参数的基类构造函数

在设计派生类的构造函数时，派生类构造函数除对自己的数据成员初始化外，还应负责对基类的数据成员初始化。所以，基类的构造函数含有参数时，任何派生类就必须包括构造函数。以便执行派生类构造函数时，提供一种把派生类构造函数的参数传递给基类构造函数的途径。

为把参数传递给基类，就要在派生类构造函数后面，对这些参数加以说明。派生类构造函数定义的一般形式为：

派生类名::派生类构造函数名(参数表):基类构造函数名(参数表)
{
    ...
    ...
}

这里要注意用冒号"："把派生类构造函数同基类构造函数的参数表分隔开。其作用是将派生类构造函数的参数，传递给基类相应的参数。这里，两个构造函数的参数存在着对应的关系。派生类构造函数的参数表中含有参数的数据类型和参数名，并且必须包括基类构造函数的参数。在基类构造函数的参数表中则只有参数名，不要参数的数据类型。

下面通过具体的例子来说明。

【例 17-4】　程序中定义有基类 Rectangle 和由它公有派生出来的类 Cube。基类 Rectangle 有 protected 数据成员 rect_x 和 rect_y。派生类 Cube 通过自己的构造函数，将参数 x 和 y 传递给基类 Rectangle 的数据成员 rect_x 和 rect_y。这时，派生类的构造函数，应有如下的形式：

```
Cube::Cube(float x,float y, float h):Rectangle(x,y)
{
    ...
    ...
}
```

主程序中，在定义派生类 Cube 的对象 c 时，派生类的构造函数将相关参数传递给基类的构造函数。对象 c 使用成员函数 cube() 操作基类 Rectangle 的数据并输出结果。

程序如下：

```
#include<iostream.h>

class Rectangle                                     // 定义基类 Rectangle
{
    protected:
        float rect_x;
        float rect_y;
    public:
        Rectangle(float x, float y);                // 带参数基类构造函数原型
        ~Rectangle(){ cout<<"destroyed Rectangle."<<endl; }
        float area(){ return rect_x*rect_y; }
};
Rectangle::Rectangle(float x, float y)              // 定义基类构造函数
{
        rect_x=x;
        rect_y=y;
        cout<<"initializing Rectangle."<<endl;
}
```

```
class Cube:public Rectangle                                    // 定义派生类 Cube
{
     private:
        float heigh;
     public:
        Cube(float x,float y, float h);
        ~Cube()   { cout<<"destroyed Cube."<<endl; }
        float cubage()  { return rect_x*rect_y*heigh; }
};

Cube::Cube(float x,float y, float h):Rectangle(x,y)            // 派生类构造函数

{   heigh=h;
    cout<<"initializing Cube."<<endl;
}

main()
{
    Cube c(4,2,3);
    cout<<"cube="<<c.cubage()<<endl;
}
```

程序的输出如下：

```
initializing Rectangle.
initializing Cube.
cube=24
destroyed Cube.
destroyed Rectangle.
```

【例 17-5】 建立一个简单的图书管理系统模型。它由一个基类和两个派生类构成：图书类和读者类，如图 17-1 所示。基类有两个私有数据成员（整型和字符数组）用于派生类 Book 记录书名和编号，用于 Reader 记录姓名和编号。程序的功能是记录读者姓名、编号和所借图书的书名和编号。输出相关信息。数据输出的形式为：

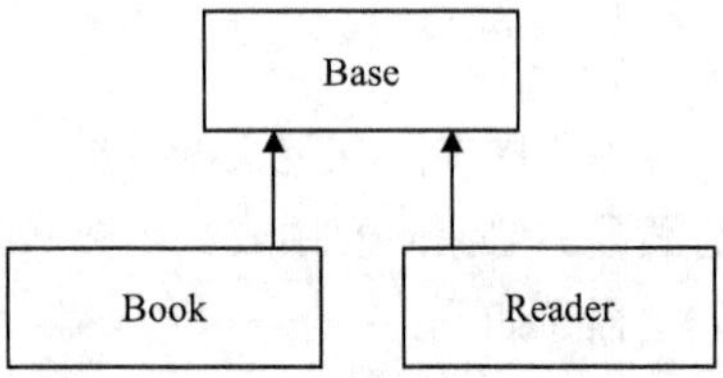

图 17-1　例 17-5 类结构示意图

　　读者　编号，姓名
　　　借书：
　　　　　借书序号：书号，书名　作者

程序如下：

```
#include<iostream.h>
#include<string.h>

class Base                                                     // 定义基类 Base
{
    private:
        int number;
        char name[10];
    public:
        Base(int a,char n[]);
        Base()  { }
        void show();
```

```
};

Base::Base(int a,char n[])
{
      number=a;
      strcpy(name,n);
}
void Base:: show()
{
      cout<<number<<","<<name;
}


class Book:public Base                                 // 定义派生类 Book
{
      private:
          char author[10];
      public:
          Book(int no,char book[],char aut[]);
          Book() { }
          void show();
};

Book::Book(int no,char book[],char aut[]):Base(no,book)
{
      strcpy(author,aut);
}
void Book::show()
{
      Base::show();
      cout<<"  "<<author<<endl;
}


class Reader: public Base                              // 定义派生类 Reader
{
      private:
          int amount;
          Book books[10];
      public:
          Reader(int no,char reader[]);
          void show();
          void borrow(Book &b);
};

Reader::Reader(int no,char reader[]):Base(no,reader)
{
      amount=0;
}
void Reader::show()
{
      cout<<"reader ";
      Base::show();
      cout<<endl;
      cout<<"    borrow:"<<endl;
      for(int i=0;i<amount;i++)
      {
```

```
            cout<<"            "<<i+1<<":";
            books[i].show();
        }
    }
void Reader::borrow(Book &b)
{
    books[amount]=b;
    amount++;
}

void main()
{
    Book book[]={Book(1,"aaaaaaaaa","aaa"),          // 图书编号和书名数据
            Book(2,"bbbbbbbbb","bbb"),
            Book(3,"ccccccccc","ccc"),
            Book(4,"ddddddddd","ddd")};
    Reader reader[]={ Reader(1,"zhang"),             // 读者编号和姓名数据
                Reader(2,"wang")};
    reader[0].borrow(book[1]);                       // 读者借书数据
    reader[1].borrow(book[3]);
    reader[0].borrow(book[0]);
    reader[0].show();                                // 输出数据
    reader[1].show();
}
```

17.3 多 重 继 承

17.3.1 多重继承的继承机制

所谓多重继承就是一个类继承多个基类的属性。这时，一个派生类将有两个或两个以上的基类。例如，类 C 以 private 方式继承类 A，同时又以 public 方式继承类 B，如图 17-2 所示。

相应的定义语句可以这样写：

```
class C:private A,public B
{
    …
    …
};
```

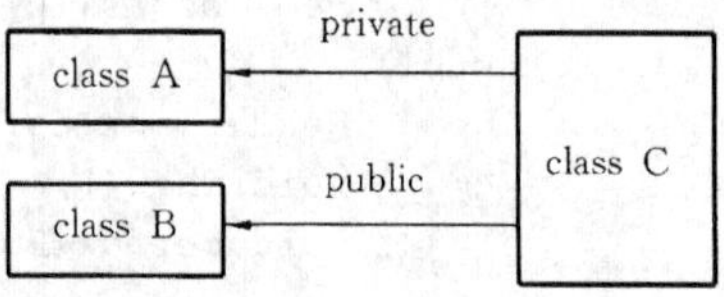

图 17-2 简单多重继承示意图

定义多重继承的派生类的一般形式为：

class 派生类名: 继承方式 基类名 1，继承方式 基类名 2，…，继承方式 基类名 n

{

    …

    …

};

多重继承下派生类的构造函数必须同时负责所有基类构造函数的调用，派生类构造函数的参数个数，必须同时满足多个基类初始化的需要。所以，在多重继承的情况下，派生类构造函数的定义格式有如下的形式：

派生类名::派生类构造函数名(参数表):基类 1(参数表 1)，基类 2(参数表 2)，…

在多重继承下，当建立派生类对象时，系统首先执行各个基类的构造函数，最后执行派生类的构造函数。基类构造函数的执行顺序，与定义派生类时所指定的基类顺序一致。析构函数的调用则以相反的顺序进行。

【例 17-6】 有基类 A 和 B，定义类 C 公有继承 A 和 B。基类 A 有数据成员浮点数 fa，基类 B 有数据成员浮点数 fb。两个基类和一个派生类都定义有自己的构造函数，用于初始化数据。多重继承的派生类 C，通过继承机制的参数传递，计算数据 fa 和 fb 的和。

程序如下：

```
#include <iostream.h>
class A                                    // 基类 A
{
    protected:
        float fa;
    public:
        A(float a);
        ~A(void) { cout<<"destroyed A."<<endl; }
};

class B                                    // 基类 B
{
    protected:
        float fb;
    public:
        B(float b) ;
        ~B(void) { cout<<"destroyed B."<<endl; }
};

class C: public A, public B                // 定义多重继承的派生类 C
{
    private:
        float fc;
    public:
        C(float a, float b, float c);
        ~C(void) { cout<<"destroyed C."<<endl; }
        float sum_fafb(void);
};

A::A(float a)                              // 定义基类构造函数 A
{
    cout<<"initializing A.\n";
    fa = a;
}
B::B(float b)                              // 定义基类构造函数 B
{
    cout<<"initializing B.\n";
    fb = b;
}
C::C(float a, float b, float c):A(a),B(b)  // 定义派生类构造函数
{
    cout<<"initializing C.\n";
}
```

```
float C::sum_fafb(void)
{
        return fa+fb+fc;
}

main()
{
    C c(100,200, 300);                          // 建立派生类对象 c
    cout<<c.sum_fafb()<<"\n";                    // 计算成员数据的和
    return 0;
}
```

程序的输出如下：

```
initializing A.
initializing B.
initializing C.
600
destroyed C.
destroyed B.
destroyed A.
```

仔细分析上面的程序输出结果，可以看出多重继承的运行过程（各类构造函数的执行顺序）。

17.3.2　指向派生类的指针

指向基类的指针和指向派生类的指针之间有一定的关系。例如，有一基类 B_class 和它的派生类 D_class，C++ 规定，定义为 B_class 的指针，也能作为指向 D_class 的指针使用，并可以用这个指向派生类对象的指针访问继承来的基类成员；但不能用它访问派生类成员。定义为派生类的指针则既可以访问派生类中定义的成员，也可以访问从基类继承来的成员。

设有下列定义：

```
B_class *bp;
B_class B_ob;
D_class *dp
D_class D_ob;
```

则以下的语句是合法的：

```
bp=&D_ob;
dp=&D_ob;
```

这样赋值后，基类指针 bp 可以访问基类成员，但不能访问派生类成员。派生类指针 dp 既可以用于访问基类成员，也可以用于访问派生类成员。

【例 17-7】　基类定义有学生的姓名及相关的操作。用派生类实现一个简单的记录学生姓名和一个分数的文件。

因为派生类从基类继承了学生姓名和相应的操作，所以在派生类中只需定义数据和对数据的操作。程序应用基类指针和派生类指针实现对派生类对象的访问。

程序如下：

```
#include <iostream.h>
#include <string.h>

class B_class
{
```

```
     private:
          char student_name[80];
     public:
          void put_name(char *s)
                    { strcpy(student_name,s);}
          void disp_name() {cout<<student_name<<"  ";}
};
class D_class : public B_class
{
     private:
          int data;
     public:
          void put_data(int val) { data=val; }
          void disp_data() { cout<<data<<"\n"; }
};
main()
{
     B_class *bp;                        // 定义基类指针
     B_class student;                    // 定义基类对象

     D_class *dp;                        // 定义派生类指针
     D_class mark;                       // 定义派生类对象

     bp = &student;                      // 基类指针指向基类对象
     dp=&mark;                           // 派生类指针指向派生类对象

     bp->put_name("Li Ning");           // 处理第一个学生的数据
     bp->disp_name();
     dp->put_data(100);
     dp->disp_data();

     bp = &mark;                         // 指向派生类对象的基类指针

     bp->put_name("Zhang Ning");        // 指向派生类的基类指针可以访问基类成员
     bp->disp_name();                   // 处理第二个学生的数据
     dp->put_data(60);
     dp->disp_data();

     dp->put_data(80);
     dp->put_name("Liu Ming");          // 指向派生类的派生类指针可以访问基类成员
     dp->disp_name();                   // 处理第三个学生的数据
     dp->disp_data();

     return 0;
}
```

主程序操作了三个学生的姓名和分数。第一个学生的操作,对基类成员和派生类成员分别用各自的指针 bp 和 dp。第二个学生的操作,基类指针 bp 用于派生类。这时指针仍能用于访问基类成员,但访问派生类成员还是必须用指针 dp。第三个学生的操作,则是用派生类指针 dp 既访问派生类成员,又访问基类成员。

程序的输出为：

```
Li Ming  100
Zhang Ming  60
Liu Ming  80
```

17.4 虚 基 类

17.4.1 多重继承中的二义性

在 C++中，如果在多条继承路径上有一个公共的基类，那么，在这些路径中的某几条路径的汇合处，这个公共的基类会产生多个拷贝（实例）。这样就出现了多义性问题。

例如，有一基类 Base，它含有一数据成员 b。类 Base_der1 和类 Base_der2 均是继承类 base 的派生类。现在，类 der12 又继承类 base_der1 和类 base_der2。这个继承结构如图 17-3 所示。

在这种继承结构下，基类的数据成员 b，在两个派生类 Base_der1 和类 Base_der2 中各有一个 b 的副本。对于派生类 der12 来说，就不知道继承哪个 b 副本了。于是发生了数据成员 b 的二义性的问题。

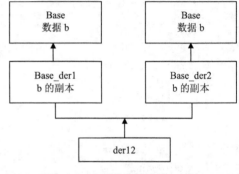

图 17-3 多重继承结构的二义性

【例 17-8】 由于多重继承产生二义性问题的程序。

在这个程序中，类的继承结构就是上面所说的情况。当派生类 der12 的对象 d 访问基类中建立的数据时，例如，赋值语句：

```
d.b=10;
```

便发生了数据的二义性问题。因为这里有数据 b 的两个拷贝。

程序如下：

```cpp
#include<iostream.h>
class base
{
    public:
        int b;
};
class base_der1: public base
{
    public:
        int bd1;
};
class base_der2: public base
{
    public:
        int bd2;
};
class der12:public base_der1,public base_der2
{
    public:
```

```
        int a;
};
void main()
{
    der12 d;
    d.b=10;                            // d.b 具有二义性
    d.bd1=20;
    d.bd2=30;
    d.a=d.b+d.bd1+d.bd2;               // d.b 具有二义性
    cout<<d.a<<endl;
    return;
}
```

在这个程序中主函数中的语句 d.b=10；是无法执行的。在编译时，会给出下面的错误信息：

```
Field 'b' is ambiguous in 'der12' in function main().
```

二义性的出现是因为在这个例子中有两个数据 b 的拷贝。为排除二义性的问题，可以通过使用作用域区分符"::"，指定用哪一个 b：是通过派生类 base_der1 建立的还是由派生类 base_der2 建立的。因此，例 17-8 中的语句"d.b=10"可改写为：

```
    d.base_der1::b=10;
```

或

```
    d.base_der2::b=20;
```

【例 17-9】　应用作用域区分符修改例 17-8，消除程序的二义性。

程序如下：

```
#include<iostream.h>
class Base
{
    public:
        int b;
        Base(){cout<<"initializing Base."<<endl;}
        ~Base(void){cout<<"destroyed Base."<<endl;}
};
class Base_der1: public Base
{
    public:
        int bd1;
        Base_der1(){cout<<"initializing Base_der1."<<endl;}
        ~Base_der1(void){cout<<"destroyed Base_der1."<<endl;}
};
class Base_der2: public Base
{
    public:
        int bd2;
        Base_der2(){cout<<"initializing Base_der2."<<endl;}
        ~Base_der2(void){cout<<"destroyed Base_der2."<<endl;}
};
class der12:public Base_der1,public Base_der2
{
    public:
        int a;
        der12(){cout<<"initializing der12."<<endl;}
        ~der12(void){cout<<"destroyed der12."<<endl;}
};
```

```
void main()
{
    der12 d;
    d.Base_der1::b=10;                          // 没有二义性
    d.bd1=20;
    d.bd2=30;
    d.a=d.Base_der1::b+d.bd1+d.bd2;
    cout<<d.a<<endl;
    return;
}
```

程序的输出如下：

```
initializing base.
initializing base_der1.
initializing base.
initializing base_der2.
initializing der12.
60
destroyed der12.
destroyed base_der2.
destroyed base.
destroyed base_der1.
destroyed base.
```

17.4.2 虚基类

为了使例 17-8 中的公共的基类只产生一个数据成员 b 的拷贝，可以将这个基类说明为虚基类。这样就不会产生二义性的问题。

虚基类是在从基类派生出新类时，用关键字 virtual 将基类说明为虚基类的。例如：

```
class base_der1 :virtual public base
{
    public:
        int bd1;
};
class base_der2 :virtual public base
{
    public:
        int bd2;
};
```

这样说明以后，base 类就只有一个数据成员 b 的拷贝。当 der12 类的对象或成员函数在使用 base 类中的成员时，就不会产生二义性的问题。

将一个基类说明为一个虚基类的一般形式为：

class 派生类名:virtual 继承方式 基类名

在一般基类情况下，派生类的构造函数要负责调用它的直接基类的构造函数，以便实现对基类数据成员的初始化。对于虚基类的派生类，其构造函数不仅要负责调用直接基类的构造函数，还需要调用虚基类的构造函数。如上面的例子，若基类 Base 声明为虚基类，则派生类 der12 的构造函数要负责调用直接基类 base_der，base_der2 的构造函数，还要负责调用虚基类 Base 的构造函数。

【例 17-10】 将例 17-8 程序中的类 base 设计为虚基类。

程序如下:

```
#include<iostream.h>
class Base
{
    public:
        int b;
        Base(){cout<<"initializing Base. "<<endl;}
        ~Base(void){cout<<"destroyed Base. "<<endl;}
};
class Base_der1: virtual public Base
{
    public:
        int bd1;
        Base_der1(){cout<<"initializing Base_der1. "<<endl;}
        ~Base_der1(void){cout<<"destroyed Base_der1. "<<endl;}
 };
class Base_der2: virtual public Base
{
    public:
        int bd2;
        Base_der2(){cout<<"initializing Base_der2. "<<endl;}
        ~Base_der2(void){cout<<"destroyed Base_der2. "<<endl;}
 };
class der12:public Base_der1,public Base_der2
{
    public:
        int a;
        der12(){cout<<"initializing der12. " <<endl;}
        ~der12(void){cout<<"destroyed der12. "<<endl;}
};
void main()
{
    der12 d;

    d.b=10;
    d.bd1=20;
    d.bd2=30;
    d.a=d.b+d.bd1+d.bd2;
    cout<<d.a<<endl;
    return;
}
```

程序的输出如下:

```
initializing base.
initializing base_der1.
initializing base_der2.
initializing der12.
60
destroyed der12.
destroyed base_der2.
destroyed base_der1.
destroyed base.
```

从以上的输出也可以看出,基类 base 只初始化了一次。

一个派生类的对象的地址，可以直接赋给虚基类的指针。例如，

```
Base *base_ptr = &d;
```

一个派生类可以公有或私有地继承一个或多个虚基类。例如，下面的语句说明派生类 D 从虚基类 A 和 C 派生，同时也从非虚基类 B 派生：

```
class D : virtual public A, public B, virtual public C;
```

小　　结

本章介绍了面向对象程序设计中的一个重要特性——继承性。由于这个特性，使我们可以不只是简单地、孤立地操作对象，还可以使一个类能继承另一个类的成员，而产生出新的类。使相关的类与类之间紧密地联系起来，并且减少重复编写程序代码。

围绕继承这个中心，我们介绍了以下一些重要概念和方法：

（1）基类和派生类；

（2）两种继承控制方式，私有继承和公有继承；

（3）类的第三种成员，protected 成员；

（4）多重继承的概念和实现多重继承的方法构造函数的使用；

（5）虚基类的概念及其应用。

习　　题

17-1　以框图方式说明什么是单一继承，什么是多重继承？

17-2　举例说明公有派生和私有派生的区别。

17-3　说明什么是 protected 成员。

17-4　写出下面程序的运行结果并给出说明：

```
#include <iostream.h>
class A
{
    protected:
        float fa;
    public:
        A(float a);
        ~A(void) { cout<<"destroyed A. "<<endl; }
};
class B
{
    protected:
        float fb;
    public:
        B(float b) ;
        ~B(void) { cout<<"destroyed B. "<<endl; }
};
class C:public B, public A
{
```

```
    public:
        C(float a, float b);
        ~C(void) { cout<<"destroyed C. "<<endl; }
        float count_fafb(void);
};
A::A(float a)
{
    cout<<"initializing A.\n";
    fa = a;
    cout<<"fa="<<fa<<endl;
}
B::B(float b)
{
    cout<<"initializing B.\n";
    fb = b;
    cout<<"fb="<<fb<<endl;
}
C::C(float a, float b):B(b),A(a)
{
    cout<<"initializing C.\n";
}
float C::count_fafb(void)
{
    return fa-fb;
}
main()
{
    C c(100,200);
    cout<<c.count_fafb()<<"\n";
    return 0;
}
```

17-5　在类的继承中，基类指针与派生类指针如何使用？

17-6　说明什么是虚基类，怎样说明一个虚基类？

17-7　分析下面程序的输出。

```
#include<iostream.h>
class A
{
    protected:
        int a;
    public:
        A() { a=1; cout<<"inntializing A."<<endl;}
};
class D1:virtual public A
{
    public:
        D1() {a=a+1;}
};
class D2:virtual public A
{   public:
    D2() { a=a+3;}
};
class B:public D1,public D2
{
    public:
```

```
        B() { }
        void show() { cout<<"a="<<a<<endl;}
};
void main()
{
    B b;
    b.show();
    return;
}
```

17-8 写出本章例 17-1 程序的执行结果。

第18章
虚函数与多态性

面向对象程序设计中的重要概念之一就是多态性。多态性的应用可以使编程更为简洁和便利。多态性的基本含义是，用同一个名字定义若干个功能相近的函数。这就是说，同样的消息，被类的不同对象接收，可导致不同的行为。这就是多态性。多态性又称为"同一接口，多种方法"。即使操作功能有区别，仍可以用同样的接口访问。

多态性分为两类：编译时的多态性和运行时的多态性。前面学习过的操作符重载和函数重载就是编译时的多态性。通过派生类和虚函数实现的多态性是运行时的多态性。

本章讨论运行时的多态性。其中核心的内容是讲虚函数的概念，纯虚函数的概念以及抽象类的概念。

18.1 虚 函 数

18.1.1 虚函数的概念

多态性（Polymorphism）反映的是同一种事物有多种形态这一客观事实。在 C++中，多态性表示对同一条消息（如对类成员函数的调用），不同的对象将产生不同的动作。编译时的多态性是通过静态联编实现的。运行时的多态性则是通过动态联编实现的。动态联编的核心是虚函数。

虚函数是一种在基类中定义为 virtual 的函数，并在一个或多个派生类中再定义的函数。虚函数的特点是，只要定义一个基类的指针，就可以指向派生类的对象。当使用指向派生类对象的基类指针对函数进行访问时，C++就根据运行时指针所指向的对象去确定调用哪一个函数。这样，当指针指向不同的对象时，就执行了虚函数不同的版本。程序设计人员无需过多考虑类的结构关系，无需显式地写明派生类函数的路径。

在基类成员函数的原型函数名前面加上关键字 virtual，就说明这个成员函数为虚函数，而虚函数在派生类里再定义时，就不必再加关键字 virtual 了。其一般形式为：

```
class 基类名
{   …
    virtual 函数名(参数表);
    …
};
```

只有类的成员函数才能声明为虚函数（类的构造函数不能声明为虚函数）。当一个类的成员函数声明为虚函数后，该函数在派生类中可能有不同的实现。因而，虚函数在派生类中需要定义。
虚函数可以在多个派生类中重新定义，但函数原型必须完全相同。

【例 18-1】 一个使用虚函数的程序。

程序定义了一个基类 Base 和继承它的两个派生类 deriv_1 和 deriv_2。在基类 Base 中定义了
一个虚函数 who( )。它在类 deriv_1 和类 deriv_2 中都被重新定义。因为这是一个演示性质的程序，
所以，这些函数的功能都定义为显示自己的类名。主函数定义一个基类指针。基类指针指向基类
对象和派生类对象，实现对相应虚函数的调用。

程序如下：

```cpp
#include <iostream.h>
class Base
{
    public:
        virtual void who()                  // 基类成员函数 who()声明为虚函数
        {
        cout<<"Base class\n";
        }
};

class deriv_1:public Base
{
    public:
        void who()                          // 派生类 deriv_1 定义自己的版本 who()
        {
        cout<<"deriv_1\n";
        }
};

class deriv_2:public Base
{
    public:
        void who()                          // 派生类 deriv_2 定义自己的版本 who()
        {
        cout<<"deriv_2\n";
        }
};

main()
{
    Base base_obj;                          // 定义基类对象
    Base *b_ptr;                            // 定义基类指针

    deriv_1 d1_obj;                         // 定义派生类对象
    deriv_2 d2_obj;

    b_ptr = &base_obj;                      // 调用基类虚函数
    b_ptr->who();

    b_ptr = &d1_obj;                        // 派生类虚函数
    b_ptr->who();
```

```
    b_ptr = &d2_obj;                    // 派生类虚函数
    b_ptr->who();

    return 0;
}
```

程序的输出为：

```
Base class
deriv_1
deriv_2
```

使用虚函数实现运行时多态性的关键在于：必须通过基类指针访问这些函数。

在派生类中再定义虚函数是一种特殊的函数重载。它不同于通常所说的函数重载。这是因为：

第一，虚函数的原型必须匹配。在一般的函数重载中，函数的返回类型和参数的数目都可以不同；但重载虚函数时，这些都必须是固定不变的。

第二，虚函数必须是定义为类的成员函数，不能定义为友元函数，但可以是其他类的友元。

第三，析构函数可以是虚函数，但构造函数不能是虚函数。

由于重载（overloading）一般函数和虚函数的不同，把虚函数的再定义称为过载（overriding），而不叫做重载。

一旦一个函数定义为虚函数，无论它传下多少层，一直保持为虚函数。例如，如果 deriv_2 是由 deriv_1 派生，而不是由 Base 派生，who()仍保持为虚函数。在这种继承的层次结构下，访问关于 deriv_2 对象的函数 who()时，访问的是 deriv_2 中定义的 who()版本。

如果在派生类中没有过载虚函数，则在调用它时，使用基类中定义的函数版本。

18.1.2　虚函数的应用

我们已经看到，正是虚函数与派生类的结合，使 C++实现了运行时的多态性。而多态性是面向对象程序设计的重要特性。因为这个特性，使得能在基类中说明本类的派生类都共有的函数，并使派生类对它们的特定功能再进行定义。

很好地理解基类和派生类所形成的一种从抽象到具体的层次结构关系，对正确应用多态性是最为重要的。基类提供了派生类能直接使用的所有元素和派生类自己实现的函数。由于接口的形式已由基类定义，所以任何派生类都享有同一接口。这种基类定义派生类的通用接口，派生类各自定义自己的具体方法，就是常用的"同一接口，多种方法"。这种处理问题的思想，对于解决复杂程序是非常重要的。

下面通过例子来说明这种解决问题方法的优点。

【例 18-2】　基类 figure 用于存储计算两种图形（三角形和矩形）的面积所需的数据，它的虚函数 show_area()作为计算不同几何图形面积的"同一接口"。它的成员函数 set_dim()对所有派生类是共同的。

程序中由类 figure 派生出的两个派生类 triangle 和 rectangle，分别定义自己的 show_area()功能，计算三角形面积和矩形面积。本例题中三个类的结构和关系，如图 18-1 所示。

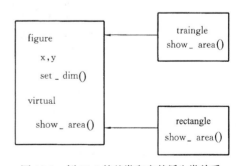

图 18-1　例 18-2 的基类和它的派生类关系

程序通过统一的标准接口给相应图形类的对象两个数据（三角形的底和高或矩形的两个边），

便可以由各类的虚函数计算相应图形的面积。

程序如下：

```cpp
#include <iostream.h>

class figure                                          // 定义基类 figure
{
    protected:
        double x, y;
    public:
        void set_dim(double i, double j)
        {
            x = i;
            y = j;
        }
        virtual void show_area()                      // 定义虚函数 show_area()
        {
            cout<<"No arear computation defined ";
            cout<<"for this class.\n";
        }
};

class triangle : public figure                        // 定义派生类 triangle
{
    public:
        void show_area()                              // 虚函数的再定义
        {
            cout << "Triangle with height ";
            cout << x << " and  base" <<y;
            cout << " has an area of ";
            cout << x*0.5*y << ".\n";
        }
};

class rectangle : public figure                       // 定义派生类 rectangle
{
    public:
        void show_area()                              // 虚函数的再定义
        {
            cout << "Rectangle with dimensiond ";
            cout << x << "x" << y;
            cout << " has an area of ";
            cout << x*y << ".\n";
        }
};

main()
{
    figure *p;                                        // 定义基类指针

    triangle t;                                       // 创建派生类对象
    rectangle r;                                      // 创建派生类对象
```

```
    p = &t;                                    // 基类指针指向派生类对象
    p->set_dim(10.0, 5.0);
    p->show_area();                            // 调用相应的虚函数

    p = &r;                                    // 基类指针指向派生类对象
    p->set_dim(10.0, 5.0);
    p->show_area();                            // 调用相应的虚函数

    return 0;
}
```

此程序的运行结果如下：

```
Triangle with height 10 and base 5 has an area of 25.
Rectangle with dimensiond 10×5 has an area of 50.
```

【例 18-3】 使用例 18-2 中的基类 figure，通过虚函数增加计算圆面积的功能。

用上面建立的基类 figure 计算圆的面积存在的困难是，函数 set_dim()要求输入两个数据，而计算圆面积只需一个数据：半径（或直径）。解决这个问题的最好方法是将函数 set_dim()设计成如下所示的具有缺省参数的函数：

```
class figure
{
    protected:
        double x,y
    public:
        void set_dim(double i, double j=0)
    {
        x = i;
        y = j;
    }
    virtual void show_area() {
            cout <<"No area computation defined";
            cout << "for this class.\n";
    }
};
```

当然，还要建立一个如下计算圆面积的派生类虚函数：

```
class circle : public figure
{
    public :
        void show_area()
    {
        cout << "Circle with radius ";
        cout << x;
        cout << "has an area of ";
        cout << 3.14159 * x * x<<"."<<endl;
    }
};
```

在主函数中加上为计算圆面积所需要的语句：

```
circle c;
p=&c;
p->set_dim(10.0);
p->show_area();
```

下面给出完整的程序：

```
#include <iostream.h>
class figure                                        // 定义基类 figure
{
     protected:
         double x, y;
   public:
       void set_dim(double i, double j=0)
        {
           x = i;
           y = j;
        }
       virtual void show_area()                     // 定义虚函数 show_area()
        {
           cout<<"No arear computation defined ";
           cout<<"for this class.\n";
        }
};

class triangle : public figure                      // 定义派生类 triangle
{
     public:
        void show_area()                            // 定义虚函数的不同版本
         {
          cout << "Triangle with height ";
          cout << x << " and  base" <<y;
          cout << " has an area of ";
          cout << x*0.5*y << ".\n";
         }
};

class rectangle : public figure                     // 定义派生类 rectangle
{
public:
     void show_area()                               // 定义虚函数的不同版本
     {
          cout << "Rectangle with dimensiond ";
          cout << x << "x" << y;
          cout << " has an area of ";
          cout << x*y << ".\n";
     }
};

class circle : public figure                        // 定义派生类 circle
{
     public :
          void show_area()                          // 定义虚函数的不同版本
          {
                  cout << "Circle with radius ";
                  cout << x;
                  cout << " has an area of ";
                  cout << 3.14159 * x * x<<"."<<endl;
          }
};
```

```
main()
{
    figure *p;

    triangle t;
    rectangle r;
    circle c;

    p = &t;
    p->set_dim(10.0, 5.0);
    p->show_area();

    p = &r;
    p->set_dim(10.0, 5.0);
    p->show_area();

    p=&c;
    p->set_dim(10.0);
    p->show_area();

    return 0;
}
```

一般情况下，可将各层次类中共性的成员定义为虚函数，某个类特有的成员没有必要说明为虚函数。

静态成员函数、内联成员函数和构造函数都不能说明为虚函数。

18.2　纯虚函数和抽象基类

当派生类中未过载虚函数而被派生类调用时，就使用它的基类定义的函数版本。但在许多情况下，如上一节的例子那样，基类中定义的虚函数并没有实际意义。因此，应有一定的方法来保证，派生类确实定义了自己所必须的虚函数。为此，引入了纯虚函数的概念。

在 C++中，把含有一个或多个纯虚函数的类叫做抽象类（abstract class）。

18.2.1　纯虚函数

纯虚函数是定义在基类中的一种函数，在基类定义中只给出函数的原型，它没有任何与该基类有关的定义。这样的函数就叫做纯虚函数。纯虚函数的存在，使得任何派生类都必须定义自己的函数版本。否则，在编译时给出错误信息。

纯虚函数定义的一般形式为：

virtual type func_name(parameter_list)=0;

其中，type 是纯虚函数的返回类型；

func_name 是所定义的纯虚函数的函数名；

parameter_list 是纯虚函数的参数。

声明为纯虚函数的基类，只是用于继承，仅作为一个接口。具体功能体现在派生类中。

【例 18-4】　应用纯虚函数的简单例子。

在本例中，定义了一个基类 functions。由此类继承出来的两个派生类分别为 func_sin 和 func_cos。程序的功能是，计算并输出三角函数 sin()和 cos()的值。这个任务分别由两个派生类过载的虚函数实现。为此，在基类定义了一个纯虚函数 output()。而在两个派生类中各自定义了自己过载的函数 output()。

程序如下：

```cpp
#include <iostream.h>
#include <math.h>                                    // 使用了数学函数 sin 和 cos

class functions                                       // 定义基类 functions
{
    protected:
        float val;
    public:
        functions(float f) { val = f; }
        virtual void output() = 0;                   // 声明 output()为纯虚函数
};

class func_sin : public functions                     // 定义派生类 func_sin
{
    public:
        func_sin(float f):functions(f) {  }
        void output()                                 // 派生类 func_sin 的 output()
        {
            cout<<"sin("<<val<<")="<<sin(val)<<endl;
        }
};

class func_cos : public functions                     // 定义派生类 func_cos
{
    public:
        func_cos(float f):functions(f) {  }
        void output()                                 // 派生类 func_cos 的 output()
        {
            cout<<"cos("<<val<<")="<<cos(val)<<endl;
        }
};

main()
{
    func_sin s(0);                                    // 创建类 func_sin 的对象 s
    s.output();                                       // 调用相应的虚函数
    func_cos c(0);                                    // 创建类 func_cos 的对象 c
    c.output();                                       // 调用相应的虚函数
}
```

程序的运行结果是：

```
sin(0)=0
cos(0)=1
```

在上面的例中，functions 类中的纯虚函数 output()仅起到为派生类提供一个一致的接口的作用。派生类中的重定义，决定该函数具体执行什么任务。

18.2.2 抽象基类

含有纯虚函数的基类称为抽象基类。

抽象基类有一个重要特性：即抽象类不能建立对象。抽象基类只能用作其他类继承的基类。

例如，对于抽象基类 number，下面建立对象 n 的语句是错误的：

```
number n;
```

抽象基类可以有指向自己的指针，以支持运行时的多态性，例如，下面的语句是合法的：

```
number *pn;
```

【例 18-5】 用抽象基类实现例 18-3 的程序。

在抽象基类 figure 中，定义了如下的纯虚函数：

```
virtual void show_area() = 0;
```

而在三个派生类 triangle，rectangle 和 circle 中分别定义了自己版本的函数 show_area()。基类的定义如下：

```
class figure
{
    protected:
        double x, y;
    public:
        void set_dim(double i, double j = 0)
        {
            x = i;
            y = j;
        }
        virtual void show_area() = 0;
};
```

程序的其余部分请读者自己完成。

18.3 编译连接与执行连接

在面向对象程序设计语言的讨论中，常用到两个术语：先连接（early binding）和后连接（late binding）。先连接系指编译时进行连接，后连接是指运行程序时才进行连接，也称执行连接。

在面向对象方法的术语中，编译时连接，意味着编译源程序时就将对象与其函数调用连接起来。调用函数所需的全部信息在编译程序时就知道。

编译连接的例子，如标准函数的调用，重载函数的调用，重载操作符函数的调用等。

先连接的优点是执行速度快，缺点是灵活性差。

后连接意味着，在运行时对象才同其函数连接起来。执行连接在 C++ 中是通过虚函数和派生类实现的。

后连接的优点是它有较大的灵活性，可用于支持各种对象使用同一接口和各自功能的实现。缺点是运行速度稍慢一点。

程序设计时要综合考虑，以决定采用哪种连接。大多数程序是两者同时使用。

小　　结

面向对象程序设计中的重要概念之一，便是多态性。多态性体现了"同一接口，多种方法"的概念。

多态性分为运行时的多态性和编译时的多态性，编译时连接和运行时连接也称为编译连接和运行连接。编译时的多态性，是在第 16 章介绍的。本章是介绍运行时的多态性。

运行时的多态性，是靠虚函数和抽象基类的方法实现的。本章讨论了虚函数、纯虚函数和抽象基类的概念、定义，以及应用它们实现程序的多态性的方法。

习　　题

18-1　什么是多态性？

18-2　什么是虚函数？怎样定义虚函数？

18-3　什么是纯虚函数？怎样定义纯虚函数？

18-4　什么是抽象基类？它的作用是什么？

18-5　编写一程序，应用虚函数，实现计算一条直线的长度和一个矩形周长。

18-6　应用纯虚函数实现习题 18-5。

18-7　分析下面程序的输出。

```cpp
#include<iostream.h>

class Point
{
    private:
        int x,y;
    public:
        Point(int a,int b)
                        { x=a; y=b; }
        virtual int area() { return 0; }
};

class Rectangle:public Point
{
 private:
        int length;
        int width;
 public:
    Rectangle(int a,int b,int l,int w):Point(a,b)
    {
        length=l;
        width=w;
    }
    int area() { return length*width; }

};
```

```
void show(Point &p)
{
        cout<<"Area="<<p.area()<<endl;
}

void main()
{
   Rectangle r(2,2,3,5);

   show(r);
}
```

18-8　使用抽象类编写程序，计算圆形和三角形面积。

18-9　利用多态性编写程序，计算整数的平方和立方。

18-10　写出下面程序的输出。

```
#include<iostream.h>
class Base
{
    public:
        virtual void vfun()
              { cout<<"vfun() in Base."<<endl; }
        void fun()
              { cout<<"fun() in Base."<<endl; }
};

class Derive:public Base
{
    public:
          void vfun()
              {cout<<"vfun() in Derive."<<endl;}
          void fun()
              {cout<<"fun() in Derive."<<endl;}
};

void main()
{
        Base b, *p=&b;
        Derive d;
        p->vfun(); p->fun();
        p=&d;
        p->vfun();  p->fun();
    }
```

我们已经学习过 C 的 I/O 系统。它是一个非常灵活，功能很强的文件 I/O 系统。但是它不支持用户定义的对象。例如，在 C 中，可以建立如下的结构：

```
struct my_struct {
    int i;
    float f;
    double d;
} s;
```

但不能用下面的语句调用 printf()：

```
printf("%my_struct", s);
```

因此，C++建立了自己的文件 I/O 系统。通过重载运算符（操作符）"<<" 和 ">>" 作为输出和输入运算符，使之能够识别用户创建的类型。另外，在书写形式上，也比 C 的 I/O 系统简单、清晰。

C++的文件 I/O 系统是一个功能非常强大和完善的系统。它的内容很丰富。在本章中，从实用的角度出发，介绍其中一些基本概念和常用输入输出工具。主要有：

流的输入输出概念；

一般形式的输入输出；

格式化输入输出；

文件的输入输出等。

19.1　C++的 I/O 系统概述

19.1.1　C++的 I/O 流的基本概念

流是 C++为输入和输出提供的一组类，称为流库。流是与文件和外部设备相联系的。通过使用流定义的方法就能够完成对文件和设备的输入输出操作。

C++的 I/O 流库是以类层次的方式实现的。它包含有两个平行的基类：streambuf 和 ios。所有的流类由它们派生。streambuf 类提供物理设备的接口，ios 类提供用户使用流类的接口。ios 类派生出许多流类，使用者接触的是由派生类定义的高层次的 I/O 函数。

基类 ios 直接派生出四个基本类：istream，ostream，fstreambase 和 strstreambase。在此基础上组合出多个实用流，如，iostream（输入输出流），fstream（输入输出文件流），strstream（输入输出串流）等。

图 19-1 所示是与几个与输入输出操作有关的类及其继承结构关系。

到目前为止我们一直使用 cin 和 cout 实现输入和输出。它们是标准输入输出流。C++有四个预定义的标准流，当 C++开始执行程序时，它们会自动打开。这四个预定义流是：

标准输入流　cin；

标准输出流　cout；

非缓冲型标准出错流　cerr；

缓冲型标准出错流　clog。

前两个流是与标准输入设备和标准输出设备相关的流，C++的标准输入输出设备默

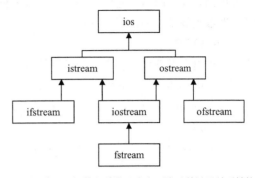

图 19-1　与 I/O 操作相关的几个主要类及其继承关系结构

认（缺省）为键盘和显示器。但它们能由程序或操作系统重定向。

缓冲型标准出错流 clog 与非缓冲型标准出错流 cerr 的区别在于，没有缓冲时，送给流的内容立即输出，而缓冲型的要等缓冲区满才输出，或强迫输出。

C++提供的流 I/O 的一个明显优点，就是程序设计人员可以不考虑数据的类型。例如，输出变量 a 的值

```
cout<<a;
```

和输入变量 b 的值

```
cin>>b;
```

这里变量 a 和变量 b 的数据类型可能是 int，char，float 等。而在 C 中，必须明确表示出变量 a 的数据类型，例如：

```
printf("%d",a);
```

为输出流重载的操作符 "<<"，称为插入操作符（insector）。使用时，可以在输出流上插入字节。输入流重载的操作符 ">>"，称为提取操作符（extractor）。使用时，可以在输入流上提取字节。这两个重载操作符分别定义在类 ostream 和 istream 中。

操作系统提供一种 I/O 重定向技术，可以将与标准输入输出设备交换的信息改为与其他设备交换信息。常用的一种情况就是与磁盘文件交换信息。

例如，在操作系统下，用户用命令行方式运行程序 prog：

```
prog>outfile
```

可使程序中所有对标准输出设备的输出，都改向输出到磁盘文件 outfile 中。

但是，这里会产生一个问题，就是程序中原来必须显示在屏幕上的信息，如提示信息，现在看不到了。因为这些信息也被重定向到磁盘文件了。这是很不方便的。这个问题可以用标准出错流 cerr 来解决。标准出错设备是不会重定向的，例如，原来的程序中有如下的提示语句：

```
cout<<"Enter a string:";
```

可改写为：

```
cerr<<"Enter a string:";
```

19.1.2　输入/输出操作符的使用

C++把数据传送操作的设备看作是对象在流类文件 iostream 中定义了流的对象 cin 和 cout。cin 代表输入设备，cout 代表输出设备。前面各章中输入输出操作都是用 cin 和 cout 实现的。在前面提到的 istream 和 ostream 类中分别重载了右移位运算符 ">>" 和左移位运算符 "<<"。前者称为

提取操作符，后者称为插入操作符。

使用插入操作符时，它的左操作数是代表输出设备的对象，右操作数是输出的内容。把数据写到标准输出设备（显示器）的格式是：

cout<<输出项;

其中输出项可以是常量、变量、转义字符等。

使用提取操作符时，它的左操作数代表输入设备的对象，右操作数是内存缓冲区变量。从标准输入流对象 cin（键盘）向变量送数据的格式是：

cin>>变量;

输出运算符（插入操作符）允许多个输出操作结合在一个语句中，并且采用左结合方式。例如：

```
int x=10;
cout<<x<<","<<x++;
```

输出为 11，10。

输入运算符（提取操作符）也允许将多个输入变量组合在一个语句中。例如：

```
int a;
float b;
cin>>a>>b;
```

输入数据时，数据之间要用空格分开。输入字符串时，字符串中间不能有空格。还要注意输入的数据类型要与变量类型匹配。例如：

```
int x; float y;
cin>>x>>y;
```

如果输入数据 1.23 10.6，则结果是 x=1, y=0.23。

19.2 用户自定义插入操作符和提取操作符

上述的输入输出操作是由系统预定义的流实现的。而当需要输入或输出与类有关的数据，如类的对象时，则需要通过建立专门的成员函数来实现。这种方法不太方便。C++提供了更好的方法。这就是用户自己重载操作符 "<<" 和 ">>" 来完成类的 I/O 操作。用户通过重载插入操作符和提取操作符可以方便地输入输出自己定义的数据类型。

19.2.1 创建插入操作符 "<<"

先看一个例子。

【例 19-1】 有下面的类 my_data：

```
class  my_data
{
    public:
        int i;
        float f;
        char ch;
        set_val(int a, float b, char c)
        {
            i = a;
            f = b;
```

```
            ch = c;
        }
};
```

和类 my_data 的对象：

```
my_data  A;
```

要求插入操作符"<<"，使其能直接输出对象 A 的数据（i，f，c），即实现语句：

```
cout<<A;
```

为创建类 my_data 的对象的插入操作符函数，其功能为输出类 my_data 对象的三个数据成员 i,f,ch。可重载操作符"<<"如下：

```
ostream &operator<<(ostream &out, my_data obj)
{
    out << obj.i << ",";
    out << obj.f << ",";
    out << obj.ch << "\n";
    return out;
}
```

这个函数的返回类型是一个对类 ostream 的对象的引用（ostream &）。它有两个参数：第一个参数是对流的引用（ostream &out），第二个参数是出现在操作符"<<"的右边的对象（my_data obj）。

从上面这个具体的例子，可以写出如下的插入符函数的一般框架：

ostream &operator << (ostream &函数的流，用户定义类名 对象名)

{

　　　　函数代码

　　return 函数的流;

　}

下面是应用插入操作符的例子。

【例 19-2】　应用例 19-1 定义的类和插入操作符函数，编写程序，输出两个对象的数据。

程序如下：

```
#include <iostream.h>
class my_data                                    // 定义类 my_data
{
    public:
        int i; float f;char ch;
        my_data(int a,float b,char c);
        {
          i = a;
          f = b;
          ch = c;
        }
};
my_data::my_data(int a,float b,char c)
{
    i = a;
    f = b;
    ch = c;
}

ostream &operator<<(ostream &out, my_data obj)   // 重载插入操作符函数
{
    out << obj.i << ", ";
```

```
        out << obj.f << ", ";
        out << obj.ch << "\n";
        return out;
    }

main()
{
        my_data A(1,2.1,'A'),B(4,5.1,'B');
        cout << A << B <<endl;
        return 0;
}
```

程序用语句

```
cout << A << B <<endl;
```

直接输出了对象 A 和对象 B 的数据成员。输出的格式是由重载插入符函数决定的。因此，有如下
形式的输出：

```
1, 2.1, A
4, 5.1, B
```

重载插入操作符函数不能是类的成员函数。否则，系统就会认为左操作数（通过 this 指针隐
含传送）是调用操作符函数的类的对象。但重载插入操作符的左边参数是流，而右边参数是类的
对象。

不能将插入操作符函数定义成所操作类的成员函数，就产生一个问题：重载插入操作符不能
访问类的私有元素。所以，在例 19-1 中类的数据成员是公有的。

解决这个问题的办法就是将插入操作符函数定义为类的友元函数。

【例 19-3】 将例 19-1 类 my_data 的数据成员改为私有（private）的。将插入操作符函数定
义为类的友元函数，使其可以访问类的私有成员。

修改后的程序如下：

```
#include <iostream.h>
class my_data
{
    private:
        int i;
        float f;
        char ch;
    public:
        my_data(int a,float b,char c);
        // 说明重载插入操作符函数为友元函数
        friend ostream &operator<<( ostream &out, my_data obj);
};

my_data::my_data(int a,float b,char c)
{
        i = a;
        f = b;
        ch = c;
}

ostream &operator<<(ostream &out, my_data obj)    // 重载插入操作符函数
{
        out<<obj.i << ", ";
```

```
    out<<obj.f << ", ";
    out<<obj.ch <<endl;
    return out;
}


main()
{
    my_data A(1,2.1,'A'),B(4,5.1,'B');
    cout << A << B <<endl;
    return 0;
}
```

由于插入操作符函数定义为类的友元函数，虽然类的数据成员是私有的，但插入操作符可以直接访问。程序的输出与例 19-2 的输出是完全一样的。

19.2.2　重载提取操作符 ">>"

重载提取操作符 ">>" 的方法是和重载插入操作符 "<<" 一样的。其一般形式为：

istream &operator>>(istream &函数的流, 用户定义类名 &对象名)
{
　　　函数代码
　　return 函数的流;
}

同插入操作符函数一样，提取操作符函数也不能是所操作类的成员函数。它或者是友元函数或者是独立的函数。

【例 19-4】　为例 19-1 定义的类 my_data 创建提取操作符函数，使其接收从键盘输入的类数据成员的数据。

函数定义如下：

```
istream &operator>>(istream &my_stream, my_data &obj)
{
    cout << "Enter values i, f and ch: ";
    my_stream >> obj.i >> obj.f >> obj.ch;
    return my_stream;
}
```

【例 19-5】　应用例 19-4 定义的提取操作符函数和例 19-1 定义的插入操作符函数，输入和输出类 my_data 的数据。

程序如下：

```
#include <iostream.h>

class my_data
{
    private:
        int i;
        float f;
        char ch;
    public:
        my_data(){  }
        my_data(int a,float b,char c)
        {
            i = a;
```

```
            f = b;
            ch = c;
        }
        friend ostream &operator<<(ostream &stream, my_data obj);
        friend istream &operator>>(istream &my_stream,my_data &obj);
};

ostream &operator<<(ostream &stream, my_data obj)
{
        stream << obj.i << ",";
        stream << obj.f << ",";
        stream << obj.ch<< "\n";
        return stream;
}
istream &operator>>(istream &my_stream, my_data &obj)
{
        cout << "Enter values i, f and ch: ";
        my_stream >> obj.i >> obj.f >> obj.ch ;
        return my_stream;
}

main()
{
    my_data A;
    cin >> A;
    cout << A;

    return 0;
}
```

程序运行后，提示用户输入数据：

```
Enter values i, f and ch:
```

假设用户从键盘键入如下的数据后按回车键：

```
5  5.5  B
```

则程序输出对象 A 的数据：

```
5  5.5  B
```

19.3　格式化 I/O

在前面 C++程序中所使用的 I/O 流都是无格式的。数据的输入和输出格式，是由提取操作符和插入操作符缺省规定的。C++有两种格式化输出输入方法：第一种方法是使用 ios 类的成员函数，第二种方法是使用一种称为控制器的特殊函数。本节分别讨论这两种方法。

19.3.1　用 ios 类的成员函数实现格式化 I/O

在 iostream.h 文件中定义了如下的枚举类型：

```
class
{
    public:
      // formating flags    格式标志
```

```
enum
{
    skipws = 0x0001,//skip white space on input（用于输入）
    left = 0x0002,//left_adjust output（用于输出）
    right = 0x0004,//right_adjust output（用于输出）
    internal = 0x0008,//pad after sign for base indicator（用于输出）
    dec = 0x0010,//decimal conversion（用于输入/输出）
    oct = 0x0020,//octal conversion（用于输入/输出）
    hex = 0x0040,//hexadecimal conversion（用于输入/输出）
    showbase = 0x0080,//show integer base on output（用于输入/输出）
    showpoint = 0x0100,//show decimal point and trailing zeros（用于输出）
    uppercase = 0x0200,//uppercase hex output（用于输出）
    showpos = 0x0400,//explicit +with positive integers（用于输出）
    scientific = 0x0800,//scientific notation（用于输出）
    fixed = 0x1000,//floating notation(e.g. 123.45)（用于输出）
    unitbuf = 0x2000,//flush output after each output operation（用于输出）
    stdio = 0x4000//flush output after each character inserted（用于输出）
};
```

上述枚举中定义的值，用于设置或清除流的格式中的一些控制信息的标志。它们的意义如下。

skipws	若设置此标志，提取（输入）操作时跳过空白字符（空格，制表，新行）。如果清除这个标志，空白字符不被忽略。
left	设置此标志时，插入（输出）数据在规定的域宽中左对齐，剩余空间用填充字符填充。
right	同上，右对齐。
internal	同上，符号左对齐，数据右对齐，其间以空白填充。
dec	以十进制显示整数（缺省值）。
oct	以八进制显示整数。
hex	以十六进制显示整数。
showbase	在显示的整数前加数制基值指示符。
showpoint	在显示的浮点数的小数值后写零。
uppercase	以大写字母显示数据中的字母。
showpos	在显示的正数前加"+"号。
scientific	用科学记数法显示浮点数。
fixed	以十进制小数方式（常规方式）显示浮点数。
unitbuf	在每次插入后刷新流。
stdio	每次插入后刷新 stdio.h 中定义的流。

所谓刷新流，就是将输出写到与流相连的物理设备上。

上述格式标志之间是"或"的关系，因此，可以几个标志并存。格式标志存放在 ios 类定义的长整型数据成员中，称为标志字。

例如，设置 skipws 和 dec 两个标志。它们的值分别为 0x0001 和 x0010。因为它们在标志字中是以"或"的关系存储的，所以，标志字的值是 0x0011。

在 iostream.h 文件的 ios 类中定义了下列处理标志的一些成员函数。

long flags(void)	返回与流相关的当前标志。
long flags(long)	返回与流相关的当前标志并设置参数指定的新标志。
long setf(long)	返回格式标志的当前值并设置参数说明的标志。
long setf(long,long)	返回格式标志的当前值，关闭第二个参数指定的标志，设置第一个参数说明的标志。
long unsetf(long)	返回当前的标志值并清除参数指定的标志。
int width(int)	返回当前域宽并设置新值（缺省时，根据表示它所用的字节数而定）。
char fill(char)	返回当前的填充符（缺省时为空格）并设置参数指定的新字符。
int precision(int)	返回显示的小数位并重新设置参数指定的小数位数。

因为上述的每个标志符都是类 ios 的数据成员，所以在使用它们时，要写出它们的作用域，例如，ios::hex。不能单独使用标志。

设置状态标志用 setf 函数，设置标志的一般格式为：

stream.setf(ios::格式标志)

其中 stream 是所操作的流，如 cin，cout 等。

例如，设置 showbase 标志用于输出，则有：

```
cout.setf(ios::showbase);
```

同时设置多个标志，其方法是用"或"运算将这些标志变成一个新的长整型数据。例如：

```
new_flags=ios::hex::ios|showbase;
cout.setf(new_flags);
```

【例 19-6】 应用标志设置的例子：

```
#include <iostream.h>
main()
{
    double d = 123.456789;
    int i = 12345;

    cout.setf(ios::showpos);          // 设置正数前带"+"号
    cout.setf(ios::scientific);       // 指数形式输出
    cout.setf(ios::showbase);         // 输出数据前带有基数符
    cout.setf(ios::hex);              // 转换基数为十六进制

    cout << d << endl;
    cout << i << "\n";

    return 0;
}
```

程序的输出为：

```
+1.234567e+o2
0x3039
```

例中用四个语句设置四个标志。也可以写成如下的一个语句：

```
cout.setf(ios::showpos|ios::scientific|ios::hex|ios::showbase);
```

【例 19-7】 设置域宽、小数点位数和填充符。

程序如下：

```
#include <iostream.h>
main()
```

```
{
    double d = 123.456;
    double f = 4567.89;

    cout.setf(ios::showpoint);              // 设置浮点数输出带小数 0
    cout.setf(ios::fixed);                  // 使用定点形式
    cout.precision(5);                      // 精度：5 位小数
    cout.width(20);                         // 数据宽度：20
    cout.fill('#');                         // 填充字符 "#"

    cout << d << endl;

    cout.width(20);                         // 数据宽度：20

    cout << f << "\n\n";

    cout.width(20);                         // 数据宽度：20
    cout.precision(1);                      // 精度：1 位小数
    cout.fill('&');                         // 填充字符 "&"

    cout << d << endl;

    cout.width(20);                         // 数据宽度：20

    cout << f << "\n";

    return 0;
}
```

程序的输出为：

```
###########123.45600
##########4567.89000

&&&&&&&&&&&&&&&123.5
&&&&&&&&&&&&&4567.9
```

取消状态标志，用 unsetf 函数。其一般格式为：

stream.unsetf(ios::格式标志)

取状态标志，用 flags 函数。它有两种形式：

```
long ios::flags()
long ios::flags(long flag)
```

使用 flags 函数的一般格式为：

stream.flags(ios::格式标志)

【例 19-8】　取状态标志和消除状态标志。

```
#include<iostream.h>
void outflags(long f);                      // 函数原型
void main()
{
    long f;
    f=cout.flags();                         // 取当前状态标志字
    outflags(f);                            // 输出当前状态标志字
```

```
    cout.unsetf(ios::unitbuf);                      // 消除状态标志字
    cout.unsetf(ios::skipws);

    f=cout.flags();                                 // 取当前状态标志字
    outflags(f);                                    // 输出当前状态标志字

                                                    // 设置状态标志字
    cout.setf(ios::showpos|ios::scientific|ios::dec);
    f=cout.flags();                                 // 取状态标志字
    outflags(f);                                    // 输出状态标志字
}

void outflags(long f)                               // 定义输出状态标志函数
{
    long l;
    for(l=0x8000;l;l=l>>1)
    {
        if(l&f)cout<<"1";
        else cout<<"0";
    }
    cout<<endl;
}
```

程序的输出为：

```
0000011000010000
0000000000000000
0000011000010000
```

19.3.2 使用控制器函数实现格式化 I/O

标准控制器函数列于表 19-1 中。为了使用控制器函数，程序中需要包含头文件 iomanip.h。

表 19-1

控 制 器	含 义	输入/输出
dec	格式为十进制数据	输入及输出
endl	输出换行符并刷新流	输出
ends	输出一个空字符	输出
flush	刷新一个流程	输出
hex	格式为十六进制数据	输入及输出
oct	格式为八进制数据	输入及输出
restflags	关闭 f 中说明的标志	输入及输出
setbase(int base)	设置数据的基值	输出
setfill(int ch)	设置填充符	输入及输出
setiosflags(long f)	设置 f 中说明的标志	输入及输出
setprecision(int p)	设置显示小数位数	输入及输出
setw(int w)	设置域宽	输入及输出
ws	跳过开头的空白符	输入

控制器函数是一种类似于函数的运算符，它可以嵌入输入输出操作链中。例如，设置小数位数为 6 位时，可以这样写：

```
cout << setprecision(5);
```

【例 19-9】　使用控制器的例子。

```
#include <iostream.h>
#include <iomanip.h>

main()
{
    cout << setprecision(3) << 1.3456 <<endl;              // 设置精度
    cout << setw(20) << "hello there" << endl;             // 设置数据宽度
    cout << setiosflags(ios::scientific);                  // 指数形式
    cout << 1.345 << endl;
    cout.setf(ios::showbase);                              // 输出数据前带有基数符
    cout << hex<<256<<endl;                                // 输出十六进制数

    return 0;
}
```

程序的输出如下：

```
1.346
        hello there
1.34  5e+00
0x100
```

注意，控制器在 I/O 操作链中的位置。当控制器不带参数时，调用它时不能带括号。两种格式化方法在一个程序中可以同时使用，就像例 19-9 那样。

19.3.3　建立自己的控制器函数

利用系统定义的控制 I/O 格式的函数，我们可以建立自己的控制器函数。这里所讲的控制器函数，都是不带参数的。

1. 输出控制器

所有无参数输出控制器函数均有如下的结构：

ostream &控制器函数名(ostream &函数操作的流)
{
　　　　函数代码
　　return 函数操作的流**;**
}

虽然定义的控制器函数有操作流类型的的参数，但当将它用于输出操作时并不带参数。

【例 19-10】　建立一个叫做 new_form()的控制器函数，用于设置右对齐标志、置域宽为 20，设定为 3 位小数和定义填充符为"*"。

程序如下：

```
#include <iostream.h>
#include <iomanip.h>

ostream &new_form(ostream &new_stream)                     // 定义输出格式化控制函数
{
    new_stream.precision(3);                               // 3 位小数精度
```

```
        new_stream.setf(ios::right);                    // 右对齐
        new_stream<<setw(20)<<setfill('*');             // 域宽 20，填充符为 "*"
        return new_stream;
}

main()
{
        cout << "12345678901234567890" << endl;
        float f=10.0123;

        cout << f << endl;
        cout << new_form << f << endl;
        return 0;
}
```

程序的运行结果如下：

```
12345678901234567890
10.01 23
**************10.012
```

2. 输入控制器

所有无参数的输入控制器，均有如下的结构：

istream &控制器函数名(istream &控制器操作的流)

{

控制器函数代码

return 控制器操作的流;

}

【例 19-11】 建立一个称为 prompt() 的输入控制器，它提示用户输入一个十进制浮点数。程序按例 19-10 的输出控制器的格式输出用户输入的数据。

程序如下：

```
#include <iostream.h>
#include <iomanip.h>

istream &prompt(istream &my_stream)             // 定义输入格式化控制函数
{
        my_stream >> dec;
        cout << "Enter a float value: ";
        return my_stream;
}
ostream &new_form(ostream &my_stream)           // 定义输出格式化控制函数
{
        my_stream.precision(3);
        my_stream.setf(ios::right);
        my_stream<<setw(20)<<setfill('*');
        return my_stream;
}

main()
{       float f;
        cin>>prompt>>f;
        cout << f << endl;
        cout << new_form << f << endl;
```

```
        return 0;
}
```
下面是程序的一次运行实例（带下划线的数据是用户输入的）：
```
Enter a float value: 10.0123
10.01  23
*************10.012
```

19.4　文件的 I/O

关于文件的概念、文件的分类、文件的打开与关闭、文件操作的一般步骤等问题，在第 13 章已有介绍，这里不再重复。但是，C++中提供了另一套文件的输入输出工具。这一节将介绍在 C++的 I/O 系统中是如何用这些工具实现文件的输入输出操作。

C++的输入输出操作是通过它的 I/O 流库实现的。C++把数据的传送操作称为流，数据从内存传送到外部，叫输出流；数据从外部传送到内存叫输入流。

C++定义有三种文件流类：文件输入流类（ifstream），文件输出流类（ofstream）和文件输入输出流类（fstream）。这些文件流类都定义在头文件 fstream.h。这些类分别定义了输入方式，输出方式，输入与输出方式访问文件所需要的所有文件。执行文件的输入输出，必须包含头文件"fstream.h"：
```
#include<fstream.h>
```
通过系统定义的流类，可以定义我们所需流类型的对象。例如，下面的程序段定义了一个输入流 in，一个输出流 out 和一个既可输入又可输出的流 both 的流对象（变量）：
```
ifstream in;
ofstream out;
fstream both;
```
为了读写文件，首先必须通过"打开"文件操作建立流与文件的联系。然后，才能进行输出输入操作。文件读写完毕后，还要通过"关闭"操作，撤销文件与流的联系。

19.4.1　打开和关闭文件

打开文件就是将文件与创建的流对象联系起来，使之能够进行读写文件的操作。关闭文件就是断开它们之间已存在的联系，使之不能进行文件的读写操作。

1. 打开文件

有两种打开文件的方法。现分述如下。

（1）使用函数 open()

此函数是上述三个流类的成员，其原型为：

void open(char *filename, int mode, int access);

这里，参数 filename 是需要打开的文件名（可包含路径），文件名要用双引号括起来；mode 的值代表文件打开的模式，必须是以下的一个或多个值。

ios::app	填加方式，将向文件输出的内容加到文件尾。
ios::ate	文件打开时，文件指针置于文件尾。
ios::in	文件打开为输入方式（istream 的隐含方式）。
ios::nocreate	若文件不存在则打开失败，否则成功。
ios::noreplace	若文件存在则打开失败，否则成功。
ios::out	文件打开为输出方式（ostream 的隐含方式）。

ios::trunc　　　　若文件存在则清除其内容，文件长度压缩为0；若文件不存在，则以写方式打开文件。

可通过"或"操作将其中多个值（模式）结合起来。例如，以读写方式打开文件：

```
ios::in|ios::out
```

access 的值决定文件的访问方式。它可取下面的一个或多个值。

0　　普通文件打开访问（缺省值）。

1　　只读文件。

2　　隐藏文件。

4　　系统文件。

8　　文档位方式。

同样，access 的值也可以通过"或"操作将多个值连接起来。

打开文件的一般格式为：

定义流类的对象;

流类对象.open("文件名", mode, access);

例如：

定义一个文件输入流对象：　　　　　　`ifstream  ifile;`

定义一个文件输出流对象：　　　　　　`ofstream  otfile;`

定义一个文件输入/输出流对象：　　　　`fstream  iofile;`

下面的程序段打开一个用于输出的普通文件"test"：

```
ofstream out;
out.open("test", ios::out, 0);
```

mode 和 access 参数有默认值。access 的默认值为 0。对类 ifstream 缺省值是 ios::in ，对类 ofstream 的缺省是 ios::out。因此，上面的程序段可简化为：

```
ofstream out;
out.open("test");
```

要打开一个用于输入和输出的文件，可用下面的语句：

```
fstream mystream;
mystream.open("test",ios::in | ios::out);
```

如果调用 open()失败，流变量的值为 0。因此，要确定一个文件是否打开成功，可以用下面的语句判断：

```
fstream mystream;
mystream.open("test",ios::in | ios::out);
if(!mystream)
{
      cout<<"can't open file."
      有关错误处理的代码
}
```

（2）利用构造函数打开文件

C++的 ifstream，ofstream 和 fstream 三个流类均定义了自动打开文件的构造函数。构造函数的参数及默认值都与上面介绍的函数 open()相同。因此，要想通过流对象 mystream 打开一个用于输入的文件"myfile"，可用如下的语句实现：

```
ifstream mystream("myfile");
```

如果文件打开失败，流变量的值为 0。为了确认文件是否打开成功，可用下面的代码段判断：

```
ifetream mystream("myfile");
if(!mystream) {
```

```
        cout << "cannot open file";
        // 处理错误代码
    }
```

要想通过流对象 mystream 打开一个用于输出的文件"myfile"，可用如下的语句实现：

```
ofstream mystream("myfile");
```

2. 关闭文件

关闭文件要使用流类的成员函数 close()。其一般格式为：

流类对象**.close();**

例如，要关闭连在流 mystream 上的文件"myfile"，使用如下的语句：

```
mystream.close();
```

函数 close()不带参数，也没有返回值。

【例 19-12】　打开和关闭文件的程序。

这个例子说明如何建立一个用于输出的文件"outfile"和打开一个用于输入的文件"infile"，如何关闭已建立的这两个文件。程序使用上述两种方式分别打开两个文件。

```
#include <iostream.h>
#include <fstream.h>

main()
{
    ofstream out("outfile");                    // 打开文件 outfile
    if(!out)
    {
        cout << "cannot open outfile.\n";
        return 1;
    }
    ifstream in;
    in.open("infile");                          // 打开文件 infile
    if(!in) {
        cout << "cannot open infile.\n";
        return 1;
    }

    in.close();                                 // 关闭文件 infile
    out.close();                                // 关闭文件 outfile

    return 0;
}
```

19.4.2　文件的读和写

1. 用插入操作符"<<"和提取操作符">>"读/写文本文件

文本文件的读和写是非常简单的事。文件打开后，只要使用插入操作符"<<"和提取操作符">>"便可进行读写文件。

【例 19-13】　建立一个文本文件"myfile"后，将一个整型数，一个浮点数，一个字符和一个字符串常量写入该文件。

```
#include <iostream.h>
#include <fstream.h>

main()
```

```
    {
        ofstream out("myfile1");                         // 打开文件用于写
        if(!out)  {
            cout << "cannot open myfile1.\n";
            return 1;
        }

        float f=1.2345;
        int i=10;
        char c='a';

        out << i <<"  "<<f<<"  "<<c<< endl;              // 数据写入文件
        out << "This_is_myfile." << endl;
        out.close();                                     // 关闭文件

        return 0;
    }
```

在这个例子中数据的写入是无特定的格式。文件的记录形式为：

```
10  1.2345  a
This_is_myfile.
```

【例 19-14】 同上例，但要求从键盘输入数据并有输入提示。

```
Enter: integer, float and charactor
```

写入文件的数据要求有如下的格式(例)：

```
123  123.123456  A
*****************123
***************1.123
This_is_myfile.
```

程序中定义了两个控制器函数：函数 prompt()用于提示输入数据；函数 new_form()用于设置数据的输出格式。程序如下：

```cpp
#include <iostream.h>
#include <fstream.h>
#include <iomanip.h>

istream &prompt(istream &stream)
{
    stream >> dec;
    cout << "Enter: integer, float and charactor ";
    return stream;
}

ostream &new_form(ostream &stream)
{
    stream.precision(3);
    stream.setf(ios::right);
    stream<<setw(20)<<setfill('*');
    return stream;
}

main()
{
    ofstream out("myfile2");                             // 打开文件用于写
    if(!out)  {
```

```
            cout << "cannot open myfile2.\n";
            return 1;
        }

        float f;
        int i;
        char c;
        cin>>prompt>>i>>f>>c;                    // 键盘输入数据

        out << i <<"  "<<f<<"  "<<c<< endl;       // 将数据写入文件
        out << new_form << i << endl;
        out << new_form << f << endl;
        out << "This_is_myfile." << endl;

        out.close();                              // 关闭文件

        return 0;
}
```

程序运行举例（带下划线的数据是用户从键盘输入的）：

Enter: integer, float and charactor <u>123 1.123456 A</u>

程序运行的结果，输入的数据被写入磁盘文件"myfile2"。

【例 19-15】 将例 19-14 中建立的文件"myfile2"读出并显示在显示器的屏幕上。

程序如下：

```
#include <iostream.h>
#include <fstream.h>

main()
{
    ifstream in("myfile2");                  // 打开文件用于读
    if(!in) {
        cout << "cannot open myfile.\n";
        return 1;
}

    char c;
    int i;
    float f;
    char str1[80];
    char str2[80];
    char str3[80];

    in >>i>>f>>c;                             // 读文件数据并存入相应变量
    in >> str1;
    in >> str2;
    in >> str3;

    cout <<i<<"  "<<f<<"  "<<c<<endl;          // 显示文件数据
    cout << str1 << endl;
    cout << str2 << endl;
    cout << str3 << endl;

    in.close();
```

```
        return 0;
    }
```

程序的输出如下：

```
123   1.123456   A
*****************123
***************1.123
This_is_myfile.
```

2. 检测文件尾

在文件的 I/O 操作中，如读一个文件，可能需要检测是否读到文件的尾部。这个检测可用 eof() 函数实现。该函数的原型为：

```
int eof();
```

到达文件尾时，返回一个非零值，否则返回零值。

例如，有

```
ifstream inf("myfile3");
```

则为了判断是否已经读到文件尾，可这样判断：

```
if(!inf.eof())   继续读…
```

3. 使用 get()和 put()函数读写文本文件

get()和 put()函数是文件流类的两个成员函数。通过这两个函数可以实现文本文件的按字符的读写。

get()函数的原型为：

```
ifstream &get(char &ch)
```

函数 get()的功能是，从流中读出一个字符，返回此流。

put()函数的原型为：

```
ofstream &put(char ch)
```

函数 put()的功能将一个字符写到流中，返回该流。

【例 19-16】　用函数 put()将一个字符串写到文件"myfile3"中。

```
#include <iostream.h>
#include <fstream.h>

main()
{
    ofstream out("myfile3");
    if(!out) {
        cout << "Cannot open myfile3.\n";
        return 1;
    }

    char str[] = "123.45 my data";
    char *ptr = str;

    while(*ptr) {
        out.put(*ptr++);
    }

    out.close();

    return 0;
```

```
}
```

【例 19-17】　用函数 get()将例 19.4.5 建立的文件的内容读出并显示到屏幕上。

```
#include <iostream.h>
#include <fstream.h>

main()
{
    ifstream in("myfile3");
    if(!in) {
        cout << "cannot open myfile3.\n";
        return 1;
    }

    char ch;

    while(in) {
        in.get(ch);
        cout <<ch;
    }

    in.close();

    return 0;
}
```

当上面的程序读到文件尾时，流 in 将为 0，使 while 循环结束。这个循环还可写为：

```
while(in.get(ch))  cout << ch;
```

或写为：

```
while(!in.eof()){ cout << ch; }
```

【例 19-18】　拷贝例 19-13 中建立的文件"myfile1"。拷贝的文件名为"filecopy"。

程序的过程是这样：首先以输入方式打开文件"myfile1"；其次，建立用于输出的新文件"filecopy"；再其次，将文件"myfile1"的内容逐个字符地读入并写入文件"filecopy"；最后，关闭打开的两个文件。

在读文件"myfile"的过程中，需要不断地用函数 eof()检查是否读到文件尾。如果读到文件尾，便立即结束读文件操作。

程序如下：

```
#include <iostream.h>
#include <fstream.h>

main()
{
    ifstream inf("myfile1");                      // 读方式打开文件
    if(!inf) {
        cout << "cannot open myfile1.\n";
        return 1;
    }

    ofstream outf("filecopy");                    // 写方式打开文件
    if(!outf) {
        cout << "cannot open filecopy.\n";
        return 1;
    }
```

```
    char c;

    while(!inf.eof())                                       // 是不是文件尾
    {
        inf.get(c);                                         // 读文件
        outf.put(c);                                        // 写文件
    }

    return 0;
}
```

19.4.3　二进制文件的读和写

在上一节有关文件的打开和关闭的内容，对于二进制文件仍然适用。

为实现读二进制数据，可使用 C++流类的成员函数 read()；为实现写二进制数据，可使用流类成员函数和 write()。它们的原型分别为：

ifstream &read(unsigned char *buf, int num)
ofstream &write(unsigned char *buf, int num)

函数 read()的功能是，从流中读取 num 个字节数据并存放到指针 buf 所指的缓冲区中。函数返回该流，当到达文件尾时，该流变为 0。

函数 write()的功能是，将 buf 所指的缓冲区的 num 个字节的数据写入流中并返回该流。一般可用被读写的数据的存储区地址作为读写缓冲区的指针 buf。

读写数据的字节数 num 通常可以方便地用函数 sizeof()得到。

【例 19-19】　写一个整型数组和一个浮点型数组到 myfile4 文件中，然后，再从文件中读出并显示到屏幕上。

程序如下：

```
#include <iostream.h>
#include <fstream.h>

main()
{
    int i_num[5] = {1, 2, 3, 4, 5 };
    float f_num[5]={1.1,2.2,3.3,4.4,5.5};
    int int_array[5];
    float float_array[5];

    ofstream out("myfile3");                                // 打开文件输出
    if(!out) {
        cout << "cannot open myfile3.\n";
        return 1;
    }
    out.write((unsigned char *)&f_num, sizeof(f_num));      // 写文件
    out.write((unsigned char *)&i_num, sizeof(i_num));
    out.close();                                            // 关闭文件

    ifstream in("myfile4");                                 // 打开文件输入
    if(!in) {
        cout << "cannot open myfile3.\n";
```

```
        return 1;
    }

    in.read((unsigned char *)&float_array, sizeof(float_array));    // 读文件
    in.read((unsigned char *)&int_array,sizeof(int_array));
    in.close();                                                      // 关闭文件

    for(int i = 0; i<5; i++)                                         // 显示文件内容
        cout << float_array[i] << " ";
    cout<<endl;

    for(i=0; i<5; i++)
        cout<<int_array[i]<<"  " ;
    cout<<endl;

    return 0;
}
```

19.4.4　文件的随机访问

C++的流 I/O 系统为文件的随机访问提供了一些函数。利用这些函数可以在文件的任何位置进行读和写。

在 C++的 I/O 系统中，对应一个文件，有两个指针。一个是读指针，它说明输入操作在文件中的位置。另一个是写指针，它说明下次写操作的位置。每次执行读或写操作时，相应的指针自动增加到下一个读/写位置。

在流 I/O 中有两个函数用于设置访问文件的指针位置：它们是流类的成员函数 seekg()和 seekp()。函数 seekg()对应于读指针（文件输入），函数 seekp()对应于写指针（文件输出）。使用函数 seekg()和 seekp()就可以任意改变上述指针的位置，从而实现非顺序地（即随机地）操作文件中的数据。这两个函数有以下两种格式。

```
seekg(long pos)
seekg(long off,dir)
seekp(long pos)
seekp(long off,dir)
```

（1）函数 seekg（pos）和 seekp（pos）

函数 seekg（pos）的功能是，将文件的读指针从文件头开始移动 pos 个字节的位移量。参数 pos 为一 long 型量。

函数 seekp（pos）的功能是，将文件的写指针从文件头开始移动 pos 个字节的位移量。

（2）函数 seekg（off, origin）和 seekp（off, origin）

参数 orgin 是文件指针移动的起始位置，off 是指针相对位移量。这两个函数的功能分别是将读指针和写指针从 origin 位置移动 off 个字节的位移量。参数 origin 只能取表 19-2 给定的值。

表 19-2

origin	意　义	origin	意　义
ios::beg	文件头	ios::end	文件尾
ios::cur	当前位置		

例如，有打开的文件：

```
fstream out("myfile");
```

则语句

```
out.seekp(5,ios::beg);
```

将写指针从文件头向后移动 5 个字节。

与随机文件相关的函数还有函数 tellg()和函数 tellp()。其中 tellg()用于输入文件，tellp()用于输出文件。它们的功能是返回文件读/写指针的当前位置。设当前打开的输入流对象是 in，使用下面的语句可以输出当前读指针的位置：

```
cout<<in.tellg();
```

【例 19-20】 应用 seekp()函数，将一个字符 "X" 写入文件 "myfile" 的指定位置：从文件头计算，移动的偏移量为 5 个字节的地方；然后再将字符 "Y" 写入文件 "myfile" 的指定位置：从文件头计算，移动的偏移量为 10 个字节的地方。

本程序中使用了函数 seekp(5,ios::beg)和 seekp(10,ios::beg)确定写指针的位置；用函数 put()和 write()实现写操作。

程序如下：

```
#include <iostream.h>
#include <fstream.h>

main()
{
    fstream out("myfile",ios::in|ios::out);        // 以读和写模式打开文件

    if(!out) {
        cout << "cannot open myfile.\n";
        return 1;
    }

    out.seekp(5,ios::beg);                          // 移动写指针到指定的写位置
    char c1='X';
    out.put(c1);                                    // 写入数据

    char c='Y';
    out.seekp(10,ios::beg);                         // 移动写指针到指定的写位置
    out.put(c);                                     // 写入数据

    out.close();

    return 0;
}
```

如果在程序执行前，文件 "myfile" 中存有如下的数据：

```
abcdefghijklmnopq
```

则在程序执行后，该文件被修改为：

```
abcdeXghijYlminopq
```

【例 19-21】 用函数 seekg()函数读出并显示例 19-20 程序中写入 myfile 文件的字符 X 和 Y，读出并显示从第四个字符开始的全部文件内容。

程序用函数 seekg()指定读文件的位置，用函数 get()读取数据。

程序如下：

```
#include <iostream.h>
#include <fstream.h>

main()
{
    ifstream in("myfile");                      // 以读模式打开文件

    if(!in)  {
        cout << "cannot open myfile.\n";
        return 1;
    }

    char ch;

    in.seekg(5,ios::beg);                       // 移动读指针
    if(in.get(ch))
        cout << ch;                             // 读数据
    cout << endl;

    in.seekg(10,ios::beg);                      // 移动读指针
    if(in.get(ch))                              // 读数据
        cout << ch;
    cout << endl;

    in.seekg(3,ios::beg) ;                      // 移动读指针
    for(int i=0;!in.eof();i++)
    {
        in.get(ch);                             // 读数据
        cout<<ch;
    }

    cout<<endl;
    in.close();                                 // 关闭文件

    return 0;
}
```

程序的输出如下：

```
X
Y
deXghijYlmnopq
```

小　　结

本章重点介绍了 C++的 I/O 系统中常用的一些数据输入输出操作和文件的读/写。主要有：

（1）关于 C++流类与文件的概念；

（2）插入操作符和提取操作符的定义；

（3）格式化 I/O 和控制函数的应用；

（4）文件的打开和关闭；

（5）文件的读写操作；

（6）随机文件的操作。

要重点掌握好与输入输出有关的函数的应用。

文件的输入和输出在程序设计中应用很广，因而，占有很重要的地位。本章所涉及到的问题，都是数据的输入输出和文件的输入输出操作中的基础知识。

习　题

19-1　说明流和文件的意义和它们之间的关系。

19-2　文件打开和关闭的作用是什么？

19-3　定义一个插入操作符"<<"函数，使其能输出一个已知类的字符串和整型数组的数据成员。

19-4　分析下面程序的输出。

```
#include<iostream.h>
void main()
{
    int x=15;
    float y=1.5;
    cout<<"x="<<x<<"y="<<"z="<<(x+y)/2<<end;
}
```

19-5　写出下面程序的输出。

```
#include<iostream.h>
void main()
{
    int x=15;
    float y=25.535;

    cout.setf(ios::scientific|ios::showpoint);
    cout.precision(4);
    cout<<"x="<<x<<" y="<<y<<" z="<<(x+y)/2<<endl;
}
```

19-6　编写程序，其功能是：提示用户输入一整型数和一单精度实数。用户从键盘输入数据后，程序将这些数据输出。

19-7　编一程序，将下列数据写入一磁盘文件中：

```
int a=10;
char s[10]={"abcdef"};
```

19-8　将习题 19-7 建立的文件拷贝到另一个文件中。

19-9　读取习题 19-7 的文件并输出到显示器。

19-10　写出下面程序的功能和输出。

```
#include<iostream.h>
#include<fstream.h>
void main()
{
    ofstream file;
```

```
    fille.open("myfile");
    file<<"1234567";
    file.close;
}
```

19-11　将习题 19-10 中建立的文件读出并显示在屏幕上。

19-12　用随机访问文件的方式，建立一个人名录。

19-13　向习题 19-12 建立的随机文件的指定位置插入新的人名。

19-14　读出并显示习题 19-13 所建立的文件中指定位置的人名。

19-15　编写程序，将本章例 19-13 建立的文件读出并显示在显示器上。

19-16　将本章例 19-13 的程序改为二进制文件。

一、微型计算机系统配置

1. 硬件

PC 系列微型计算机，包括 XT、AT、286、386、486、奔腾及各种兼容机，要求内存为 640KB 以上，一个硬盘驱动器和一个软盘驱动器。

最好是彩色显示器，并配置鼠标器。

应配置打印机一台。

2. 软件

DOS 3.3 以上版本的操作系统。

Turbo C++软件一套。

二、实验 1：C++的 IDE 基本操作与简单程序

1. 实验目的

掌握在 IDE 环境下运行 C 语言程序的操作方法。

2. 实验内容

按下面的步骤进行实验。

（1）开机后在 DOS 状态下，启动 Turbo C++的 IDE 环境；

（2）观察菜单带上的子菜单；

（3）分别输入下列源程序；

源程序 1：

```
 /* EX1-1 */
main( )
{
 printf("Let's begin to learn C++ programing! \ n");
 retwrn 0;
 }
```

源程序 2：

```
   /* EX1-2 */
   main( )
   {
     int a, b, sum;
     a = 10; b = 15;
```

```
        sum = a+b;
        printf("%d+%d = %d \ n", a, b, sum);
        return 0;
}
```

（4）分别把源程序以文件形式写入磁盘；

（5）分别运行两个源程序；

（6）打印源程序清单。

三、实验2：分支与循环程序设计

1. 实验目的

掌握分支与循环程序设计的方法和有关语句。

2. 实验内容

实验题 2.1　计算一元二次方程 $ax^2+bx+c = 0$

注意不同的根有不同的输出。

程序如下：

```
  /* EX2-1 */
#inclucle 〈stdio.h〉
#inclucle 〈math.h〉
main( )
 {
   float a, b, c, d, x1, x2, re, im;
     printf("Input a, b, c:\n");
     scanf("%f, %f, %f", &a, &b, &c);
     printf("the equation");
     if(a = = 0)
         printf("is not quadratie");
     else
         d = b*b-4.0*a*c;
     if(d = = 0)
         printf("has two equal roots: %8.3fln", -b/(2.0*a));
     else
      if(d > 0)
      {
       x1 = (-b+sqrt(d))/(2.0*a);
       x2 = (-b-sqrt(d))/(2.0*a);
       printf("has distinet real rools: %8.3f and % 8.3fln",
                 x1, x2);
      }
      else
      {
        re = -b/(2.0*a);
        im = sqrt(-d)/(2.0*a);
        printf("has complex roots: ln");
        printf("%8.3f+%8.3filn", re, im);
        printf("%8.3f-%8.3filn", re, im);
      {
        return 0;
      }
```

实验题 2.2 有一函数

$$y = \begin{cases} x & (x < 1) \\ 2x - 1 & (1 \leqslant x < 10) \\ 3x - 11 & (x \geqslant 10) \end{cases}$$

编写一程序，输入 x，输出相应的 y 值。

程序如下：

```
/* EX2-2 */
#include <stdio.h>
main( )
{
    int x, y;
    printf("输入 x: ");
    scanf("%d", &x);
    if(x < 1)
      {
        y = x;
        printf("x = %d, y = x = %d \n", x, y);
      }
    else if (x < 10)
      {
            y = 2*x-1;
            printf("x = %d, y = 2*x-1 = %d \n", x, y);
      }
    else
        {
        y = 3*x-11;
        printf("x = %d, y = 3*x-11 = %d \n", x, y);
        }
        return 0;
}
```

实验题 2.3 编写一个打印菲波那契数列的前 20 个数的程序。每行打印 5 个数据。菲波那契数列是一个正整数序列，它的第一、二个数分别是 0 和 1。以后，每个数都是前两个数的和。

程序如下：

```
/* EX2-3 */
#include <stdio.h>
main( )
{
    int a = 0, b = 1, c, i;
    printf("%d%d", a, b);
        for(i = 3; i < = 20, i++)
            {
            c = a+b;
            printf("%d", C);
            if(i%5 = = 0)printf(" \n");
            a = b; b = c;
            }
            return 0;
}
```

四、实验 3：数组与字符串

1. 实验目的

掌握有关数组和字符串的程序设计方法。

2. 实验内容

实验题 3.1 已知一组数据如下：

6，3，42，23，35，71，98，67，56，38

编写程序，把它们按从小到大的次序排列起来。

程序如下：

```
/* EX3-1 */
# include ⟨stdio.h⟩
# define N 10
main()
 {
    int a[N]={6, 3, 42, 23, 35, 71, 98, 67, 56, 38};
    int i, j, t;
    printf("The array before sorted: ");
    for(i=0; i<N; i++)
        printf("%4d", a[i]);
    for(i=0; i<9; i++)
     {
        for(j=i+1; j<10; j++)
         {
            if(a[i]>a[j])
             {
               t=a[i];
               a[i]=a[j];
               a[j]=t;
             }
         }
     }
    for(i=0; i<N; i++)
        printf("%4d", a[i]);
    return 0;
 }
```

实验题 3.2 求矩阵

$$A = \begin{vmatrix} 1 & 2 & 3 \\ 4 & 5 & 6 \end{vmatrix}$$

的转置矩阵，A 矩阵的转置矩阵 B 是这样的矩阵，其元素 $b_{ij}=a_{ji}$。

程序如下：

```
/* EX3-2 */
# include ⟨stdio.h⟩
main( )
 {
    int a[2][3]={{1, 2, 3}, {4, 5, 6}};
    int b[3][2], i, j;
    printf("Array A: ln");
```

```
              for(i=0; i<=1; i++)
                  {
                        for(j=0; j<=2; j++)
                            printf("%5d", a[i][j]);
                            printf("\n");
                    }
                        for(i=0; i<=1; i++)
                            for(j=0; j<=2; j++)
                              b[j][i]=a[i][j];
                            printf("Array B: \n");
                            for(i=0; i<=2; i++)
                                {
                                for(j=0; j<=1; j++)
                                    printf("%5d", b[i][j]);
                                    printf("\n");
                        }
              return 0;
          }
```

实验题 3.3 有两个字符串 S1 和 S2，编写程序把它们连接起来。

程序如下：

```
/*EX3-3*/
# include 〈stdio.h〉
main( )
 {
  char S1[80], S2[40];
  int i=0, j=0;
  printf("\n Input String 1: ");
  scanf("%S", S1);
  printf("\n Input String2: ");
  scanf("%S", S2);
  while (S1[i]!='10')
      i++;
  while (S2[j]!= '10')
      S1[i++]=S2[j++];
      S1[i]= '10';
  printf("\n The connected string is: %S", S1);
  return 0;
}
```

五、实验 4：C 函数

1. 实验目的
掌握函数的应用和编写带函数的程序的方法。

2. 实验内容
实验题 4.1 用 Newton-Rapleon 法求一元三次方程 $ax^3+bx^2+cx+d=0$ 的根。

程序如下：

```
/* EX4-1 */
# include 〈stdio.h〉
```

```
# include 〈math.h〉
float solut(float, float, float, float);
main( )
   {
     float a, b, c, d;
     printf("\n Input a, b, c, d: ");
     scanf("%f, %f, %f, %f", &a, &b, &c, &d);
     printf("\ x=%8.3f", solut(a, b, c, d));
     return 0;
 }
float solut(float a, float b, float c, float d)
 {
   float x=1.0, x0, f, f1;
   do{
     x0=x;
     f=((a*x0+b)*x0+c)*x0+d;
     f1=(3.0*a*x0+2.0*b)*x0+c;
     x=x0-f/f1;
     }while(fabs(x-x0)>=le-6);
   return (x);
     }
```

实验题 4.2　编写程序，求字符串的逆（即和原来的存储次序相反）。

程序如下：

```
/* EX4-2 */
# include 〈stdio.h〉
char inverse(char str[80]);
main()
 {
 char S([80];
 printf("In Input a string: ");
 scanf("%S", S);
 inverse(S);
 printf("\ The inversed string is:%S", S);
 return 0;
}
  char inverse(Char*str)
  {
    char t;
    int i,j;
    for(i=0,j=strlen(str); i<strlen(str)/2; i++,j--)
        {
          t=str[i];
          str[i]=str[j-1];
          str[j-1]=t;
          }
          return 0;
    }
```

六、实验 5：输入、输出磁盘文件

1. 实验目的

掌握建立磁盘文件和读写磁盘文件的基本方法。

2. 实验内容

实验题 5.1 建立一个磁盘文件，其内容是 0～90°之间每隔 5°的正弦值。

程序如下：

```
/* EX5-1 */
#inclucde<stdio.h>
#include<math.h>
#define PI 3.14159
main()
 {
  FILE * fp;
  float s[19];
  int i,a;
  if((fp=fopen("fsin", "wb"))==NuLL)
      {
            printf z("Cannot open file. \ n");
            exit(1);
      }
  for(i=0,a=-5; i<19; i++)
      {
            a+=5;
            S[i]=Sin(a*PI/180.0);
      }
  if(fwrite(S,sizeof(s),1,fp)!=1)
            printf("File error.");
          fclose(fp);
          return 0;
 }
```

实验题 5.2 把实验题 5.1 所建立的文件的内容读出并打印。

程序如下：

```
/* EX5-2 */
#include<stdio.h>
main()
 {
    FILE *fp;
    float S[19];
    int i,a;
if((fp=fopen("fsin","rb"))==NuLL)
  {
      printf("Cannot open file. \ n");
      exit(1);
    }
if(fread(S,Sizeof(S),1,fb)!=1)
      printf("File error.");
   printf(" \ n i,sin(i) \ n");
for(i=0,a=-5; i<19; i++)
   {
     a+=5;
     printf("%2d%11.4f \ n", a,s[i]);
   }
 fclose(fp);
 return 0;
}
```

七、实验 6：自定义数据类型和位操作运算

1. 实验目的
掌握结构类型的数据和位操作运算的应用。

2. 实验内容

实验题 6.1　有 5 个学生，输入他们的学号、姓名、数学成绩和英语成绩，要求用结构实现。

程序如下：

```
/* EX6-1 */
# include<stdio.h>
# define N 5
struct student
    {
      char num[5];
      char name[10];
      int math;
      int english;
      float aver;
    }stu[N];
    main()
     {
      int i;
      for(i=0; i<N; i++)
        {
          printf("|n Input the score of student % d:|n",i+1);
          printf("Number:");
          scanf("%s",stu[i].num);
          printf("Name:");
          scanf("%s",stu[i].name);
          printf("Mathematics:");
          scanf("%d",&stu[i].math);
          printf("English:");
          scanf("%d",&stu[i].english);
          stu[i].aver=(stu[i].math t stu[i].english)/2.0;
        }
      printf("Number Name Math English Average \n");
      for(i=0; i<N; i++)
        {
          printf("%5s%10s",stu[i].num,stu[i].name);
          printf("%6d%9d",stu[i].math,stu[i].english);
          printf("%12.2f \n",stu[i].aver);
        }
        return 0;
     }
```

实验题 6.2　对一个八进制数进行移位，先输入该八进制数，然后输入移位的位数，且正数表示右移，负数表示左移。

程序如下：

```
/* EX6-2 */
#include<stdio.h>
unsigned moveright(unsigned,int);
unsigned moveleft(unsigned,int);
```

```
main()
{
    unsigned a;
    int n;
    printf("Input an octal number:");
    scanf("%0", &a);
    printf(" \n Input the bit number of rotation: ");
    scanf("%d", &n);
    if(n > 0)
        {
          moveright(a,n);
          printf("\n Rotate right:%0 \n", moveright(a,n));
        }
    else
        {
          n = -n;
          moveleft(a, n);
          printf("\n Rotate left: %0\n", moveleft(a, n));
        }
        return 0;
    }
    unsigned moveright(unsigned a, int n)
        {
          unsigned t;
              t = (a >> n) | (a<< (16-n));
              return (t);
        }
    unsigned moveleft(unsigned a, int n)
        {
              unsigned t;
              t = (a>> (16-n) | (a<<n) );
              return (t);
        }
```

八、实验 7：面向对象的程序设计

1. 实验目的
掌握面向对象的程序设计的基本原理和方法。

2. 实验内容
用面向对象的程序设计方法实现堆栈的操作。

程序如下：

```
//EX7-1
#include ⟨iostream.h⟩
#define MAX 5
class stack
 {
    int num[MAX];
    int top;
  public:
     stack(void);
```

```
~stack(void);
void push(int n);
    int pop(void);
};
stack:: stack(void)
{
    top=0;
    cout<<"Stack initiatized."<<endl;
}
stack:: ~stack(void)
{
    cout<< "stack destroyed."<<endl;
}
void stack:: push(int n)
{
    if(top==MAX)
     {
         cout<<"stack is full!"<<endl;
         return;
     }
     num[top]=n;
     toptt;
}
int stack:: pop(void)
    {
           top--;
if(top<0)
{
    cout<<"Stack is underflow!"<< endl;
    return 0;
}
    return num[top];
}
    main( )
    {
        stack a, b;
        int i;
        cout<<endl;
        for(i=1; i<=MAX; i++)
              a.push(Z*i);
        for(i=1; i<=MAX; i++)
              cout<<a.pop( )<<" ";
              cout<<endl;
        for(i=1; i<=MAX; i++)
              a.push(Z*i);
        for(i=1; i<=MAX; i++)
              b.push(a.pop( ));
        for(i=1; i<=MAX; i++)
              cout<<b.pop( ) <<" ";
        cout<<endl;
        return 0;
}
```

九、实验 8：C++的 I/O 操作

1. 实验目的
掌握在 C++环境下建立磁盘文件和读写磁盘文件的基本方法。

2. 实验内容

实验题 8.1 建立一个磁盘文件，其内容是 0～90°之间每隔 5°的正弦值。

程序如下：

```
//EX8-1
#include <iostream.h>
#include <fstream.h>
#include <math.h>
#define PI 3.14159
 main( )
  {
 float S[19];
 int i, a;
 ofstream out("fsin.bny");
 if (!out)
  {
 cout<<"Cannot open file."<<endl;
 return 1;
  }
 for(i=0, a=-5; i<19; i++)
    {
     a+=5;
     S[i]=Sin(a*PI/180.0);
    }
 out.write((unsigned char *)&s, sizeof s);
 out.close( );
 return 0;
  }
```

实验题 8.2 把实验题 8.1 所建立的文件的内容读出并打印。

程序如下：

```
//EX8-2
#include <iostream.h>
#include <fstream.h>
    main( )
    {
        float s[19];
        int i, a;
        ifstream in("fsin.bny");
            if(!in)
              {
                    cout<<"Cannot open file."<<endl;
                    return 1;
              }
        in.read((unsigned char *)s, sizeof s);
            cout<<endl;
            cout<<"i sin(i)"<<endl;
```

```
for(i=0, a=-5; i<19; i++)
{
a+=5;
cout<<"a<<S[i]<<"<<endl;
}
in.close( );
return 0;
}
```

附录 2
常用 Turbo C 库函数

1. 字符和字符串函数

函 数 原 型	头文件	说 明
int isalnum(int ch)	ctype.h	如果函数的参数是一个字母或是一个数字，函数返回非零值，否则返回零
int isalpha(int ch)	ctype.h	如果 ch 是字母，则返回非零值，否则返回零
int iscntrl(int ch)	ctype.h	如果 ch 是 0～0x1F 之间或等于 ox7F，则返回非零值，否则返回零
int isdigit(int ch)	ctype.h	如果 ch 是 0～9 的数字，则函数返回非零值，否则返回零
int isgraph(int ch)	ctype.h	如果 ch 是除空格以外的任何可打印字符，则函数返回非零值，否则返回零
int islower(int ch)	ctype.h	如果 ch 是小写英文字母，则函数返回非零值，否则返回零
int isprint(int ch)	ctype.h	如果 ch 是可打印字符（包括空格），则函数返回非零值，否则返回零
int ispunct(int ch)	ctype.h	如果 ch 是标点符号，则函数返回非零值，否则返回零
int isspace(int ch)	ctype.h	如果 ch 是空格，制表符，换页符，回车符或换行符，则函数返回非零值，否则返回零
int isupper(int ch)	ctype.h	如果 ch 是大写英文字母，则函数返回非零值，否则返回零
int isxdigit(int ch)	ctype.h	如果 ch 是十六进制数字，函数返回非零值，否则返回零
char *strcat(char*str1，const char *str2)	string.h	把 str2 的内容连接到 str1 上，函数返回 str1
char *strchr(const char*str，int ch)	string.h	函数返回 str 所指字符串首次出现 ch 的低位字节的位置指针。如果未发现与 ch 匹配的字符，则返回 null 指针
int strcmp(const char*str1，const char *str2)	string.h	比较两个以 null 结束的字符串 str1<str2 时返回值小于零，str1=str2 时返回值等于零，str1>str2 时返回值大于零
char*strcpy(const char*str1，const char *str2)	string.h	把 str2 的内容复制到 str1 中。函数返回指向 str1 的指针
unsigned int strlen(const char *str)	string.h	函数返回以 null 结束的字符串 str 的长度（空字符 null 不计在内）
char *strstr(const char*str1，const char *str2)	string.h	在 str1 中扫描 str2 的第一次出现，并返回指向该位置的指针。若没有找到匹配，返回空指针
char *strtok(char*str1，const char *str2)	string.h	函数返回字符串 str1 中指向下一个单词的指针。字符串 str2 中的字符是单词间的分隔符。str1 中无单词时返回 null 指针

函　数　原　型	头文件	说　　明
int tolower(unt ch)	ctype.h	将 ch 转换为小写字母
int toupper(int ch)	ctype.h	将 ch 转换为大写字母

2. 数学函数

函　数　原　型	头文件	说　　明
double acos(double arg)	math.h	函数返回 arg 的反余弦值
double asin(double arg)	math.h	函数返回 arg 的反正弦值
double atan(double arg)	math.h	函数返回 arg 的反正切值
double atan2(doubley，double x)	math.h	函数返回 y/x 的反正切值
double ceil(double num)	math.h	函数返回不小于 num 的最小整数
double cos(double arg)	math.h	函数返回 arg 的余弦值
double cosh(double arg)	math.h	函数返回 arg 的双曲余弦值
double exp(double arg)	math.h	函数返回 e^{arg}
double fabs(double num)	math.h	函数返回 num 的绝对值
double floor(double num)	math.h	函数返回不大于 num 的最大整数
double log(double num)	math.h	函数返回 num 的自然对数
double log10(double num)	math.h	函数返回 num 的以 10 为底的对数
double pow(double base，double exp)	math.h	函数返回 baseexp
double sin(double arg)	math.h	函数返回 arg 的正弦值
double sinh(double arg)	math.h	函数返回 arg 的双曲正弦值
double sqrt(double num)	math.h	函数返回 num 的平方根
double tan(double arg)	math.h	函数返回 arg 的正切值
double tanh(double arg)	math.h	函数返回 arg 的双曲正切值

3. 其他

函　数　原　型	头文件	说　　明
int abs(int num)	stdio.h	函数返回整数 num 的绝对值
double atof(const char*str)	stdio.h	把字符串 str 转换为一双精度数。字符串必须含有一个浮点数，否则返回零
int atoi(const char*str)	stdio.h	将字符串 str 转换为整型值。字符串必须含有一个整型数，否则返回零
int atol(const char*str)	stdio.h	把字符串 str 转换为长整型数。字符串必须含有一个长整型数，否则返回零
long labs(long num)	stdio.h	函数返回长整数 num 的绝对值
inr rand(void)	stdio.h	产生一系列 0～RAND_MAX 的伪随机数
void srand(unsigned seed)	stdio.h	建立 rand ()产生的序列的初始值

常用字符的 ASCⅡ

ASCII 值	字符	ASCII 值	字符	ASCII 值	字符	ASCII 值	字符
032	(space)	056	8	080	P	104	h
033	!	057	9	081	Q	105	i
034	"	058	:	082	R	106	j
035	#	059	;	083	S	107	k
036	$	060	<	084	T	108	l
037	%	061	=	085	U	109	m
038	&	062	>	086	V	110	n
039	'	063	?	087	W	111	o
040	(	064	@	088	X	112	p
041	)	065	A	089	Y	113	q
042	*	066	B	090	Z	114	r
043	+	067	C	091	[	115	s
044	,	068	D	092	\	116	t
045	-	069	E	093	]	117	u
046	.	070	F	094	^	118	v
047	/	071	G	095	_	119	w
048	0	072	H	096	'	120	x
049	1	073	I	097	a	121	y
050	2	074	J	098	b	122	z
051	3	075	K	099	c	123	{
052	4	076	L	100	d	124	|
053	5	077	M	101	e	125	}
054	6	078	N	102	f	126	~
055	7	079	O	103	g		